大数据创新人才培养系列

云计算与大数据

The Essential Criteria of Cloud Computing and Big Data

◎ 孙宇熙　编著

人 民 邮 电 出 版 社

北　京

图书在版编目（CIP）数据

云计算与大数据 / 孙宇熙编著. -- 北京：人民邮
电出版社，2016.12（2022.8重印）
ISBN 978-7-115-43572-9

Ⅰ．①云… Ⅱ．①孙… Ⅲ．①云计算 Ⅳ.
①TP393.027

中国版本图书馆CIP数据核字(2016)第217169号

内 容 提 要

本书以真实的案例和数据为基础，详细介绍了云计算与大数据的基础知识和主要技术。全书共
5 章，内容包括揭秘云计算、揭秘大数据、云计算与大数据体系架构剖析、云计算与大数据进阶、
大数据应用与云平台实战。

本书理论联系实际，避免了深奥的理论推导，语言尽可能通俗易懂，是一本对读者开卷有益的
关于云计算和大数据的普及读物。

本书既适合希望了解云计算和大数据知识的广大读者阅读，也可供对云计算和大数据知识感兴
趣的 IT 专业人士、相关项目的决策者与领导者阅读参考，亦可作为高等院校相关专业的教材或教学
参考用书。

◆ 编　著　孙宇熙
　　责任编辑　邹文波
　　责任印制　沈　蓉　彭志环
◆ 人民邮电出版社出版发行　　北京市丰台区成寿寺路 11 号
　　邮编　100164　电子邮件　315@ptpress.com.cn
　　网址　http://www.ptpress.com.cn
　　北京九州迅驰传媒文化有限公司印刷
◆ 开本：787×1092　1/16
　　印张：13　　　　　　　2016 年 12 月第 1 版
　　字数：320 千字　　　　2022 年 8 月北京第 11 次印刷

定价：49.80 元

读者服务热线：(010)81055256　印装质量热线：(010)81055316
反盗版热线：(010)81055315

前　言

过去的十年是各行各业见证科技颠覆与快速迭代的十年，如果要三言两语说清楚到底是什么样的科技在本质上改变了人们的生活方式、工作方式和社交方式，大多数人也许会说是移动互联网与社交网络，没错，从最终交付到用户的途径来看的确如此。但是如果要从科技的本质上去探讨，我会说是云与大数据在颠覆这一切。云计算只是构成云生态系统的几个重要支柱之一，另外还有云存储、网络、云管理与协同（M&O）、云安全等，缺一不可。不过为了让读者可以一目了然地了解本书所涉猎的内容，笔者还是在书名及行文中保留了云计算的字样。

笔者每天在业界与各行各业的人打交道，时常遇到行业内外的人对云计算与大数据有五花八门的观点、需求与问题，发现有些观点、看法与理解是被"误导"的，很多业务需求和对问题的理解与抽丝剥茧后的事实本质有较大偏差，久而久之就有了结合云与大数据两大议题写书的想法，以期达到解惑的目的。

至于本书内容，笔者先举几个例子。

（1）大数据之深入人心是近两三年的事情，街头巷尾可谓尽人皆知，只要说是做大数据的，人家一定问你是做 Hadoop 的吗。于是乎，你要不是专攻 Hadoop 的，你都不好意思跟人家说你在做大数据。那么 Hadoop 能解决所有的大数据的问题吗？答案：当然不是。本书将详细说明为什么大数据不仅仅是 Hadoop。

（2）云计算比大数据要早四五年出名，从个人到企业到政府全都蜂拥而来，市场上名头最响的就是那些公有云的服务提供商了，于是有一种普遍性的观点是，不做公有云的（比如私有云、混合云等）就没有掌握云计算的核心科技。事实并非如此！本书从行业与科技发展的来龙去脉，拿数据与事实说话来为大家讲述云层下的故事。

（3）再如软件化与商业化硬件平台，市场上一种普遍的观点认为软件的能力与灵活性无限而硬件的价值创新已经无足轻重，于是所有的数据中心中全面铺设的是基于 X86 架构的商用硬件平台（Commodity Hardware & COTS，COTS 即 Commercially/Commodity Off-the-Shelf）。此种做法值得商榷，两个观点：软件的能力极限是受到下层硬件的限制的；商用硬件架构显然不能解决所有的业务问题，并且也不是最好的（效率最高、性价比最高）问题解决之道。在书中，笔者对 COTS 的叫法提出了一种不同的声音：VDH（Volume-Discounted Hardware），本质上这才是"互联网+"时代的商业硬件的最终形态——多买多折扣。

那么，随着云计算和大数据风起云涌，我们今天各行各业遇到的挑战与机遇到底是什么？是云计算或大数据系统体系架构的设计与实现，还是最终应用的设计与交付，或是以上两大问题之间各层平台化服务架构的整合与搭建？本书结合笔者在工作实践中经历的一些真实的、颇具代表性的问题做了一些剖析，分享我们的经验，希望对读者的学习、工作与生活能有所助益。

　　本书以真实的案例和数据为基础，讲述云计算和大数据知识，力求理论联系实际，深入浅出，尽量避免深奥的理论推导，语言尽可能通俗易懂。本书是一本关于云计算和大数据的科普读物。

　　全书共分为5章，分别是：揭秘云计算、揭秘大数据、云计算与大数据体系架构剖析、云计算与大数据进阶、大数据应用与云平台实战。

　　第1章揭秘云计算，着重介绍云计算简史、发展历程，与传统IT比较而言云计算的特质，云与业务需求的互动关系，云多重形态的存在与各自特质的介绍，剖析了不同类型云的效率博弈与比较，最后介绍了基于开源项目的云平台及服务的搭建。

　　第2章揭秘大数据，开篇介绍了大数据的前世今生，并针对当下广泛存在的对大数据的误解进行澄清，然后针对大数据所要解决的5大问题（大数据存储、大数据管理、大数据分析、大数据科学与大数据应用）逐一剖析，最后阐述了大数据科学的本质以及从平台与应用两个维度来分析如何构建大数据的解决方案。

　　第3章云计算与大数据体系架构剖析，首先从开源vs.闭源的角度阐释了整个业界的软件定义趋势、商用硬件趋势并预言了硬件回归的必然趋势，然后从4个层面剖析了云计算与大数据领域的技术之争——底层存储、基础架构即服务、平台即服务、应用。

　　第4章云计算与大数据进阶，给读者讲述在云与大数据的时代做什么、怎么做才是对的。内容包括靠近应用（Application Nearness）、水平可扩展（Scale-Out）、如何玩转开源（Open-Source）、怎么做服务驱动（Service-Oriented）的技术架构与运营。

　　第5章大数据应用与云平台实战，结合业界的具体实践讲解了两个平台建设的案例，一个是大数据平台的搭建，一个是混合云平台的搭建。

编者

2017年1月

致　谢

　　笔者在过去数年间一直从事与大数据和云计算相关的前瞻性研发、走向市场（Go-to-Market）及内外合作交流等工作。从一开始点点滴滴累积的实验结果到工程实践的心得到四处宣讲的幻灯片再到高校教材，资料越堆积越厚重，久而久之就有了著书立传、答疑解惑的想法。思前想后，笔者以为解释清楚什么是云计算+大数据最好的办法是从它们各自的来龙去脉（寻根溯源）入手，于是就有了本书的初始框架——从科技发展史的角度去讲述云计算与大数据从哪里来、向何处去、本质是什么、如何认知与实现。俗话说，万事开头难，前面的基调定好了，后面的细化工作反而容易了。笔者试着于 2016 年夏季学期在哈尔滨工业大学授课的时候把本书的部分内容精练汇集成教材向计算机与软件学院的本科高年级学生宣讲，获得了不错的反响。

　　说到本书的书名，尚有一个小插曲。最早在筹划时的书名笔者最中意的是《云&大数据要论》，大抵是笔者多年从事考古、收藏，浸淫此道日久，不知不觉中连书名都要向此行泰斗——明代曹昭所著的《格古要论》致敬。但是，致敬归致敬，出版社的同仁深以为面向当代读者还是采用通俗易懂的书名为好，于是就有了最终的书名《云计算与大数据》。

　　感谢在过去几年内提供素材来充实和丰富本书的朋友和同事们。我在前 EMC 研究院以及卓越研发集团跨部门的同事们：王坤博士、曹逾博士、赵军平先生、李三平先生、董哲先生、郭晓燕先生、朱捷先生、Layne Peng 先生、Vivian Wang 女士以及 Michelle Lei 女士，他们的很多相关科研探索及产品开发工作为本书提供了详实的数据及佐证资料。

　　特别需要感谢的还有我的岳父刘君胜先生和本书的责任编辑邹文波先生，没有他们的积极策划与耐心帮助，本书不会成为现实。

　　最后，谨以此书献给我的夫人 Monica 和我们可爱的儿子 Nathan。

孙宇熙

2016 年 8 月 1 日于加州硅谷米深堂

目　　录

第 1 章　揭秘云计算 ··· 1

1.1　云从哪里来 ··· 1

  1.1.1　云计算科技史 ··· 1

  1.1.2　业务需求推动 IT 发展 ··· 6

1.2　云的多重形态 ··· 8

  1.2.1　云计算的多重服务模式 ··· 8

  1.2.2　公有云 vs.私有云 vs.混合云 ····································· 9

  1.2.3　云的形态并非一成不变 ··· 12

1.3　关于云计算效率的讨论 ··· 18

  1.3.1　公有云效率更高？ ··· 18

  1.3.2　云计算优化要论 ··· 22

1.4　业界如何建云 ··· 24

  1.4.1　云计算最佳实践五原则 ··· 25

  1.4.2　云服务与产品的演进 ··· 28

  1.4.3　开源 ··· 33

第 1 章参考文献 ··· 42

第 2 章　揭秘大数据 ··· 44

2.1　大数据从何而来？ ··· 44

  2.1.1　大数据的催化剂 ··· 44

  2.1.2　Data → Big Data → Data ······································· 47

  2.1.3　大数据不只是 Hadoop ·· 52

2.2　大数据的五大问题 ··· 54

  2.2.1　大数据存储 ··· 55

  2.2.2　大数据管理与分析 ··· 63

  2.2.3　大数据科学 ··· 66

  2.2.4　大数据应用 ··· 68

2.3　大数据四大阵营 ··· 71

  2.3.1　OLTP 阵营 ·· 71

  2.3.2　OLAP 阵营 ·· 77

  2.3.3　MPP 阵营 ··· 80

  2.3.4　流数据处理阵营 ··· 83

第 2 章参考文献 ··· 87

第 3 章　云计算与大数据体系架构剖析 ·· 89

　3.1　关于开源与闭源的探讨 ··· 89
　　3.1.1　软件在吃所有人的午餐！ ·· 89
　　3.1.2　商品化硬件趋势分析 ·· 92
　　3.1.3　硬件回归 ·· 97

　3.2　XaaS：一切即服务 ··· 106
　　3.2.1　软件定义的必要性 ··· 108
　　3.2.2　软件定义的数据中心 ··· 113
　　3.2.3　软件定义的计算 ··· 117
　　3.2.4　软件定义的存储 ··· 121
　　3.2.5　软件定义的网络 ··· 126
　　3.2.6　资源管理、高可用与自动化 ··· 135

　第 3 章参考文献 ··· 143

第 4 章　云计算与大数据进阶 ·· 144

　4.1　可扩展系统构建 ··· 144
　　4.1.1　可扩展数据库 ··· 148
　　4.1.2　可扩展存储系统 ··· 153

　4.2　开源模式探讨 ··· 159
　　4.2.1　开源业务模式 ··· 159
　　4.2.2　大数据开源案例 ··· 162

　4.3　从 SOA 到 MSA ··· 165

　第 4 章参考文献 ··· 170

第 5 章　大数据应用与云平台实战 ·· 172

　5.1　大数据应用实践 ··· 172
　　5.1.1　基于开源架构的股票行情分析与预测 ····································· 172
　　5.1.2　IMDG 应用场景 ··· 175
　　5.1.3　VADL（视频分析数据湖泊）系统 ·· 178

　5.2　云平台&应用实践 ··· 182
　　5.2.1　如何改造传统应用为云应用? ·· 182
　　5.2.2　探究业界云存储平台 ··· 186

　第 5 章参考文献 ··· 197

揭 秘 云 计 算

要搞清楚任何一个问题或一种现象，通常不外乎要从前因、后果、人、事、物的关联与分析入手，我们把以上简称为 5Ws，也就是英文中的 What-When-Where-Who-Why（什么-何时-何地-谁-为什么）的首字母提炼，也有 6Ws 的提法，多了一个 How（怎么）。对云计算的认知也不例外，我们要知道云是什么（What），云从哪里来、会到哪里去（Where-When-Who），为什么云计算在今天以至可见的未来会大行其道（Why-How）。本章会对以上相关问题做出相应的分析和说明。

1.1 云从哪里来

首先，我们需要知道云从哪里来，搞清楚谁是云计算的提出者至关重要，这个大可上升到哲学的高度，可类比千百年来科学家乃至全人类最关心的问题的核心，就是知道人从哪里来。同理，知道云从哪里来可以更好地帮助我们预判云会朝哪个方向发展，会在何处融入、改变人们的工作与生活。

1.1.1 云计算科技史

云计算的起源众说纷纭，各种版本皆有。有人说，云计算是亚马逊最早于 2006 年推出的 AWS 服务。AWS 从早期的云计算服务 EC2、存储服务 S3 到今天发展为目前业界最为广泛使用的各类计算、网络、存储、内容分发、数据库、大数据管理与应用等五花八门的服务。也有人说云计算是 Sun Microsystems 在 2006 年 3 月推出的 Sun Grid，它是一种公有云网格计算服务，一美元一小时的 CPU 使用价格，和用电一样的计费模式——Pay-Per-Use（按使用量计费）。不过，按照 MIT Technology Review 刨根问底的结果 [1]，Compaq（康柏）电脑公司 1996 年在内部商业计划文档（见图 1-1）中最早使用 Cloud Computing（云计算）这一字样与图标（遗憾的是，康柏在被惠普收购之后，除了继续卖了几年低端 PC 外与云计算再无瓜葛）。

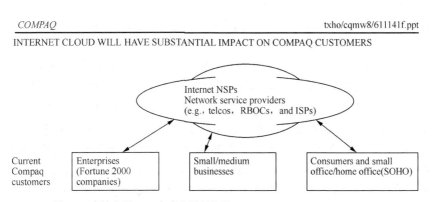

图 1-1　康柏公司 1996 年商业计划文档 ISD Strategy for Cloud Computing

1.1.1.1 云计算的三大要素

以上可以算作对云计算"冠名权"归属的一番浅究，事实上云计算的起源比以上诸多论断还要早，其发展历程贯穿了过去半个世纪全人类的 IT 发展史，如图 1-2 所示。

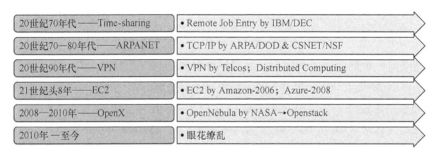

图 1-2 云的起源及发展（从 20 世纪 70 年代至今）

1. 云计算要素之一：分时计算

早在 20 世纪 70 年代初期，那还是 Mainframes（大型机）如日中天的最后一个黄金 10 年，IBM 在其大型机主机与终端之间使用了一种叫 RJE（Remote Job Entry，远程任务输入或叫远程任务处理）的机制。大型机自 20 世纪 60 年代中期就已经普遍使用了虚拟化技术，其间最典型的应用就是 Time-Sharing（分时），也就是说多个任务或者多个终端事先就被分配好占用主机处理器完成任务的时间和优先级。从整体上看，大型主机处理各任务的过程像是主机在同时服务与处理多个用户、多个终端的各种不同任务。发展到今天，从蜂窝电话网络到 PC 上面的处理器再到手机终端，分时计算在我们的生活中可谓无处不在（笔者特意没有提到虚拟化即是云计算这一容易引起误解的概念）。

2. 云计算要素之二：网络互联

从 20 世纪 60 年代末期开始到 80 年代，还有一系列大事件发生，那就是 TCP/IP 网络的诞生与蓬勃发展。这里不得不提到两张网，一个是 ARPANET [Advanced Research Projects Agency Network，（美国国防部）高级研究计划署网络]，另一个是 CSNET（Computer Science Network）。ARPANET 是美国国防部在 20 世纪 60 年代后期开始资助的用于研发 packet-switching（包交换或分组交换）技术的项目产物。ARPANET 项目产生的一个原因是，在分组交换技术之前被电信公司广泛应用的是 circuit-switching（回路交换或电路交换）技术，相比分组交换而言，回路交换使用点对点的固定通信线路对资源的利用率低下。另一个被广泛流传的 ARPANET 项目来由是当时处于美苏冷战时期，北大西洋公约组织希望有一种网络通信方式可以在经受核打击情况下依然能完成信息交换。后面这一点也被认为是美国国防部在 20 世纪 60 年代开始寻找更高效、更安全的包数据交换方式的主要原因。互联网雏形是 1969 年 12 月 5 日四所位于美国西部的高校 UCLA、Stanford、UCSB 和 UUtah 间第一次形成的四节点分组交换网络，在此前一个月最早的"互联网级"信息传递网在 UCLA 与 Stanford 大学之间完成，传送的只是一个简单的单词 login，而包交换技术仅仅在一年前才被发明（互联网技术的发展速度由此可见一斑）。CSNET 是美国国家科学基金会在 20 世纪 80 年代初开始资助的项目，可算是对 ARPANET 的有效补充（对那些由于资金或权限等限制而不能接入互联网网络的学校与机构提供帮助），此两者（ARPANET 与 CSNET）被公认为奠定了互联网的科技基石。

3．云计算要素之三：网络安全与资源共享

20 世纪 80 年代和 90 年代，IT 行业最大的发展可以归纳为：PC 的兴起。PC 的兴起带动了整个产业链上下游的蓬勃发展，从 CPU、内存、外设到网络、存储、应用，不一而足。PC 的广泛应用极大地提升了劳动生产率，特别是在连接企业、部门、员工情景下催生了对网络资源虚拟化、数据共享以及数据传输安全的强烈需求，一系列技术应运而生，如 VPN（虚拟专网——在公共网络通道之上建立点对点的私密通信渠道）、分布式计算（PC 的发展在本质上就是让多台 PC 协同计算来实现原来只有大型机、小型机可以完成的任务）。

21 世纪的第一个 10 年，IT 行业的发展可以简化为如下两个阶段。

（1）第一阶段：2001 年—2005 年，基于 PC 的虚拟化技术高速发展。虚拟化技术早在 20 世纪 60 年代就已经在大型机上出现，不过真正广泛应用是随着 PC 的兴起，PC 单机处理能力达到了需要通过虚拟化的方式来进一步提高 PC 资源利用率。

（2）第二阶段：2006 年—2010 年，云计算服务的推出与应用。第二阶段开启于 2006 年，在同一年内 Amazon、Google、Sun Microsystems 公司先后推出了各自的云计算服务，2008 年微软公司推出了 Azure 云计算服务，同年在 NASA（美国国家航空航天局）的资助下 OpenNebula 开源云计算平台项目成立，两年后 NASA 与 Rackspace Hosting（得克萨斯州的一家 ISP）联手推出了 OpenStack 开源软件项目。在过去的数年中 OpenStack 从早期模仿 Amazon AWS 服务到逐渐形成颇具特色的 IaaS（平台即服务）平台并逐渐地向下、向上蚕食生态系统，短短几年间 OpenStack 几乎已经超越 Linux 成为全球最大的、最活跃的开源社区；而与此同时 AWS 则攻城略地，占据了公有云计算领域的大半江山。

小结以上两个阶段，可概括为：PC→PC 虚拟化→各种云计算平台及服务解决方案风起云涌。

1.1.1.2 云计算的本质

近几年，云计算的发展让人眼花缭乱，各种新兴的技术、新兴的公司风起云涌。其中值得一提的有两样东西。一个是容器计算。我们前面提过虚拟化，基于虚拟机（Virtual Machine，VM）的虚拟化可算是对 Baremetal（裸机）这种形式的有效补充，而容器可算作是对基于 VM 技术的虚拟化的有效补充。容器的意义在于重新提高了因虚拟化带来的计算效率的降低，后面的章节中我们会专门论述相关的问题。另一个值得一提的是大数据。如果说 2006 年开始的云计算浪潮多少都是偏重于底层的平台与服务，而真正寻找到的与之匹配的就是近三五年来声名鹊起的大数据应用。两者可算是一拍即合：云计算作为基础架构来承载大数据，大数据通过云计算架构与模型来提供解决方案，如图 1-3 所示。

大数据改变业务　　　　　　　　云计算改变IT

图 1-3　当云计算遇上大数据

至此，我们来总结一下到底什么是云计算。从技术角度来看，云计算是多种技术长期演变、融合的产物，诸如分布式计算、并行计算、网络存储、分布式存储、虚拟化、裸机及容器计算、负载均衡等计算机及网络技术，如图 1-4 所示。

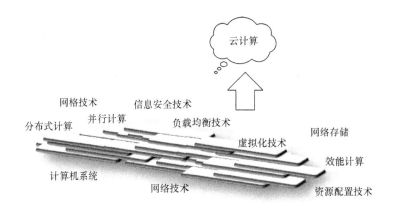

图 1-4　云计算的底层技术发展与融合

云计算的本质是多种技术的融合，它和很多其他技术颇有相通之处，例举几个。

（1）C/S 与 B/S 技术。

（2）P2P 技术。

（3）并行计算（Parallel Computing）。

C/S（Client/Server）泛指任何客户端到服务器端的双向通信机制和架构，而 B/S（Browser/Server），可看作 C/S 架构的一种形式，也是目前最常见的网络节点间通信方式；P2P［Peer-to-Peer，（注意区别于 P2P 金融，后者指的是 Person-to-Person Lending，即人对人借贷，本质上是一种众筹借贷的金融模式）］，是一种分布式应用架构，它的核心理念是 Divide-n-Conquer（分而治之）或者说是 Task-Partitioning（任务分区）。可以说 C/S 架构与任务分区理念二者合在一起就已经把云计算的技术本质描述出来了，云计算在本质上依然是一种分布式计算，一个与之相对应的技术是并行计算，它们之间的主要区别在于节点间通信方式的差异：分布式计算、云计算显然是通过信息（Messages）来实现节点间（节点在这里可以理解为 CPU 或主机或计算机集群）的通信，而并行计算通常会采用共享内存（Shared Memory）的方式，后者虽然效率会更高，但是可以想见其可扩展性会受到一些限制……在某种程度上，并行计算可以看作一种特殊的分布式计算，特别是在小规模紧密集群或早期分布式计算时期的实现方式中经常可以看到并行计算的影子。

1.1.1.3　云计算基本特征

这么多技术名词，难免让人眼花缭乱，那么如果要我们总结云计算的通性，或者说基本特征，有没有呢？笔者以为可总结为如下 5 条。

（1）共享资源池。

（2）快速弹性。

（3）可度量服务。

（4）按需服务+自服务。

（5）普遍的网络访问。

第一条共享资源池指的是计算、网络、存储等资源的池化和共享；第二条快速弹性指的是云计算能力应对需求、负载变化时的可伸缩性（快速弹性指的是"自动化"，原来需要几周、几个月完成的事情，现在可以在几秒钟、几分钟内完成并且几乎不需要人工干预）；第三条可度量服务也是云计算非常重要的特征，包括对各项服务和应用的监控、计费等；第四条是按需服务、自服务，按需服务听起来很像某种人类文明高度发展的终极社会形态——按需分配，在云计算的背景下，按需服务是为了降低重复建设、过度分配而造成的资源浪费，而自服务则给予了用户极大的把控性同时降低了对维护成本的开销；第五条指的是可以在任何时间、任何地点通过网络来访问云计算资源。图 1-5 展示了云计算的这些基本特征。

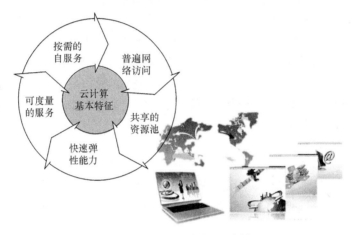

图 1-5　云计算基本特征示意图

这里，我们套用 IDC 在 2013 年提出的"三个平台[2]"来作为总结，如图 1-6 所示。

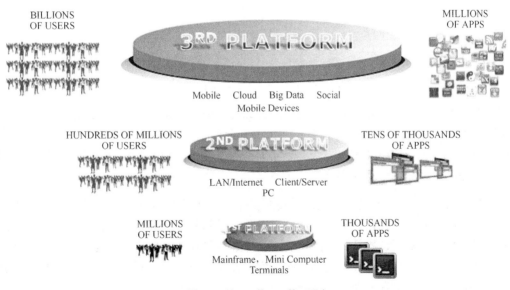

图 1-6　第一、第二、第三平台

第一平台出现最早，横跨了 20 世纪 50—70 年代，是大型机、小型机的天下，受众主要是一些大型企业，服务百万级的用户对象和数以千计的应用；第二平台是进入和连接了千家万户的 PC 的时代，用户数量与应用分别达到了亿万级和数以万计；第三平台颠覆了曾经颠覆第一平台的第二平台霸主 PC，而接入用户的规模继续以指数级增长，如果再算上 IOT 设备（物联网级产品，各种可联网传感器），则用户规模可达到数以百亿甚至千亿级，而应用也空前蓬勃发展，达到了百万量级。今天我们正处于大规模从第二平台向第三平台迁移与发展的关键阶段。在 1.1.2 节，我们会着重讨论业务需求与 IT 交付能力之间的互动问题。

1.1.2　业务需求推动 IT 发展

随着过去几十年间 IT 行业从大型主机（Mainframes）过渡到客户端服务器（PC Servers），再过渡到现如今的移动互联时代（Mobile Internet），IT 可把控的资源和预算的大趋势一直在下滑。在过去十几年的时间里，对虚拟化技术的采纳帮助 IT 实现了极大的效率飞跃，大幅提升了 IT 满足业务预期的能力。不过，在当下的移动互联时代，面对数以十亿计的新移动消费者以及数以百万计的新应用和服务，IT 可谓是机遇和挑战并存。业务预期呈现出了指数增长。如果不在"我们如何做 IT"方面做出根本性改变，没有人能赶上行业发展的步伐。IT 交付所面临的问题如图 1-7 所示。

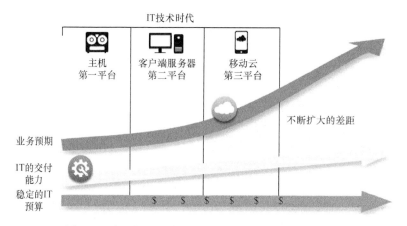

图 1-7　业务预期 vs.IT 交付能力 vs.IT 预算（横轴为时间轴）

今天绝大多数的政府和企业都已经遇到或即将遇到同样的问题，在 IT 支出中，2/3 甚至是超过 3/4 的资金被用于维护现有系统（第二平台系统）以满足现有客户的需求，仅有 1/3 的预算被用来部署新应用（第三平台）以帮助获得新客户及业务从而增加收入，同时通过大数据分析等应用来更加贴近客户等。

大多数政企 IT 部门所采用的依然是传统模型。在传统 IT 流程中，每个新的解决方案都是一个需要进行采购、设计、配置、测试以及部署的项目，即便是做得很顺利的话，新项目部署周期也要长达数周、数月甚至数年。这就很难实现高敏捷性和低投资，也就很难通过 IT 来增加收入。组织机构的目标就是增加敏捷性，减少运营支出，对未来进行更多投资，并不断降低风险，但是这两者之间存在着一个鸿沟，如图 1-8 所示。

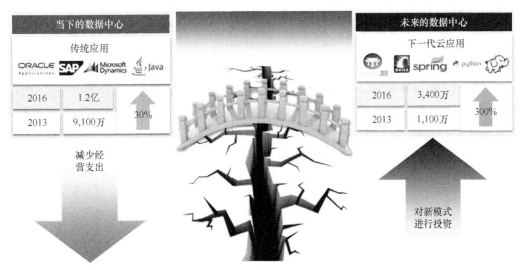

图 1-8　传统应用 vs.下一代云应用

　　换一角度来看问题，今天的数据中心中依然充斥着大量的第二平台甚至第一平台的那些"传统"应用，它们虽然在增长速度上（是的，依然在增长，而不是有些人说的所有的应用都是下一代第三平台云应用，此类的说法过于绝对并且不符事实）没有新型的云应用那么惊人，但在绝对数量上依然占主体，也就是说在相当长一段可预见的时间内，政企 IT 部门的投资依然会在如何继续减少经营支出与如何增加面向新模式的投资间做出分配。

　　如何让 IT 的交付能力保持同步，甚至超越业务的预期是 IT 部门始终的使命（见图 1-9）。

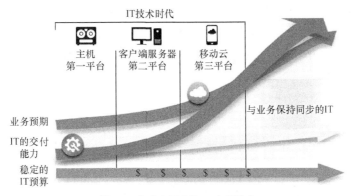

图 1-9　与业务同步的 IT 交付能力

　　在相当长一段时间内，业务部门对 IT 高度依赖，牺牲了敏捷性、灵活性来获得 IT 的支撑，IT 拥有极大的控制权并提供安全保障；当随着基于云的服务出现的时候，特别是三大"XaaS（即：SaaS，软件即服务；IaaS，基础架构即服务；PaaS，平台即服务）"出现后，业务部门迅速地开始拥抱它们并将之作为替代解决方案提供渠道，XaaS 带来了更高的敏捷性、灵活性，但是与此同时，IT 部门也丧失了控制，安全性也存在未知因素。走到这一步可以算作是今天很多政企部门遇到的问题的一个集中写照，如果继续发展下去，更高的一个阶段应该具有如下特征。

　　●　敏捷性。

- IT 控制&安全（可集中管理）。

- 开发一次、可多地部署。

- 选择权。

第一、二点较容易理解，不再赘述，第三、四点需要在此说明一下，同时也会引出下一节的议题：云的多重形态。所谓一次开发多地部署，指的是为一种环境开发的应用或服务，可以在私有云、公有云、混合云等不同形态的云环境上便捷部署；而选择权指的是让用户可以选择并实现让应用与数据可以跨越云边界，如在公有云、私有云间自由迁移，下一节我们会展开阐述。

1.2 云的多重形态

1.2.1 云计算的多重服务模式

云计算在快速的发展过程中逐渐形成了不同的服务模式（Service Models）。目前我们熟知的主要有三大类：SaaS（Software as a Service，软件即服务）、PaaS（平台即服务）与 IaaS（基础架构即服务），也有人喜欢把它们统称为 XaaS 或 EaaS（Everything as a Service）。类似的还有存储即服务（Storage as a Service）、容器即服务（Container as a Service）等。从根源上讲，*aaS 模式都源自 SOA（Service-Oriented Architecture），SOA 是一种架构设计模式（可类比面向对象编程语言中的设计模式），其核心就是一切以 Service 为中心，不同的应用之间通信协议都以某种服务的方式来定义和完成。今天我们经常看到的微服务架构（Micro-Service Architecture，MSA）的概念，在本质上也是由 SOA 演变而来。

为什么会形成不同的*aaS 服务模式呢？主要原因在于最终服务交付的形态，如图 1-10 所示。

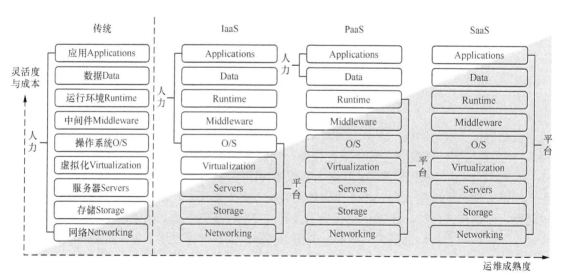

图 1-10 传统 vs.*aaS

在传统的 IT 运维与交付模式上，从最底层的各种硬件到操作系统到中间任何一层运行环境到数据与应用全要人力来维护；SaaS 是最全面的服务交付模式，从上到下所有的问题都由平台来解决，我们知道最著名的例子大概是在线 CRM 服务提供商 Salesforce.com，另一个例子是 intuit.com，从记账到报税一站式服务；IaaS 则是更多地专注于底层硬件平台与虚拟化或容器封装，而把从操作系统到上层应用的自由都留给用户来决定，最典型的就是像亚马逊或阿里云提供的云主机服务；在 SaaS 与 IaaS 中间还可能有一类服务交付模式，也是最近 1~2 年才兴起的叫作 PaaS。PaaS 可以认为是业界在看到 IaaS 交付过程和用户使用过程中遇到的各种问题后对服务交付自然延伸的必然结果，用户希望平台提供方能对操作系统、中间件、运行时甚至是应用与服务的持续升级、持续集成都提供管理，于是 PaaS 应运而生。在后面的章节中我们会专门介绍目前业界具有代表性的 PaaS 的解决方案。

在下面的小节中，我们先来了解云的不同部署形态。

1.2.2　公有云 vs.私有云 vs.混合云

从云架构部署、服务、应用以及访问的方式来区分，我们一般把云分为四大类：

● 私有云；

● 公有云；

● 混合云；

● 社区云。

前两朵云耳熟能详，混合云顾名思义，既包含私有云，又包含公有云。最后的社区云相对少见，列在这里是为了完整起见，它可能是一种特殊形态的私有云、公有云或混合云，通常由一些协作的组织在一定时间内基于同样的业务诉求与安全需求而构建形成的一种云架构。下面我们主要谈谈对前三朵云的认知。

对私有云、公有云、混合云的定义与界定的关键是云的服务对象。

● 如果被服务的对象是一个机构，那么我们称之为私有云。

● 如果服务开放给大众，并通过互联网可以访问，则称之为公有云。

● 混合云通常是兼有私有云和公有云部分，两部分可相对独立运作，但是也会协同工作，例如一些任务可能会横跨公有云、私有云边界。

大家还会经常听到专有云的提法，在本质上这依然是私有云的一种，它经常以被托管的私有云的方式存在，目前各地方政府和企业经常会把自己的一部分可以放入云中或向云端迁移的业务托管给第三方云服务提供商来运维。

从"物种起源"的角度上说公有云与私有云都是由早年的 DC/IDC 数据中心或互联网数据中心发展而来。除了它们各自所可能侧重的服务不同外，在技术本质上没有高低优劣之分（见图 1-11）。

| | 公有云 | | 私有云、专有云 |

公有云
- 新应用
- 应用弹性
- 主要是对象和商品

托管私有云/专有云
- 传统企业应用、新应用
- 基础设施弹性
- 场外云（Off-Premise）

私有云、专有云
- 传统企业应用
- 基础设施弹性
- 场内云（On-Premise）
- 主要是文件和区块

图 1-11　公有云 vs.专有云 vs.私有云

公有云侧重于对新应用（如第三平台应用）的支持，面向应用的弹性实现（如支持可横跨多台云主机的数据库服务），在存储角度上则大量使用对象存储（如对多媒体文件检索和浏览支持）；另外一个特点是，为了实现利益最大化和产生正向现金流，绝大多数的云部件都被封装成商品的方式待价而沽。

私有云大抵是因为历史的原因而不得不继续支撑传统的企业应用（如第二平台的大量应用，从数据库到 ERP/CRM 不一而足），因此私有云的存储形态主要是 File（文件）和 Block（块），并且侧重于基础设施的弹性（第二平台应用的一个典型特点是独占性或者说是紧耦合性，它们很难像第三平台的那些为云而生的新应用能比较容易地迁移和水平可伸缩，因此业界的普遍做法是把这些应用封装后在底层的基础设施上实现弹性）。

我们做了一个简单的表格（见表 1-1）来比较三种云的异同。

表 1-1　　　　　　　　　　　　公有云、私有云、混合云比较

	公有云	私有云	混合云
第三方运维	是	一般不	是
硬件投资	一般不	是	部分
中小企业适用	是	不一定	是
大型企业适用	一般不	是	是
可定制硬件	一般不	是	是
合规支持	不	是	是
高安全性	实现困难	是	是
跨云支持	一般不	一般不	是
第三平台应用	较多	是	是
第二平台应用	较少	较多	是
存储特征	对象为主	块、文件	皆有
更多开源技术	是	不一定	是

业界对云的认知中普遍存在的一个印象是公有云是云的多种形态中的主体。这句话其实只说对了一小部分，按照媒体广告投入规模和曝光频率，公有云的确是更多，但是在市场整体规模和真正承载的云计算任务量而言，私有云和专有云市场占据大半江山（大于 85%），而真正的公有云市场份额不过 15%。

误解一：公有云会是未来唯一可行的云服务形态。从业务增长速度上看，公有云的增长速度的确高于私有云（不同的统计方式给出了不同的结果，但一般认为公有云的增长速度在 2014～2019 年都会高于私有云，IDC 在最新的分析报告 [3] 中预测公有云年复合增长率为 32.2%，几乎是私有云 16.8% 的两倍），但是，如果把所有在私有数据中心中的投资都计入私有云，则在绝对规模上私有云远远大于公有云（有的统计数据显示私有云规模是公有云的 10～50 倍之大）。另外，业务需求的多样性，特别是对体系架构安全性、可定制性的需求决定了公有云不可能取代私有云或混合云的市场存在的基础。

误解二：公有云拥有核心技术。我们认为不同形态的云之间技术并无本质区别，私有云、公有云与混合云可以说各有千秋，公有云更多注重用户体验及应用层的弹性，而私有云对安全和性能以及对用户的需求的可定制化有更多的关注；除此以外，造成它们差异以及是选择公有云还是私有云的主要原因是技术之外的因素——决策者对某种技术的喜好、偏执都可能会导致最终选择某种云而摒弃另外一种云。

还有一个知识点值得提到的是关于 on-premise（场内）与 off-premise（场外）的，所有的公有云对于其服务的客户而言都是 off-premise 的，也就是说在云端、场外，而对于私有云而言多数都是 on-premise（场内云）的本地云，除了一种特殊的专有云情形，就是在托管方地界运营的私有云是 off-premise 的，比较典型的例子是在线视频公司 Netflix，它已经把整个基础架构都迁移到了亚马逊云之上，而且使用的是不与任何第三方共享的基础设施，从本质上说这是一种基础架构即服务的外包。

认知一：胜者全赢——这句话来自于英文的俗语 Winner Takes All。在公有云领域尤其如此，从市场份额、营收规模上看，亚马逊的 AWS 如日中天（见图 1-12），它一家的份额比第 2 到第 100 家 IaaS 服务提供商的总和还要高，而且据悉 AWS 也是唯一一家截至 2015 年年底有盈利的公有云运营商，其他云服务商看来还要水深火热很久了。

AWS 公有云基础设施即
服务 2015 年估算收入

全球公有云基础设施即服务领
域排名第 2 至第 100 位企业合计

图 1-12　AWS vs.其他

认知二：规模经济效益——这句话也是源自英文 Economies of Scale。当云计算的规模较小的时候，相对的亏损比例会很高，而盈利的能力难以体现，只有当规模越来越大的时候，才会逐渐降低亏损并最终实现正向盈利，而我们目前看到的情况是，市场上只有 AWS 做到了，其他家还在不断探索和继续增长规模，而在背后支撑我们具有这一信念的经济学理论就是规模经济效应。举个简单的例子，一个加工厂有 1,000 名工人一个月生产 10,000 双袜子，那肯定是亏损的，只有达到 1,000,000 双以上的规模才会扭亏为盈。云计算也是一样的道理。

最后，作为小结，我们用一张表来说明云计算的优点（见表 1-2）。

表 1-2 云计算的优点

分类	优点
成本	降低了 CapEX（云计算开销一般计入 OpEx）
	降低整体开销、绿色、节能
技术	实现简捷、部署方便、自动化
	高弹性（无限可扩展存储空间、网络带宽）
人员	降低培训开销
	只需要很小的维护团队
商务	QoS/SLA 支持
	规模效应

1.2.3　云的形态并非一成不变

前面我们了解了不同形态的云所具有的特点，并列出了一些规则来帮助人们决策到底要选择哪种云可能最适应各自的业务需求。在拥抱云的过程中，大量的东西需要做出改变，从人的思维方式，到团队的合作方式，到客户的接洽方式，甚至是整个社会的运作方式都在逐步产生巨大的变化。这一小节我们就来谈一谈变化中的云、变化中的 IT。

1.2.3.1　云计算带来的三大变革

我们先回顾一下，传统的数据中心中运行的是大量的、专用的、垂直的一些堆栈式应用，完成各式响应性操作。当其向云转变的过程中，主要会有哪些大类的变化呢？总结有三，见图 1-13。

（1）基础设施。

（2）运营模式。

（3）应用。

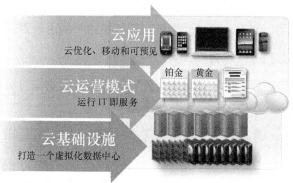

图 1-13　IT 变革的三步走

第一变化是基础设施（Infrastructure）。如果大家对当年的电信运营商是如何被新兴的 IT 企业所冲击的还记忆犹新的话，那么一定记得电信运营商大量使用的专用点对点、回路交换等技术是被包交换、IP 等技术所颠覆。这些技术逐渐渗入到了基础设施中的各类设备上，提供更高的性能、效率、安全和可用性。同样，在今天的云化的过程中，构建云基础设施也有类似的特点：大量的虚拟化技术的采用，通用硬件平台、开源技术的采用等。

第二变化是运营模式。在云的时代，任何东西都会以一种服务的方式来交付，IT 也不例外。ITaaS 于是应运而生。ITaaS 是个抽象的概念，直观一些的说法是它具体体现在整个服务流程的自动化，以及对不同优先级的任务的区分对待等，最终的目的是实现最优资源调度、配比……

第三变化就是应用。在第三平台中我们前所未有地注重用户体验，一切为了应用已经变成了一句箴言，从基础设施到运营模式都是为了更好地创造应用、优化应用，并围绕应用而提供一套完整的数据采集、处理、分析、汇总、反馈的系统（十年前我们叫 BI——商务智能，今天我们叫大数据），然后通过集成到客户端的应用展现给终端用户。

换一个维度来看上面提到的三大变革，如图 1-14 所示。

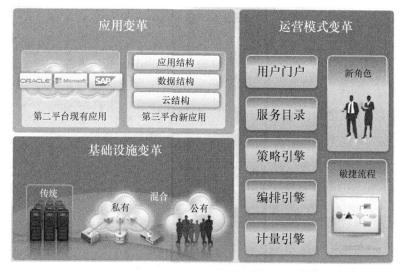

图 1-14　云的三大变革

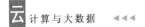

用一句话来总结基础设施与应用的变革，那就是：变革中不会也不可能摒弃传统的架构与应用，在引进新的云架构、新应用的时候也需要兼顾传统的需求。

1.2.3.2　运营模式变革中的 5+1+1

运营模式的变革是为了更好地服务基础设施与应用的变革，其主要的变化可以用如下的 5+1+1 来表达。

- 计量引擎
- 编排引擎
- 策略引擎 ⎫ ● 敏捷流程 ● 新 IT 角色
- 服务目录
- 用户门户

（1）引擎+目录+门户

我们来分别了解一下。首先是 5 代表什么。用户需要一个门户作为入口来访问云计算所提供的服务，在门户当中最重要的就是提供：

① 自服务目录，这个很容易理解，就好像逛超级市场或上网购物一样，你会需要一个目录来帮助你快速检索；

② 各种引擎来帮助实现具体的服务与任务的管理与执行，具体而言就是策略、编排与计量三大引擎。策略可以是访问策略、安全策略、网络策略，多种多样；编排（M&O）是一个很大的概念，我们把自动化部署，资源管理、监控、储备等都划入编排的范畴；计量对于按需收费的云计算而言是保证实施以及完成监控的基础组件。

（2）敏捷流程

前一段话介绍了 5，这里再介绍一下敏捷流程，在软件工程中有很多方法学与流派，其中两类的实践者最多，一类叫作顺序开发（Sequential Development），另一类叫作迭代开发（Iterative Development）。顺序开发最典型的例子是瀑布流开发（Waterfall，见图 1-15），它的最大特点就是每两个环节之间紧密相连，设计之初就要有清晰的需求，实现之前就要有完整的设计，以此类推。对于传统的软件开发而言，这样的流程设计非常清晰，易于执行。而在一个需求高速变化，甚至设计也在高速变化，实现、验证与维护只有极短的时间与资源来完成的时代，瀑布流就显得不合时宜，取而代之的是称之为敏捷开发的流程。敏捷开发有如下几个特点。

- 轻监管（比起瀑布流开发需要更少项目监管）。
- 重互信（听起来像是社会主义高级阶段）。
- 喜变更（即便在开发的晚期阶段）。
- 强交流（强化商务与开发交流频率）。
- 快迭代（高频迭代，从年→月→周→天……）。
- 评估项目进展的金标准是可运转的软件。

从以上几点不难看出，敏捷开发流程属于典型的轻流程、重结果，以高速迭代为导向——快速失败重新开始，它与瀑布流最大的区别是各环节形成了一个循环迭代的环，如图 1-16 所示。

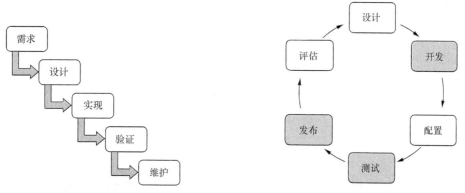

图 1-15 瀑布流开发模式   图 1-16 敏捷开发流程图

值得一提的是，在从瀑布流向敏捷开发转变的过程中，大多数企业采用了一种折中的开发流程：瀑布式敏捷开发（Waterscrumfall，见图 1-17），造成这一折中的核心原因是敏捷开发中依赖的迭代式增量开发（Scrum）模式不能被单一功能团队所完成，于是只能在部分环节依然保持瀑布流的方式。出于篇幅所限本书无法对此展开讨论，有兴趣深究的读者可以查阅相关的专业书籍。

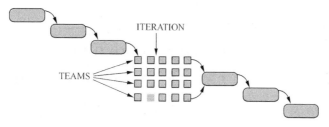

图 1-17 瀑布式敏捷开发

（3）新 IT 角色

最后我们再来看一下变革中对人的影响——新的 IT 角色的出现，传统意义上的系统管理员、存储管理员、网络管理员、安全管理员等将逐渐退出历史舞台，取而代之的是云管理员、云架构师、自动化工程师、DevOps（Dev+Ops，Developer+Operations，即开发+运维合二为一的角色）等新的职位角色，示意图如图 1-18 所示。

图 1-18 新 IT 角色出现

前面我们讲解了云所带来的一系列变革,那么我们现在来关注当选定了一种云形态之后是否就一成不变了。

1.2.3.3 云迁移

越来越多的初创型公司在早期阶段可能会因为初始化投入成本较低而选择公有云服务,最常见的是从云主机入手,逐渐延伸到云存储、云数据库、云加速器等服务,但是随着业务的发展,到达某一个阶段的时候,就会出现以其他云形态来补充或者是从一个云服务提供商迁移到另外一家提供商的需求,如图 1-19 所示。

图 1-19　不同形态云之间的转换

云迁移的诱发因素多种多样,可归纳为如下几种。

- 性价比:客户永远在追寻更高的性价比,仅此而已。

- 功能导向:A 云不能完成的功能如 B 云可以就会迁移到 B。

- 策略导向:如 compliance(合规)要求变化在原有云无法达到。

云迁移的方向可以是在任何两朵云之间双向或单向的迁移。迁移从应用到数据、到基础架构,都可能被涵盖。有的迁移像搬家一样是一次性的(One-off),有的迁移是具有随机性和重复性的。最典型的例子有云爆发(Cloud-Bursting,指当在私有云中运行的应用在访问爆炸式增长后会临时使用公有云服务来保证服务不间断)以及混合云(见图 1-20)等。

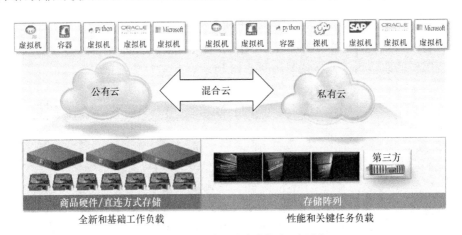

图 1-20　混合云架构中负载的分配与迁移

图 1-20 中描绘的是一幅典型的混合云架构场景,我们用一张表(见表 1-3)来说明公有云和私有云在一个混合云框架下各自的侧重点如何。

表 1-3   混合云架构中公有云 vs.私有云

混合云架构	公有云	私有云
负载	新应用、基础工作	高性能应用、关键任务
硬件	商品化硬件、DAS（直连）存储	存储阵列、定制化、高端硬件
虚拟化	虚拟机、容器	裸机、虚拟机、容器
应用	Web 类为主	大数据分析类、传统应用

我们在这里也给大家介绍一些逐渐形成潮流的云迁移和云间数据交换的场景。

场景一：云间数据交换。互联网公司在业务发展初期大量使用公有云服务早已形成了一种定式，但是，随着业务的发展，特别是需要处理的数据量的爆发式增长，有一些例如大数据分析的业务由于公有云服务商品化硬件的限制（如单机的 CPU 和内存限制），不得不考虑自建数据中心（私有云）来完成，那么就涉及在公有云与私有云间的数据传输成本与效率问题，通常最高效的方式是在两朵云之间拉设光纤专线（中美之间的网络成本存在很大的差异，美国的网络宽带成本远低于中国，所以还要评估拉专线方式是否适合具体的业务需求），当然如果两朵云所处的数据中心在物理网络上距离越近效果越好。比如一家地处硅谷 Mountain View 的公司，它在 AWS 的 EC2 主机位于马路对面的数据中心，而其自建的 Cassandra 集群就在其隔壁的 ISP 数据中心里面，那么建立一条连接彼此的 10Gbit/s 的专线，则专线传输几乎是在高速局域网里进行数据传输的节奏。当然，前面的这个例子是比较理想的场景，只需要关心数据如何在两个数据中心之间进行交换，这个问题可以进一步降解为四步。

（1）源数据传输准备（Staging）：提取、去重、压缩、加密等。

（2）数据分发与传输（Transform）。

（3）接收源数据（Receive）：解密、解压、重建。

（4）数据重构（Apply）。

图 1-21 展示的是一个典型的从源数据中心向目标数据中心通过分布式、P2P 公共网络来传输数据的架构，该架构意图达到高效、可靠、分布式数据传输的效果，它同样适用于基础架构迁移的场景。

场景二：跨云的基础架构迁移。基础架构的迁移是指要把 IaaS 以及之上所有的平台、服务、应用及数据完全迁移。这其中最大的挑战是对业务可持续性的要求。如果对在线业务的下线时间（Downtime）是零容忍，那么这就是一个经典的第三平台无缝衔接大数据迁移场景。参考图 1-21，我们来简单描述一下如何实现无缝、无损数据迁移（为简化设计起见，假设源与目标数据中心具有相同、类似的硬件配置）。

● 对源数据中心进行元数据提取（Metadata）。

● 在目标数据中心重构基础架构（IaaS Replication）。

- 非实时数据的大规模迁移（Non-real-time Data Transferring）。

- 在目标数据中心启动服务、应用进入备用状态（Standby）。

- 以迭代、递增的方式在源、目标数据中心进行实时数据同步。

- 目标数据中心调整为主服务集群（Cut-Off/Switch-Over）。

- 持续数据同步、状态监控（Continuous Monitoring）。

- 源数据中心下线或作为备用基础架构（Offline/Online）。

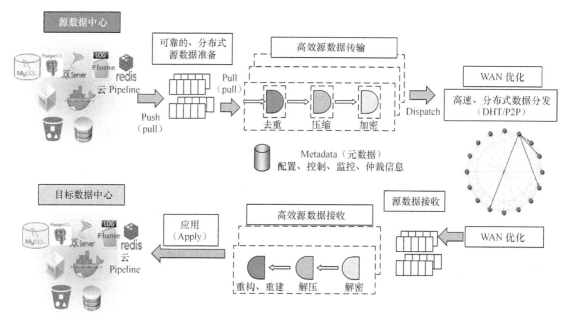

图 1-21　云迁移场景一、二

至此，我们应该已经对云的各种形态都有所了解，它们不是一成不变的，套用一句古希腊哲学家赫拉克利特的名言：唯一不变的就是变化本身。

1.3　关于云计算效率的讨论

1.3.1　公有云效率更高?

误解：公有云具有更高的效率。首先我们需要知道到底效率指的是什么。这是个亟需澄清的概念。在这里效率是指云数据中心中的 IT 设备的资源利用率，其中最具有指标性的就是综合 CPU 利用率。当然，如果把诸如内存、网络、存储等因素都考虑进来会更全面，不过为了讨论简便，我们在本小节着重讨论 CPU 的资源利用率［在数据中心中我们习惯用 PUE（Power Utilization Efficiency）来表示电力资源的利用率，它的计算公式：$PUE=\dfrac{C+P+I}{I}$，其中 C 表示制冷、取暖等为保持机房环境温度而耗费的电量，P 表示为机房非 IT 设备供电所耗费的电量，*I* 为 IT 设备耗电量，显然 PUE 值不可能小于等于 1，事实上全球范围内的各种云机房平均 PUE>2，而最先进的机房如谷歌和 Facebook 几乎可以达到 PUE=1.1 甚至 1.06，相当惊人的高效电能利用。有鉴于此，中国 2013 年开始要求新建的数据中心 PUE<1.5，原有改造的数据中心 PUE<2。图 1-22 中列出的是 2012 年中国数据中心的平均能耗分配，在 PUE=2.0 的情况下，IT 设备与其他设施耗电各占 50%，其中服务器在 IT 设备中为大头，占比 50%，存储其次，最小的是网络——这一数据也从另一个角度验证了为什么我们要把服务器 CPU 的利用率作为主要指标来衡量资源利用率]。

那么公有云的 CPU 利用率会高于私有云吗？让我们用数据来说话，图 1-23 列出了目前市场上主流的公有云、私有云的平均服务器主机 CPU 利用率比较。

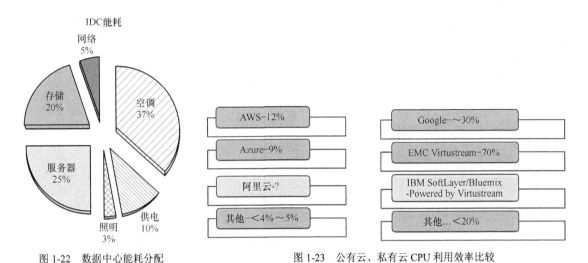

图 1-22　数据中心能耗分配　　　　图 1-23　公有云、私有云 CPU 利用效率比较

图中的数据可以清晰地说明公有云的 CPU 平均利用率远低于私有云，甚至业界翘楚亚马逊的 AWS 和微软的 Azure 都只有 10%上下[4]，相当于每 10 台服务器只有一台在满负荷运转而另外 9 台在空转，而同比私有云环境下的谷歌可以达到 30%利用率，更有甚者 EMC 旗下的 Virtustream 甚至能达到惊人的 70%。

究其原因，公有云较低的 IT 资源利用率的成因是公有云业务场景的多样化与负载高度不可预知性。当 CPU 资源在被分配给某用户后，如果没有被该用户充分利用，就会存在 CPU 空转，进而造成事实上的浪费。同样的问题也存在于其他资源分配上，例如网络带宽、磁盘空间等。这是基于时间共享（Time-Sharing）"虚拟化"的必然结果。类似的基于时间共享的技术应用还有很多，比如蜂窝电话网络。时间共享的原本设计原则就是"公平分配"以确保给服务对象平均分配资源，每个被服务对象在单位时间内可获取同样多的资源，但平均主义也会造成在均分资源后因资源被闲置、空转而形成的事实浪费。

那么如何提高云数据中心的资源利用率呢？从数据中心能耗分布整体而言，每在云主机服务器组件（尤其是 CPU）消耗 1W，在不间断电源、空调制冷以及配电箱、变压器等其他设备就会连带消耗 1.84W。反之，如果能让 CPU 少消耗 1W，会为整个数据中心节能 2.84W（图 1-24 是 Emerson 网络能源的统计数据）。这种瀑布流式的"级联"的效应我们称之为 Cascade Effect[5]（叶栅效应、级联效应）。

现在我们知道提高效率的核心是提高 CPU 的利用率或者降低单位时间内整体 CPU 的能耗。这两个方向的最终目的是一致的。

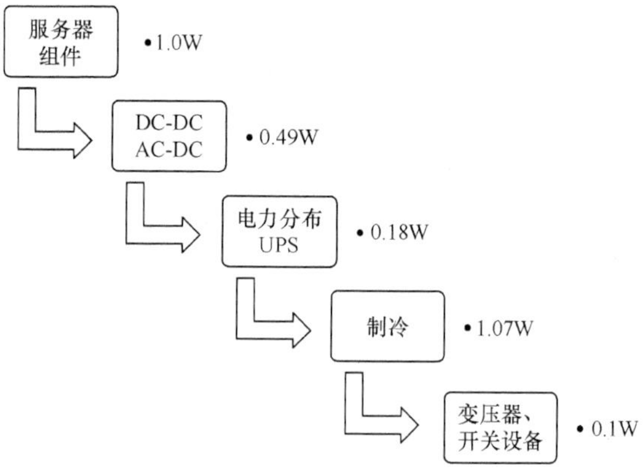

绝大多数数据中心在提高资源利用率、降低能耗的过程中有两种不同的路径：

（1）供给侧（Supply-Side）优化；

（2）需求侧（Demand-Side）优化。

供给方优化并非本书关注的重点，不过为了全面起见，在此略作介绍。供给方优化可以从以下几个方面来实施。

（1）IDC 供电与发电优化：

a．围绕储能系统的效率优化；

b．围绕 IDC 发电环节的优化。

（2）IDC 机房温度控制优化：

a．制冷优化；

b．空气流动优化。

服务器组件 • 1.0W

DC-DC AC-DC • 0.49W

电力分布 UPS • 0.18W

制冷 • 1.07W

变压器、开关设备 • 0.1W

图 1-24　数据中心能耗级联效应（Cascade Effect）

数据中心里市电是先通过交流到直流转换来对储能系统充电，储能系统最常见的是 UPS 电池（或飞轮。图 1-25 中列出了储能系统的三大类，最常见的是电化学储能方式，即我们常说的 UPS 电池系统，机械储能系统也经常被用到，电磁储能较少见，但未来如果相关技术有所突破，在储能效率上也会相应提高），UPS 再把直流电转换为交流电对电源分配单元（PDU）供电，在这个二元连续（AC→DC→AC）的转换过程中电力存在损耗以及生成大量废热需要制冷系统工作来降温，结合图 1-22 与图 1-24 可知在供电与制冷环节耗费的电力占整个数据中心能耗的 10%～47%之多。

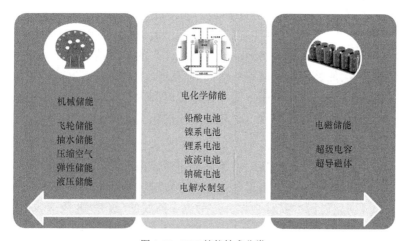

机械储能

飞轮储能
抽水储能
压缩空气
弹性储能
液压储能

电化学储能

铅酸电池
镍系电池
锂系电池
液流电池
钠硫电池
电解水制氢

电磁储能

超级电容
超导磁体

图 1-25　IDC 储能技术分类

如何提高 UPS 系统效率甚至是找到 UPS 替代方案是业界的主要努力方向。谷歌的经验是采用分布式 UPS 及电池系统直接对服务器机柜进行交流供电，在此过程中仅需要一次交流到直流转换，由此达到了 99.9% 的 UPS 效率，远高于业界平均的 80%～90%。其他常见的做法还有提高 UPS 到 PDU 电压、更新升级 UPS 电池系统或直接对服务器进行高压直流输电等。

UPS 替代方式也越来越受到业界的重视。例如使用燃料电池技术或智能电源虚拟化技术等，它们的一个共性是在整个供电过程中不再需要 UPS、PDU 和变压器单元，开关设备也变得简单。图 1-26 展示了使用软件定义的电源技术前后数据中心配电系统的变化。

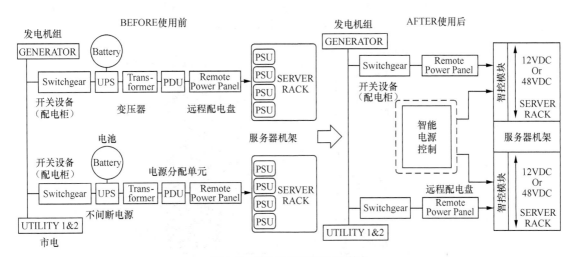

图 1-26　软件定义的电源控制技术

在数据中心中有严格的温度与湿度控制来保证 IT 设备在最优环境下发挥性能。最新的数据中心以及改造的数据中心中通常都会对冷热气流管理（见图 1-27），例如冷通道、热通道交替排列（见图 1-28）、规范布线（见图 1-29）。

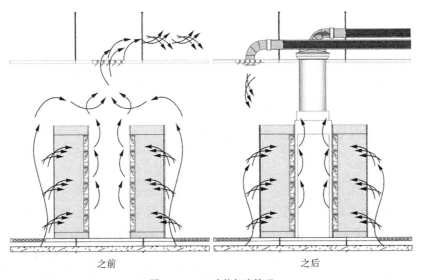

图 1-27　IDC 冷热气流管理

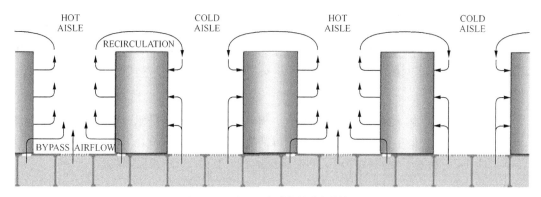

图 1-28　服务器机柜冷热通道交替排列

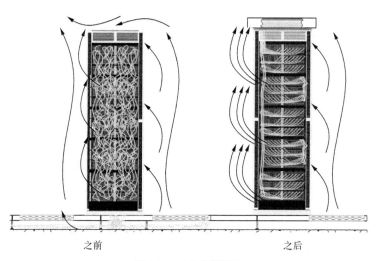

之前　　　　　　　　　　　　之后

图 1-29　IDC 布线管理

　　我们在本小节简要介绍了云数据中心中供给侧（Supply-Side）优化的一些方式。在下一小节中，我们将主要关注需求侧（Demand-Side）优化的手段。

1.3.2　云计算优化要论

　　云数据中心需求侧优化的核心是提高 IT 设备的利用率。提高过程通常分两步走：

　　（1）IT 设备、资源虚拟化（Virtualization）；

　　（2）数据中心云平台化（Cloud Platformization）。

　　1．IT 资源虚拟化

　　云数据中心的基本特点是多租户（Multi-tenancy），对多租户场景最好的支持是资源虚拟化。虚拟化的进程业界最早是从服务器虚拟化开始的，紧随其后的是网络虚拟化，再之后的是存储虚拟化，相关的详细讨论可参考笔者的另一部专著《软件定义数据中心：技术与实践》。值得指出的是虚拟化是个宏观的概念，它包括硬件虚拟化，也包括软件虚拟化，但最终是通过软件接口与用户层应用对接，这也是为什么我们称之为软件定义的数据中心。此前我们一直把计算、网络与存储称之为软件定义数据中心的三大支柱，现在看来应该是四大支柱，还有电源、电力的虚拟化（见图 1-30）。从虚拟化进程完善程度来看四大支柱也是按照计算→网络→存储→电源降序排列，越往后挑战越大，但是市场的机遇也越大。

"In the middle of difficulty lies opportunity" —— *Albert Einstein.*

图 1-30　软件定义的数据中心四象限

2．IT 资源效率优化

围绕着数据中心 IT 资源的效率优化，特别是提高 CPU 利用率（或降低 CPU 能耗）我们可以分为四类技术 [6]（见 1-31）：

- 动态电压、频率调控技术；
- 负载调度技术；
- 服务器集中、能耗状态转换技术；
- 热感知技术。

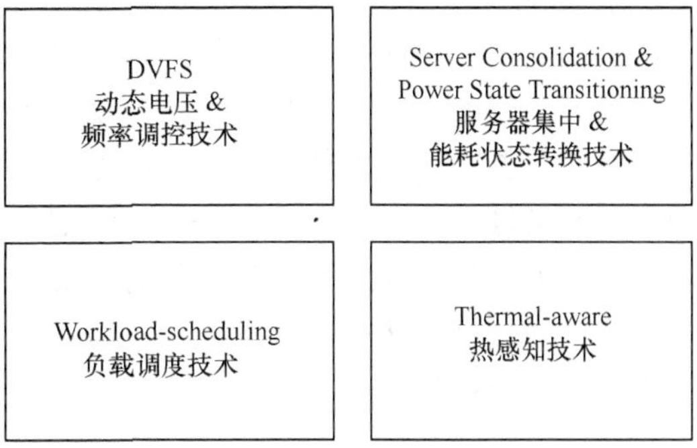

（1）动态电压、频率调控技术。

动态调频、调压技术是常见的能耗管理

DVFS 动态电压 & 频率调控技术	Server Consolidation & Power State Transitioning 服务器集中 & 能耗状态转换技术
Workload-scheduling 负载调度技术	Thermal-aware 热感知技术

图 1-31　IDC 节能技术分类

技术，特别是在对多核处理器、DRAM 内存管理上，基于 CMOS 电路的能耗方程如下：

$$P=Pstatic+CFVV$$

我们可以通过调节时钟频率来调节电压，并由此降低能耗，但是，频率降低也意味着降低了处理器元器件的性能，因此并非一味降低处理器频率、调低电压就万事大吉了，还要在遵循一定服务协议、服务级别协议（QoS/SLA）的前提下进行相关的智能调控。业界常见的实践是在系统各部件负载较低的情况下降低供电频率、电压，并监控系统负载根据需求动态调节或升高以保证服务级别协议的满足。

（2）负载调度技术。

负载调度技术在所有大型云数据中心的效率博弈中可能是贡献最大的。它的基本原理非常简单，但实现起来一点都不简单——最差的效率当然就是把所有 IT 设备都打开但是每个设备都处于空转或低负载运转的状态，最优的情况就是让每个运转中的设备都达到满负荷、全速运转，而其他设备都处于下线、不供电状态——参考图 1-23。我们发现，Virtustream 以 70% 的资源利用率几乎实现了最优状态，而多数公有云显然还处于大量浪费 IT 资源的状态（<10%）。当然，需要指出的是，公有云的负载的多样性及不可预见性也在一定程度上使得负载调度变得更为复杂，反之，私有云中负载的模式可预测度很高，也更容易实现调度优化。

负载调度与迁移的实现有很多方式。例如虚拟机迁移、容器迁移都是近些年业界越来越多使用的。不过业界也存在一些普遍的误区，认为容器的迁移会全面取代虚机迁移。笔者以为这么说为时尚早，容器技术在支持有状态服务（Stateful Application，如数据库类服务）、安全性、隔离性以及生态系统建设上与虚机还相差甚远，不过对于无状态服务（Stateless Applications，如 Web 类服务），容器架构的低延迟、高速性优势就很明显。在负载调度中，我们认为容器、虚机甚至是裸机形式的调度需求会长期并存。

（3）服务器集中与能耗转换技术。

服务器集中与能耗状态转换技术通常会与前两项技术共用来帮助提高资源利用率或降低能耗。一种典型的实践是在数据中心中使用异构的硬件平台，也就是说在低负载情况下使用低功耗、低性能系统，当负载增长后再通过任务调度把负载移向高性能系统，这么做的好处很显然，但是如果发生频繁的负载、任务迁移，迁移成本也是需要考量的因素；另一类做法会通过智能硬件来监控系统负载，只保留部分 IT 组件在线而让其他组件进入睡眠或掉电状态，比如有些操作只需要内存，那么 CPU、硬盘、网络可以休眠，由此达到节省能耗的目的。

（4）热感知技术。

第四类是热感知技术。在图 1-24 中我们介绍过服务器 CPU 能耗的关联效应。当 CPU 运转时会产生热能，而机房中的主要热源来自于运转的 IT 设备，为了保证机房的温度，空调制冷等系统又要耗费更多的电力。如何智能分配负载来保证整体能耗降低是这一类技术的核心理念。一种做法是在刀片机机柜中通过把新增负载加载到现有活跃刀片机而非新启动一个刀片机柜（刀片机组会共享电源与风扇，启动新的刀片机组能耗需求会相对更高）来实现低的热散逸；另一种做法是针对机房当中热点分布与空调制冷温度传感器的相对位置来定向调节在不同位置的服务器的负载以达到节能的目的。

最后需要指出的是，IT 设备的效率指标不能单纯地以利用率来衡量，也就是说效率与温度（利用率）曲线并非是单纯的线性曲线，以 CPU 为例，当 CPU 负载达到 95%以上之后，持续升温到一定程度后反而会降低其性能，直到超载崩溃。因此，一味追求高利用率并非问题解决之道。

3．数据中心云平台化

数据中心云平台化是资源虚拟化后的为了实现资源管理、调度高度协同的一个必然发展方向，在云的多重形态一节中我们已经介绍了不同的*aaS 平台，在下一节我们会介绍业界建设云平台的一些最佳实践，在此就不再赘述。

我们在本节介绍了一些学术界、业界提高 IT 设备效率的做法，希望能起到抛砖引玉的效果，有兴趣深究的读者可以继续查询、阅读相关的专业论文与期刊。

1.4 业界如何建云

兵法云"知己知彼，百战不殆"，进入任何陌生领域前了解行业的现状与趋势，分析自身的需求、能力与不足，谋定而后动应该是常识。在本节我们会就业界的云计算最佳实践原则、云计算服务与产品的演进历程、开源 vs.闭源以及云架构与应用间的互动关系等议题展开论述，希望能拨开迷雾，让读者对云计算不再陌生，对如何解读不同云计算流派与实践不再疑惑。

1.4.1　云计算最佳实践五原则

我们在前面的小节中介绍过云计算的前世今生，跟任何新兴事物一样，云计算绝非一日铸就，它是大量现有科技的整合与结晶，并在新兴业务需求驱动下而形成的先进的 IT 生产与消费模式。

拥抱云计算有没有一些基本原则可以遵循或参考呢？这个问题可以细微到任何一种具体技术的筛选，也可以升华到哲学思考，在起始阶段就跳入细枝末节的技术环节讨论只会让人无所适从，过于宏观的哲学讨论又难免不落地，笔者在多年的实践中总结了五条基本原则与大家分享（见图 1-32），这五条原则互相之间相辅相成，在实践中可形成闭环。

云计算最佳实践五原则：

- 结合业务需求来制定云战略（长期）；
- 避免重蹈业界失败的经历；
- 把安全放在第一位；
- 确保性能与数据可用性；
- 定期评估业务发展，调整云战略+策略。

（1）结合需求、制定战略。

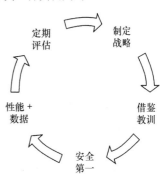

图 1-32　云计算最佳实践五原则

不结合自身业务需求与定位的云战略是空中楼阁，没有中长期战略指导的云计算实践注定是短命的。云战略可以从不同的层面来制定，通常可以从消费方或供给方来入手。消费方就是云计算资源与服务的消费者，而供给方则是云计算资源与服务的提供者，对于自建云的则是两种身份合二为一了，业界最早也是当下最大的公用云服务提供商亚马逊就是个典型的例子。AWS 在 2006 年之前是为了更好地面向内部用户提供内网（私有云）服务，2006 年之后把更多业务逐渐开放并推向公有云市场。为了讨论完整起见，我们在下面的分析中将供给方与消费方综合考虑，另外，中小企业、机构的云计算战略与规划可以看作大型机构、政企的云计算战略的一个子集，我们在这里为大家描述的是一个相对完整的计划（超集）。

任何战略离不开三件事情：方向（目标）、人（队伍）、资源（钱、物、关系网、技术储备），把这三样东西映射到云计算战略与最佳实践上就是人员、流程与技术三宝[7]（见图 1-33）。

如果拥抱云计算算是一种文化转型（任何业务转型的成功一定是最终以企业或机构的文化转型成功为标志）的话，人员的转变是首当其冲。在云计算的时代，云计算技能的拥有应该成为常态，各部门之间的协调，特别是业务部门与 IT 部门之间的互动应当转换为以服务为驱动，以业务为导向（这在一定程度上的确意味着 IT 部门的权限的相对下降）。

人员的转变除了技能，还包括思维方式、工作方式等，而确保这些转变成功实施就需要流程的制定——云架构规划与管理的流程、标准化流程、端到端服务流程等，合理的流程通常会规避掉因为缺少流程而造成的混乱与盲动，让我们少走弯路（繁复的流程则适得其反，太多的大公司则制定了过多的、冗长的流程限制住了人的主观能动性、创造性）。

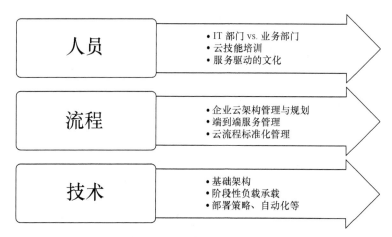

图 1-33 云计算战略三项指标

云战略三宝最后当然不能离开技术，笔者在这里把技术排在最后，并非是轻视技术，而是要传递一个对技术准确定位的信息——在战略层面不要过早纠结于技术问题，在比重上也要对技术份额有正确的认知。如果我们把云战略比作一家创业公司，技术在里面占有多大份额呢？75%还是25%？市场+销售、管理+人员、财务+资本外加技术+产品，合理的技术比重是20%～25%。

那么云技术战略上要关注哪些关键点呢？选择什么样的基础架构是根本，如果你的业务完全是 SaaS 或应用层面的东西，那么也许你和基础架构直接打交道的机会并不多，但是选择合适的基础架构提供商会影响到你的上层业务的稳定性、可扩展性以及经济性；其次，很多机构中云会经历多个阶段，从最初的只有内部测试与开发在试用云架构，到逐步地把生产部门迁移到云上，到最终把关键任务和核心数据置于云上，负载的迁移是渐进的，一蹴而就的大跃进式的云策略将会是灾难性的；最后，云技术的采用究其本质是自动化技术的升华——自动配置、自动部署、自动升级、自动扩展或缩减资源配比，而自动化是需要有边界的，是需要人来制定和调整策略并确保自动化实施过程中的可控性与安全性。

（2）博采众长、以史为鉴。

中国有句俗语叫"入行问禁"，说的是哪些禁忌要在进入一个行当之初就先了解清楚，用在这里也很贴切。云计算从战略到落实，禁忌之首是盲动，盲目冒进，罗马非一日建成，妄图一步把所有业务搬到云上，所有流程都云化，这是不可能的事情；禁忌之二是盲从，一窝蜂地去做同样的事情，类似的例子我们在各行各业看到太多，没有审慎的调研、论证项目、需求分析就盲目上马——今天我们看到大量的数据中心空有基建之表而无云计算架构与应用之实，令人扼腕；禁忌之三是盲信，云计算的高速发展到今天已经有 10 年之久了，很多先前的经验已经被总结成各类专题研究、案例分析，但是近些年业界广泛存在的一个现象是大量软文充斥其间，案例、专题本来应该是独立、公允的第三方来完成，但是事实却并非如此，各种王婆卖瓜着实在混淆着我们的视听，各种细枝末节的问题被人为包装成攸关成败的核心，而如此种种目的是兜售其产品、方案与理念，如何能抽丝剥茧、还原真相在今天显得格外重要。

（3）安全第一。

Gartner 在 2016 年年初的一份分析报告 [8] 中预测到 2018 年安全指标会一跃取代成本和敏捷性等因素成为政府机构及其代理机构（广义政府机构包含那些与政府合作的企业、高校及关联机构）在云战略考量中的首要因素。资讯的安全性如果没有保障，轻则造成业务损失，重则对国家安全、团体、个体的生命财产安全造成严重威胁，反观我们走过的互联网到云计算的历程，有太多的时候敏感的数据是被迫在"裸奔"，明码传送的密码，千疮百孔的网络主机，缺少备份的数据库，提高整体云计算的安全性应当是一个提升到战略层面的议题，从数据使用与保护安全策略，到安全流程，到人员安全知识培训一个都不能少。

（4）性能保障与数据可用性。

这一条是云计算最佳实践中的经典问题，之前提到过云计算的规模效应（Economies of Scale），一方面，它不仅仅是上了规模后平均成本的下降，也可能会造成性能也相对下降，例如整体机房出口带宽饱和后越多设备上网争夺资源，单位主机的带宽会越低；另一方面，云计算服务提供商多少都会承诺提供超大的、可扩展的存储空间，但是很多时候数据的可用性并没有明确的 QoS 或 SLA 来保障。这里面涉及一个技术概念，数据热度，图 1-34 中把数据按照访问需要的频繁性与迫切性分为四类：热数据、暖数据、冷数据与备份数据。

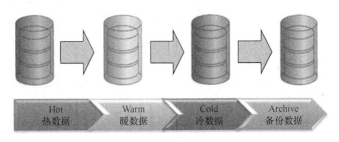

图 1-34 数据热度：热、暖、冷、备份

简单来说，热数据需要频繁被访问并且应当在最短的时间内被处理，因此一般把热数据保存在内存或缓存中；暖数据的被访问频度与迫切性就低了一些，可能被保存在本地硬盘中；冷数据继续退而求其次，可能保存在连线的网络存储中；而备份数据则有可能完全断电保存，只有在遇到例如灾后备份恢复一类的场景下才会从备份中取出。数据的存储成本与数据热度成正比，热度越高，单位存储成本越高，因此从经济角度上热度越高的数据相对而言存储量应当越小，依此类推。

整个存储行业过去几十年的发展甚至都可以理解为是由于数据热度的细分而催生了大量的专业化公司来满足客户不同的数据可用性需求。数据的可用性还有其他一些维度，例如数据的准确性（一致性）、安全性、可压缩性、去重性（De-duplication，后面的篇幅中会单独介绍关于数据去重的知识）等。在云计算进程中，所有的一切都是以某种数据的形式物理存在着，如何保障它们安全、高效、经济、可用的意义不言而喻。

（5）定期评估业务发展并相应调整云发展战略。

云计算是一门典型的实践主导的工程学，它是一直随着业务需求、应用场景、市场热点甚至新老技术交替而不断在变化的。形成良好的机制来重新评估现有云战略、战术并及时调整和更正留存的问题是所有云计算的拥抱者应当具有的正确姿势。

1.4.2 云服务与产品的演进

了解云计算服务、产品与解决方案的演进历程可以从服务提供方或需求方入手。以服务需求方为例，业务需求出发点的不同导致选择云计算解决方案的切入点不同，我们以不同类型的 XaaS 作为切入点（见图 1-35），对于某些用户而言提供远程桌面、瘦客户端（取代现有 PC 主机、笔记本电脑）是日常办公云化的第一步，而其他用户，特别是一些对于流程较注重的公司可能会从购买 SaaS 化的办公自动化系统、CRM 或 ERP 系统入手。研发型机构或 IT 公司接入云的方式则更有可能是直接购买虚拟化的 IaaS 资源，如云主机、云数据库服务等（当然，对于部门内、部门间协同工作要求较高的机构，也可能会从类似于白板、通信录、日历、库存、订单管理、共享桌面等服务切入。这一类服务都被冠以"科研云"的名头，实质上是不折不扣的 SaaS 服务）。

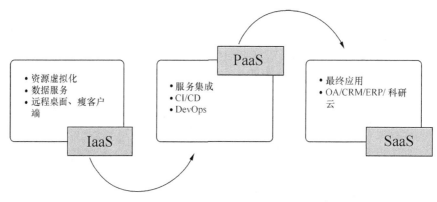

图 1-35 云服务、云产品的演进

1.4.2.1 DevOps

无论是从底层的 IaaS 还是从上层的 SaaS 接入云，它们都会向中间层的 PaaS 平台演进。PaaS 提供的核心服务可以分为两大类：

● 集成化的服务（部署、维护、升级、兼容性管理、服务目录等）；

● 一体化开发+运维（DevOps）、持续集成、持续部署（CI/CD）。

这里我们要对 DevOps 概念做一个简要的介绍，在研发机构中，开发、测试与运维通常作为三个不同的部门独立存在，在产品开发的生命周期中，开发部门提交半成品或完成品给测试部门，测试部门检验合格后提交给运维部门负责最终的集成、部署、实施、维护。但是，随着业务需求、市场环境的快速变化，产品迭代的需求也愈来愈强，开发—测试—运维周期越来越短，特别是随着敏捷开发模式的推广，越来越多的公司，特别是互联网企业率先采用了让三部门高度协同甚至一体化的 DevOps 模式（见图 1-36，三个圆的交集部分称为 DevOps）——DevOps 的概念本身于 2008 年[9] 被正式提出，但是业界巨头如 Yahoo!等早在 2004 年就已经广泛采用 DevOps 的模式运营——笔者在 Yahoo!工作的时候印象最深刻的就是每个开发人员都要轮流佩戴 BB 机一周，"24×7"值班，发生问题时远程登录主机依然不能解决的问题就需要亲自去机房排查物理机问题。DevOps 对于开发人员是一种典型的一身兼数职（对细化分工的一种逆向操作），而对于测试与运维而言则是意味着弱化甚至消灭这些工种。

如果从云的基本属性角度出发，云服务提供商（建设者）与云的客户（使用者）的诉求有不同的演进阶段。前者通常把基础架构、平台、服务与应用的弹性放到第一位，而后系统健壮性，再之后是各项性能指标的提高，最后会提高安全性；而对于后者通常在进入云初期，低成本是第一考量，弹性、敏捷性、可伸缩性紧随其后，再之后是健壮性与安全性。两者的优先级看似有很大差异，实则对立统一（见图 1-37）。

它们是云计算发展过程中，从早期阶段到逐渐成熟过程中必然经历的，本节开始引用的 Gartner 对 2018 年安全性成为云计算考量的首要因素正是云逐渐趋于成熟的标志之一。在性价比、弹性、敏捷性、健壮性、性能这些难题都已经被攻克后，安全问题一定会被提上议事日程。

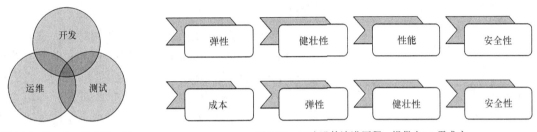

图 1-36　DevOps 的三位一体　　　　　　图 1-37　云建设的演进历程：提供方 vs.需求方

对于云的弹性（Elasticity）有几个重要的衡量指标。

● 提供资源所需的时间（Provisioning Time）。

● 提供可伸缩资源的全面性——左右水平、上下垂直、计算、网络、存储、服务及应用等。

● 对于弹性资源的监控粒度。传统的监控方式的颗粒度是基于物理机或虚拟机的资源组件（如 Nagios、Ganglia 等），但是在云计算框架下对于一个可能跨越了多个物理机、虚机或容器的应用或服务而言，对其监控的复杂度大增，需要在对整个应用或服务的各项指标做综合甚至是加权计算后呈现给用户。

● 资源供应的准确性，避免过度供应（Over-Provisioning）或供应不足（Under-Provisioning）。

云的性能评测（Performance Benchmark）可以从多个维度展开。

● 传统指标的评测：CPU/VCPU、网络、磁盘吞吐率指标。

● 云化工作负载（Workloads）性能评测：如数据库、大数据或某个具体应用的性能（吞吐率、启动速度等）评测。

● 其他功能的支持及指标：如是否支持实时的块数据复制（SAN Replication）、系统的 IOPS（每秒读写操作次数）、对传统应用向云迁移的支持、云内及跨云数据迁移速度等。

谈到云的性能，其核心就是云上工作负载的性能，在这里我们需要引入和澄清一个重要的概念：云本地应用、云原生应用（Cloud Native Application，CNA）。并非所有的应用都是为云而生的，传统应用的一个重要特点是 Monolithic（独立性、封闭性），而在云基础架构上运行应用分为两类：传统应用的云化迁移与创建云本地应用。传统应用通常对底层硬件有很多需求，因此迁移并非是像搬箱子（Lift-n-Move）那么简单的事情，通常需要对其进行虚拟机或容器封装（有些甚至需要在符合规格的裸机上直接运行才能保证效率，如大数据类应用），并且这些传统应用很难进行弹性扩展，如此一来它们的云化迁移更多的是为了云化而云化。

1.4.2.2 云原生应用

云原生应用（Cloud Native Applications）又被称为云本地应用，具有五大特点（如图 1-38 所示）。

（1）MSA（Micro-Service Architecture，微服务架构）。

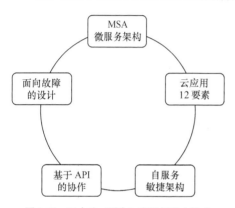

图 1-38 云本地（原生）应用的五大特点

MSA 是云本地应用的最重要的特点，它源自于 SOA（Service Oriented Architecture，面向服务的架构），可以认为是 SOA 整体框架中的一部分，在云化的过程中逐渐演变为各个云组件之间通过可独立部署的服务接口来实现通信。图 1-39 形象地展示了传统独立应用与微服务架构应用间的差异。独立应用是一个"大包大揽"的整体，每一个应用进程（Process）会把多个功能集成在一起，独立应用的扩展也是以应用进程为单位扩展到多台主机上；而微服务的最大区别在于把每一个功能元素作为一个独立的服务，这些服务可以部署在不同的主机上，每个服务只要保证通信接口不变，它们可以各自独立进化。从 DevOps 的角度出发，MSA 架构也具有非常明显的优势——一个服务的故障不至于会导致整个应用下线，而在独立应用架构中，任何一个单一功能的维护、升级都要求整个应用进程下线、重启……

（2）云应用 12 要素。

12-Factor Application（云应用 12 要素）是业界被广泛引用的 CNA 类型应用的通用特点，由 Adam Wiggins 在 2012 年提出[10]。他总结了 CNA 的 12 要素：单代码库多次部署、明确定义依赖关系、在环境中存储配置、后端服务作为附加资源、建设发布及上线运行分段、以无状态进程来运行应用、通过端口绑定来暴露服务、通过进程模型扩展来实现并发、通过快速启动与优雅终止来实现最大化健壮性、开发环境=线上环境、日志=事件流、后台管理任务=一次性进程。以上 12 要素在业界被广泛引用，有些人甚至称之为建设与运行云应用最佳实践的金标准。

（3）自服务敏捷基础架构。

自服务敏捷基础架构（Self-Service Agile Infrastructure）的概念最早由笔者的同事 Matt Stine 在他 2015 年的 *Migrating to Cloud-Native Application Architectures*[11] 一书中提出，自服务敏捷架构的另一个叫法是 PaaS（平台即服务），它帮助程序员完成四件事情：

● 自动化、按需的应用实例伸缩（Automated & On-demand Scaling）；

- 应用程序健康管理（Health Management）；
- 对应用实例访问的自动路由与负载均衡（Routing&Load-Balancing）；
- 对日志与度量数据的集结（Aggregation）。

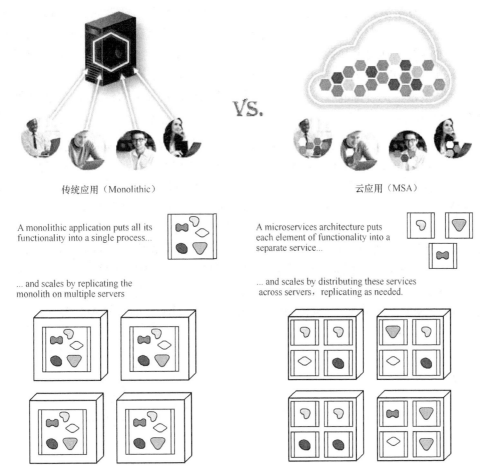

图 1-39　Monolithic vs. Mirco-Service

（4）面向 API 的协作模式。

面向 API 的协作模式是在完成向微服务架构、12 要素应用建设、自服务敏捷基础架构三大模式转变过程中必然出现的新型协同工作模式。传统的协同开发模式是基于应用部件间的方法调用（Method Calls），而在云架构中，更多的是通过调用某种 APIs 的方式来实现组件间的通信，而 API 版本之间的兼容关系通过版本号来定义与协调，REST APIs[12] 就是一种非常流行的方式——它也是整个 WWW 的软件架构标志性风格——无独有偶，REST 的作者 Roy Fielding 在他的博士答辩论文中对 RESTful API 进行了定义，而他同时也是 HTTP/1.1[13] 的主要作者。REST 与 HTTP 之间有如此千丝万缕的联系，以至于很多人将二者混为一谈，在这里需要做一下简单的澄清，区别如下。

- HTTP 是传输层协议；REST 是一组架构约束条件（Constraints），它可以使用 HTTP 或任意其他传输层协议来实现。

● HTTP API 与 REST API 间存在本质区别。任何使用 HTTP 作为传输层协议的 API，如 SOAP，都是 HTTP API，而 REST API 则遵循 REST 的约束条件，它更多的是一种围绕资源的设计风格而不是标准。

（5）面向故障。

面向故障（Anti-fragile-Design for Failure）是云计算弹性与敏捷性的终极体现，在遵循微服务架构、12 要素、自服务、面向 API 的设计原则下，云本地应用可以做到零下线时间，也就是说在故障甚至灾难发生时系统有足够的冗余来确保服务保持在线。业界最著名的面向故障的实践案例是 Netflix 工程师为了测试他们在亚马逊 AWS 上的服务的健壮性而开发的一套叫作 Chaos Monkey[14] 的开源软件——它会发现并随机终止系统中的云服务，以此来测试系统的自我恢复能力。

云的发展过程就像一次旅程（见图 1-40）。为了提供云服务，就需要改造现有的数据中心（传统数据中心，Conventional Data-Center）。在传统数据中心内，计算、网络和存储等资源通常专供各个业务单元或应用程序使用，这会导致管理复杂以及资源非充分利用。CDC 所存在的限制促使了虚拟化数据中心（Virtualized Data-Center，VDC），在虚拟化进程中一般遵循的是计算虚拟化、网络虚拟化、存储虚拟化分阶段实施。持续的 IT 成本压力以及业务的按需数据处理需求最终催生了云数据中心，我们也称之为软件定义的数据中心（SDDC，Software-Defined Data-Center）——它的核心机制是以服务和应用为导向——在硬件层面并没有和前面的 VDC 与 CDC 有本质区别，主要的飞跃通过软件工程的高度发展来实现，也就是我们前面提到 CNA 的 5 大原则——MSA、12-factor、Self-Service Agile、API Collaboration 与 Anti-fragile。

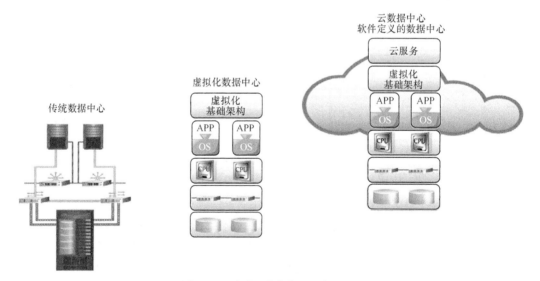

图 1-40　云之旅：从传统 DC 到 SDDC

在本小节最后，我们再从云的形态入手来分析云的演变历程，通常一条完整的进化曲线（见图 1-41）是：从数据中心（无论是场内还是场外）到私有云，再到公有云，最终演化为混合云。不同的机构和组织进入云的切入点可能会因需求与能力的差异而不同，无论是从相对原始的传统数据中心开始还是从私有云或公有云服务切入，获取云服务通常不会以一种单一的云形态来获得，个中原因值得深思。

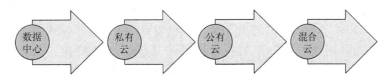

图 1-41　云的演进历程：私有→公有→混合

以中小企业为例，最先使用的云服务可能是公有云的虚拟主机，而后逐步演进到使用公有云的存储服务、数据库服务、网络服务，直至大数据服务，但是，有多重原因可能会造成该企业考虑其他云服务提供商或云形态，如云计算的如下隐藏成本可能会让你拿到账单的时候大吃一惊：

● 过度部署（Over-Provisioning）；

● 缺少实时审计（Auditing）导致的空转与浪费；

● 存储浪费（不同热度的数据访问代价差异巨大）；

● 一切免费都是有代价的（互联网推广本性所致）；

● 复杂的计费方式；

● 进场免费离场代价高昂（数据迁移高代价）；

● 高昂的故障修复成本；

● 不可定制。

另外，当公有云的成本达到一定阶段或某些任务无法在现有云服务目录中得到满足（笔者与同事做过一些市场调查，发现很多企业把每年 100 万美元在公有云上的消费作为一条警戒线，一旦达到或超过就会开始把部分业务向私有云环境迁移。最典型的是那些对于单机配置与性能要求高的大数据分析类业务，这些业务更适合直接在物理机上运行，而且运行时间较长，在公有云环境中通常很难获得足够高的配置，也很难保证长时间运行的业务不被强行中断——云计算、大数据服务之丰富如亚马逊 AWS 也不能保证所有的业务需求都可以被满足，那种 One-Stop-Shop 的观念笔者以为对于需求单纯的初创企业可行，对于业务需求日渐丰富、复杂化的组织而言，很难做到。也就是说，通常需要异构的数据中心或两种以上的云、虚拟化环境来满足业务需求），大多数企业的 CIO 会考虑通过迁移一部分任务到其他云来实现成本控制和完成任务。至此，我们也达到了云旅程的一个稳定状态——混合云，笔者深以为混合云将会是未来相当长一段时间内大多数云旅程的主要趋势，而作为业务部门和 IT 部门而言，这也意味着更复杂的面向多云环境的业务管理与运维。

1.4.3　开源

整个云计算行业的发展史可以算得上半部近十几年以来 IT 行业的江湖恩仇录，本小节我们来梳理一下云计算行业的技术发展脉络，希望能对大家有所启示。

1.4.3.1　开源技术栈

提到云计算，我们先从相关的技术栈（Technology Stack。技术栈这一 IT 界专有名词在本书中被频繁使用，图 1-10 形象展示了不同类型的 XaaS 服务平台对何种技术进行了自动化从而提供服务给用户，多种技术间的上下叠加，我们称之为：技术栈或技术堆栈）入手，纵观整个云计算、互联网过去 20 年的技术发展，其核心是 LAMP。所谓 LAMP 是 B/S（Browser/Server）和 C/S（Client/Server）技术的四大代表性开源技术的首字母连写，鉴于 LAMP 技术是如此重要，我们在此要对它们做个概览。

- L=Linux 操作系统。它颠覆了 IBM 的小型机，也颠覆了微软的 Windows 操作系统。从此既不用被 IBM"勒索"高昂的软硬件费用，也不用向微软缴付 Windows 操作系统软件许可证费用了，于是从 OEM、ODM 服务器厂家到付费用户一窝蜂地投向 Linux 阵营。

- A=Apache Web 服务器。WWW 的发展从技术本质而言就是 C/S 架构向 B/S（客户端浏览器/Web 服务器）倾斜，在客户端就是浏览器（浏览器发展史在此略过不表）。Web 服务器端市场份额雄踞半壁江山的非 Apache Server 莫属，从 1995 年初始至今颇有一统江湖的味道，和另外几款开源 Web 服务器比速度不是它的优势，不过从功能全面性上考量，Apache 几乎完胜。第二名是谁对于非 IT 人士恐怕能答对的不多，是 Nginx，有大约 25% 的全球 Web 服务器市场份额，Nginx 确切地说是一个身兼两职的东西——反向代理服务器+轻量级 Web 服务器，它通常与 Apache 协同工作[16]，Nginx[15] 晚了 Apache 七年诞生，它伊始就是为 C10K（Concurrency-10,000=并发 10,000 链接）而生——所以越是对并发访问需求大的大型网站采用 Nginx 的越多。第三名是谁估计很多人都不记得了，是微软的 IIS，而 10% 的市场份额相信也让微软高管恨其不争，用户们坚定地选择了开源、免费优先的采购策略充分体现在 Web 服务器市场上了。图 1-42 是 2016 年 1 月份的全球 Web 服务器市场份额比较，这张图告诉我们一个千古不变的道理——古人求金榜题名，位列三甲，今人力争前三。原因很简单，跌出前三，就意味着没人知道你是谁了。Apache 服务器作为一款超级流行的开源软件，其身后的 Apache 基金会功不可没，它麾下还有很多赫赫有名的软件，例如 OpenStack，我们会在后文中介绍到，而由基金会这种相对中立的组织机构来运维开源社区的方式似乎越来越得到业界的青睐。

- M=MySQL DB。MySQL 数据库自 1995 年（和 Apache 同一年，如果大家对互联网的历史如数家珍的话，互联网标杆性企业 Yahoo!也是在同一年正式成立的）诞生以来一直是业界最流行的开源关系型数据库。在互联网高速发展而带动的 IT 行业的 20 年发展中（1995—2015），服务器前端是 Web 服务器的天下，而整个后端的数据关系建模、处理与管理离不开关系型数据库，特别是 Apache 与 MySQL 一对开源组合，堪称对商用市场剧烈颠覆之楷模。在数据库领域，业界龙头是 Oracle 数据库。自打抢走了在 Linux/UNIX 服务器市场 IBM DB2 的头把交椅后，Oracle 在 Windows 服务器市场也抢走了微软 SQL Server 的头筹（微软又一次情何以堪），而 2010 年 Oracle 在收购 MySQL 的母公司 Sun Microsystems 之后又成了 MySQL 的东家，于是之后数年的市场格局脉络变成了数据库市场份额前三强：Oracle>MySQL>SQL Server，前两名是系出同门，而 IBM 已经掉到了第六名，只能继续坚守传统的企业级市场了。第四五名值得一提，因为大数据的蓬勃发展，NoSQL 的代表 MongoDB 近两年快速爬升到了第四，而第五名 PostgreSQL 则是 MySQL 的多年宿敌，关于两者孰优孰劣由来已久，不过归纳起来 3 点足矣。（1）PostgreSQL 一直被认为是开源的 Oracle DB 与 SQL Server，在功能提供上更为全面，在与 SQL 标准兼容上一开始就做得更好；（2）面向大数据的 NoSQL 及 JSON 类功能支持做得更好；（3）执云计算牛耳的亚马逊 AWS 的很多数据库、大数据类服务是在 PostgreSQL 基础上构建的，直接导致其排名上升，不过在市场份额上仍旧不足 MySQL 的 1/4。从广义开源数据库角度上看，M 可以泛指任何开源类型的数据库，PostgreSQL 也是 LAMP 中 M 的一种可能。开源与商业版本的数据库之间过去 3 年间可谓此消彼长。图 1-43 是过去 3 年间两者市场份额的趋势比较，由图可见开源数据库几乎逼近 45% 的市场份额，不过近半年来市场份额增长似乎趋于平缓，个中原因除了后续继续观察走势，非常值得深究。

● P=Perl/PHP/Python。在 LAMP 这一概念在 1998 年到本世纪之初最早被提出的时候 P 指的是 Perl 或 PHP。早期的互联网公司无论是 Yahoo!、谷歌还是亚马逊，两种语言几乎都同时在用。Perl 以灵活性高而著称，PHP 诞生得稍晚，但是可谓后来居上，不过到了 2015 年，Python 已经超越 PHP 在所有编程语言的使用率中排名第二，而严格意义上的最流行的语言非 Java 莫属，从开源 vs.闭源，Java 的长久不衰是一代又一代的商业公司推广的结果。从 1994 年诞生 Java 开始的 Sun Microsystems 到 2010 年委身于 Oracle，到近几年谷歌推动的安卓手机开发平台的攻城略地，再到这两年云计算与大数据的火爆虽然催生了一批新的编程语言，不过 Java 似乎一直坚挺。图 1-44 显示了过去 10 年三大流行编程语言的此消彼长。

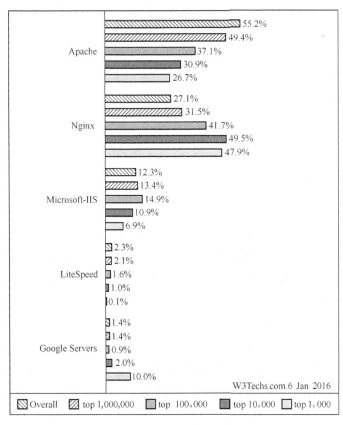

图 1-42　全球 Web 服务器市场份额 Jan 2016

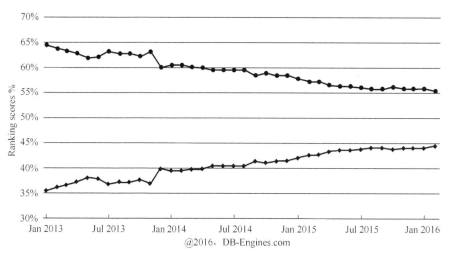

图 1-43 数据库流行趋势：商业 vs.开源

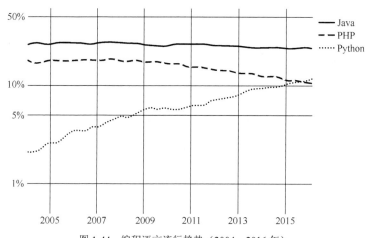

图 1-44 编程语言流行趋势（2004—2016 年）

小结一下，LAMP 技术栈或软件包（Software Bundle）在本质上是开源或免费软件的有机组合，伴随着互联网兴起和发展，我们也看到了免费软件、开源软件的横空出世，它高度地顺应了并很大程度上满足了市场的需求。LAMP 架构所涵盖的范畴可以说是整个互联网的后台如何对数据进行流动、处理、分析的缩影——后台的上层有 Web 服务器，中间有 CGI 编程语言，底层有关系型数据，整个后台跟前端的浏览器或应用 App 以 HTTP 或 HTML5 的方式交互——构成了一幅颇为完整的互联网、移动互联网的技术画卷（见图 1-45）。所以我们说 LAMP 是 C/S 技术架构的代表性技术，当互联网的后端向云平台跃进的时候在本质上依然是 LAMP 技术在主导，尽管具体的技术内容可能会多有出入，不过作为一个代名词，它在可见的时间段内依然不会过时。

走近云计算，亚马逊是一家从头开始就无法避免的公司，那我们就从它入手来揭开波澜壮阔的云计算发展画卷。和几乎所有的互联网公司一样，亚马逊的技术堆栈也是 LAMP，而亚马逊的开发模式和很多其他大型的互联网公司也颇有共通之处——扁平化的开发组织架构，同时有 200～300 个项目在推进，每个项目负责相对独立的一部分开发任务，项目组之间通过预先定义的 API 来实现接口交互，每个项目组的大小一般不超过 6～8 人，亚马逊的 CTO

Werner Vogels 甚至专门提到过他的研发团队每个小组的大小以一次聚餐两份大的比萨饼可以喂饱一组人为上限 [17]。如此看来亚马逊和谷歌一样，扁平化组织架构+敏捷开发模式，这样的设置使得开发迭代的速度成倍提高（反观传统的多层纵深组织架构和传统的 N 步走瀑布流式的开发模式虽然可能很严谨，但是推陈出新效率上就远远不及前者了）。在互联网、云计算时代，高迭代速度=高劳动生产率，从这个角度看，互联网公司中率先实行的敏捷开发、扁平化组织架构等实践确实代表着先进的科技生产力。亚马逊的这种超乎同侪的生产力在 2006 年终于体现为把原本服务内部需求的基于 LAMP 体系架构的私有云服务推出到了公网之上，率先在业界推出了 AWS 公有云云计算服务。以 AWS EC2 云主机服务的迭代更新为例，从 2006 年到 2015 年间，每年都有新的 EC2 产品系列推出（见图 1-46），再加上其他存储、网络、数据库、数据分析服务、企业级应用、物联网等产品的不断丰富，AWS 一直以超线性的速度在增速发展，推陈出新的速度令人咋舌、令人艳羡。

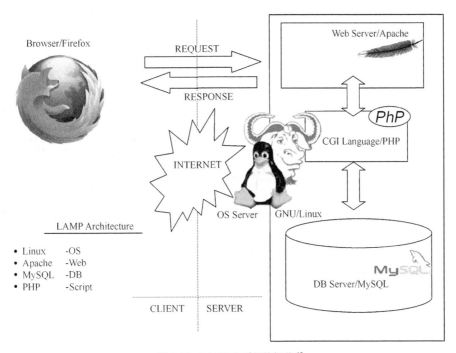

图 1-45　LAMP 体系架构概览 [18]

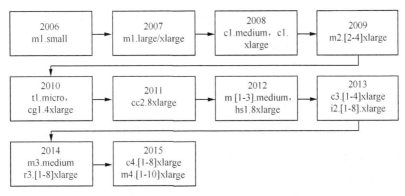

图 1-46　AWS EC2 的十年增速发展历程 [19]

1.4.3.2 开源 vs.闭源

自打亚马逊在 2006 年打开了云计算的"潘多拉之盒",整个 IT 行业过去十年的发展可以用风起云涌来概括,大到行业巨头,小到初创公司太多人投身其中。笔者梳理了云计算的十年旅程,发现由开源与闭源(商业)两大阵营的博弈贯穿始终,对两大阵营的厂家与云产品按照"神奇四象限"(Magic Quadrant)的分类把它们放置于商业+巨头、商业+小散(中小企业)、开源+小散以及开源+巨头四个象限之内,如图 1-47 所示。这张图囊括了云计算领域里产品非常具有代表性的厂家。

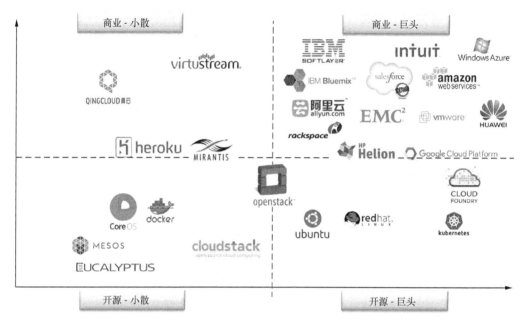

图 1-47 云计算厂家(及产品)魔力四象限

按产品形态分类如下。

- IaaS:如 IBM Softlayer,OpenStack(Rackspace),CloudStack 等。
- PaaS:如 Cloud Foundry,IBM Bluemix,Openshift(RedHat)等。
- SaaS:Salesforce,Intuit。
- 综合类(前三者的组合):如 AWS,Azure,GCP,Helion,Heroku 等。
- 工具、组件类:Mesos,Kubernetes 等。

按产品或公司面世时间排序如下。

- 1998:VMware – 虚拟化龙头诞生。
- 1999:Salesforce – SaaS 龙头诞生。
- 2006:AWS EC2 – 公有云龙头诞生。
- 2007:Heroku。
- 2008:Eucalyptus,Google Cloud Platform。

- 2009：阿里云，VirtuStream。

- 2010：CloudStack，OpenStack，IBM Softlayer，Windows Azure。

- 2011：Cloud Foundry，华为云。

- 2012：OpenStack Foundation，Mirantis。

- 2013：Docker，Mesos，青云，CoreOS。

- 2014：IBM Bluemix，HP Helion，Kubernetes。

由图 1-47 还可以看出云计算的玩家主要集中在右上角的第一象限——它们的产品与服务的形态以大公司推出的商业化产品+服务（无论是否依赖开源项目）为主；而第二、三、四象限则略显冷清（稍后我们来分析为什么开源与中小企业在云计算领域往往流于雷声大雨点小）。如果我们再换个维度来看云计算生态系统的演变，会发现业界的收购与联盟从来没有停止过（见图 1-48）。

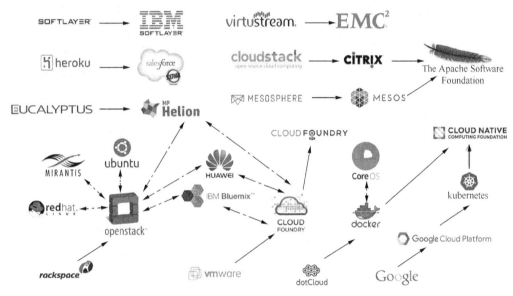

图 1-48　云计算生态系统演变：收购、联盟

在开源领域最为知名的三大 IaaS 项目——Eucalyptus（2008）、CloudStack（2010）、OpenStack（2010）。它们建立伊始都受到了亚马逊 AWS 的影响，意图构建一套可自主建设云环境的开源框架，同时为了更好地吸引客户，它们都积极兼容 AWS 的 API——不过三者的命运多有不同：2011 年 CloudStack 就被 Citrix 收购；2014 年 HP 把 Eucalyptus 收购后并入了 HP Helion 云架构中；OpenStack 则于 2012 年被 OpenStack 基金会接手后一路高歌猛进，截至 2015 年年底 OpenStack[20] 项目全球社区有超过 34,000 个人会员，500 家公司成员，代表了 177 个国家。而以基金会的方式推广和运作开源项目已经成了业界一种时尚，OpenStack 基金会在用户活跃度、资金投入等维度已经一跃成为与 Linux 基金会难分伯仲的业界龙头。

同样值得一提的是另外三家基金会。第一家是 Apache 软件基金会（ASF）。图 1-47、图 1-48 中提到的 CloudStack 与 Mesos 项目都是 ASF 旗下项目。此处，它还有数量惊人的大数据相关项目（Hadoop、Spark、HBase、Hive、Sqoop 等），不过 ASF 最早成名的项目是我们提过的 LAMP 中的 Apache HTTP Web 服务器项目，一眨眼已经超过 20 年了（WWW 诞生于 20 世纪 70 年代初，走到今天已经四十几个年头，从 WWW 到互联网到移动互联网，从小型机到 PC 到移动终端，从传统数据中心到虚拟化数据中心到云计算中心，在协议堆栈层本身来看，过去几十年并没有发生本质的变化，始终是 TCP/IP+HTTP 类 IP 通信协议在主导，一方面这充分说明了当年 TCP/IP/HTTP 的前瞻性，另一方面也意味着未来在协议堆栈领域潜在巨大的创新机遇！）。第二家是围绕着开源 PaaS 系统 Cloud Foundry 而成立的 Cloud Foundry 基金会，业界如 IBM、HP 的公有、私有、混合云解决方案，GE、Intel 的物联网、大数据解决方案都是基于 Cloud Foundry 之上。第三家则是围绕着 Cloud Foundry 的竞争对手 Kubernetes 而组成的 CNCF（Cloud Native Computing Foundation = 原生云计算基金会），其最大的金主是 Kubernetes 的主要贡献者谷歌，无独有偶，两家基金会的主要成员竟然有很大交集，IBM、Intel、Cisco、华为、VMware 都同时是两家背后的财团……是什么造成这种现象呢？

首先，两者都是业界最知名的 PaaS，不过出发点和风格却大不相同，笔者做了一个两者的比较矩阵与大家分享（见表 1-4），Cloud Foundry 是结构化 PaaS[21] 的典型代表，Kubernetes 则是非结构化 PaaS[21] 的典型代表。两大阵营的典型用户、设计架构、组件功能支持都有很大差异——特别是对于应用的支持视角，两者差距极大——Cloud Foundry 以应用为单位进行操作，而 Kubernetes 则是以容器为单位，以至于有些人称之为 CaaS（Container as a Service，容器即服务）。在典型用户层面，结构化 PaaS 因为高代码质量、功能丰富、稳定成熟而受到大型机构青睐，而非结构化 PaaS 则因为容易定制、灵活而受到互联网等新兴企业的青睐。

表 1-4　　　　　　　　　　　结构化 PaaS vs.非结构化 PaaS

	结构化 PaaS：Cloud Foundry	非结构化 PaaS：Kubernetes
典型用户群体	大中型企业、机构	互联网、创业型企业
云形态	公有或私有云	公有或私有云
Service Broker（服务经纪人）	平台内置	需要定制开发
可直接访问容器工具	容器被平台抽象化	容器服务可直接访问
应用感知与工作台（Awareness/Staging）	平台内置	需要定制开发
内置负载均衡	是	不是
可替换组件	很少	很多
日志与监控	平台内置	需要定制开发、第三方提供

平台管理工具	是，通过 Bosh	部分继承
	结构化 PaaS：Cloud Foundry	非结构化 PaaS：Kubernetes
用户管理	是	不是
对 Windows 平台支持	是	不是
网络限流支持	不是	是
镜像支持 （Image Support）	是	是
应用为单位的扩展	是	—
容器为单位的扩展	—	是
架构比较	平台组件——Garden, Converger, BBS, Router, Buildpack, Loggregator 等	第三方提供——Docker, Mesos, etcd, cAdvisor 等

图 1-47、图 1-48 所示内容给了我们一个启示：开源是个不可阻挡的趋势，在云计算浪潮的引领和冲击之下，开源似乎全面地压倒了闭源和纯商业版本的产品与服务，从互联网时代的 LAMP，到以 OpenStack 为代表的 IaaS，到 Cloud Foundry 为代表的 PaaS，到 Kubernetes、Mesos 为代表的 CaaS（Container as a Service 或 Cluster-as-a-Service，集群即服务），到最新的 Unikernels（2016 年年初被 Docker 收购），每一款开源项目都来势汹汹（见图 1-49）。但是深究的话，开源只是近年来多种商业模式中比较流行的一种而已，最终企业要活下去，光靠把项目开源还远远不够。在本书第 3、4 章中我们还将会深度分析开源的经营之道与架构构建之道。

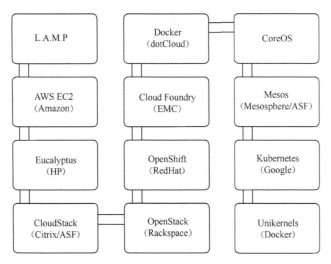

图 1-49　云计算发展历程 LAMP→IaaS→PaaS→CaaS

第1章参考文献

1．MIT Technology Review – Who Coined 'Cloud Computing'? http：//www.technologyreview.com/news/425970/who-coined-cloud-computing/

2．IDC's 3rd Platform, http：//www.idc.com/prodserv/3rd-platform/

3．IDC Forecasts Worldwide Cloud IT Infrastructure, http：//www.idc.com/getdoc.jsp?containerId=prUS25946315

4．IEEE/ACM CCGrid 2016 - Improving Resource Utilization in a Large-scale Public Cloud by Xiaotao Chang, Kun Wang, Yan Guo, Xiao Mu, Mike Fischer and Zhen Liu

5．Data Center Energy Efficiency, Renewable Energy, and Carbon Offset Investment Best Practices – A Guide to Greening your Organization's Energy Consumption by Patrick Costello & Roshni Rathi, 2012

6．Power Management Techniques for Data Centers： A Survey by Sparsh Mittal, 2014

7．IDC White Paper： Best Practices for Cloud Computing Adoption by Jean S. Bozeman & Gary Chen

8．Predicts 2016： Government Continues to Adapt to the Digital Era, http：//www.gartner.com/newsroom/id/3187517

9．Agile 2008 Conference, http：//agile2008.agilealliance.org/

10．CNA： The Twelve Factors, http：//12factor.net/

11．Migrating to Cloud-Native Application Architectures by Matt Stine, http：//www.oreilly.com/programming/free/migrating-cloud-native-application-architectures.csp

12．RESTful API, https：//en.wikipedia.org/wiki/Representational_state_transfer

13．HTTP/1.1, https：//tools.ietf.org/html/rfc2616

14．Chaos Monkey, https：//github.com/Netflix/SimianArmy/wiki/Chaos-Monkey

15．Apache vs. Nginx： Practical Considerations（2015）, https：//www.digitalocean.com/community/tutorials/apache-vs-nginx-practical-considerations

16．Database Engines Ranking, http：//db-engines.com/en/ranking

17．Amazon is a Technology Company by Amazon CTO Werner Vogels 2011, http：//thenextweb.com/insider/2011/10/05/amazons-cto-amazon-is-a-technology-company-we-just-happen-to-do-retail/#gref

18．LAMP Software Bundle & Architecture, https：//en.wikipedia.org/wiki/LAMP_（software_bundle）

19．Amazon EC2 Instance Hisotry, https：//aws.amazon.com/blogs/aws/ec2-instance-history/

20．OPENSTACK FOUNDATION Annual Report（2015）, http：//www.openstack.org/foundation/

21．Cloud Native Applicatoin Platforms – Structured and Unstructured, http：//wikibon.com/cloud-native-application-platforms-structured-and-unstructured/

> > > 第 2 章

揭 秘 大 数 据

在人类科技发展史上，恐怕没有任何一种新生事物深入人心的速度堪比大数据。如果把2012 年作为大数据开始爆发性增长的元年，短短三四年间，无论是作为一门新技术，一个新的语言符号，还是一种市场推广的新工具，大数据红遍街头巷尾——从工业界到商业界到学术界到政界，所有的行业都经受了大数据的洗礼——从技术的迭代到理念的更新，大数据无处不在。

2.1 大数据从何而来？

2.1.1 大数据的催化剂

那么是什么催生了大数据呢？催化剂有三——社交媒体、移动互联网与物联网（见图 2-1）。

社交媒体　　　　　移动互联网　　　　　物联网

图 2-1　大数据的三大催化剂

（1）社交媒体。

社交媒体（SNS，Social Networking Service 或 Social Networking Site）的雏形应该是 BBS（Bulletin Board System，电子公告牌系统），最早的 BBS 是 1973 年在美国加州旧金山湾区出现的 Community Memory 系统，当时的网络连接是通过 Modem 远程接入一款叫作 SDS 940的分时处理大型机来实现的。中国最早的 BBS 系统经历了从 1992 年的长城站，到后来的惠多网（据说惠多网的用户中有中国最早一批本土互联网创业者——马化腾、求伯君、丁磊等）到 1994 年中科院网络上建立的真正意义上的基于互联网的 BBS 系统——曙光站，而同时在线超过 100 人的第一个国内大型 BBS 论坛则是长盛不衰的水木清华，而它的起因大抵是因为清华的同学们对于连接隔壁中科院的曙光站竟然要先从中国教育网跑到太平洋彼岸的美国再折返回中科院网络表示愤懑，于是自立门户成立的水木清华站——它最早是在一台 386 PC 上提供互联网接入服务的。

早期的 BBS 主要是通过 Telnet 协议，内容呈现则是纯文本的方式，随着网络带宽的增大，社交媒体的形式很快发展成为早期的在线服务，例如 1980 年代初开始的提供新闻组（Newsgroups）服务的 Usenet——简单来说 Usenet 是电子邮件与 Web 论坛的混合体。Usenet 之后社交网络逐步地演进为通过 HTTP/Web 为主要通信协议的方式，内容也愈发图文并茂，从我们熟知的各种社交网站（SNS）到各类实时通信（IM）工具演进到今天的具有多种功能的大杂烩类型的社交类移动应用，如微信、微博、Snapchat、Facebook Messenger 等。表 2-1 列出了常见的社交媒体与互联网服务的每秒钟交易（或服务完成）数量：

表 2-1 全球互联网流量分析与预测[1]

服务	每秒钟社交媒体所提供服务数量
2016 年春节期间微信红包	120,000
Tweets	7,112
Instagram 图片上传数	1,132
Tumblr 发帖数目	1,500
Skype 通话数	2,027
互联网流量/GB	33,000
谷歌搜索次数	53,000
YouTube 视频观看次数	116,950
电子邮件发送数	2,466,550

值得一提的是，有市场调查表明大约 2/3 的用户已经把从 SNS 作为获取新闻、媒体资讯的主要（甚至是唯一的）渠道[2]，也就是说 SNS 正在作为新兴的媒体在取代传统的新闻、报刊等媒体，这也是为什么我们越来越多地把 SNS 叫作社交媒体。

（2）移动互联网。

移动互联网是互联网的高级发展阶段，也是互联网发展的必然。移动互联网是以移动设备，特别是智能手机、平板电脑等移动终端设备全面进入我们的生活、工作为标志的。最早的具备联网功能的移动终端设备是 1990 年代中期开始流行的 PDA（Personal Digital Assistant）。遗憾的是市场更新迭代的速度如此之快，在短短 10 年后，PDA 操作系统三大巨头 Palm、BlackBerry 与 Microsoft Windows CE，外加最早的手机巨头 Nokia 就已经让位于真正的智能手机操作系统后起之秀——Apple iOS 与 Android。移动互联设备的发展如此迅速，据统计 2016 年内无线与移动设备产生的数据流量（53%）将超过有线设备的流量（47%），按照这种趋势继续发展，从 2014 年到 2019 年移动数据流量会以 57%的年复合增长率在 5 年间增长 10 倍，达到每个月 24.3EB[3]。据统计从 1992 年开始到 2019 年，整个互联网数据流量的增长将达到惊人的四千五百万倍（见图 2-2）——从 1992 年的每天 100GB（1992 年是硬盘刚进入 1GB 的时代，每天 100GB 的互联网数据流量就相当于全世界每天交换了 100 块硬盘之多的数据）；1997 年这一数据增长 24 倍，平均每小时 100 块 1GB 硬盘，而同一时期的硬盘容量增长到了 16～17GB；1997—2002 年，是互联网猛烈增长的 5 年，迅速达到了 100GB/s 的水平，而同一年硬盘寻址空间刚刚突破 137GB 的限制；2007 年又增长了 20 倍到达了 2,000GB/s 的水平，同年 Hitachi 也推出了第一块 1TB（1,000GB）容量的硬盘；2014 年的互联网流量已经突破 16TB/s，无独有偶，Seagate 也在同年发布了业界第一款 8TB 的硬盘，预计 2019 年的网络流量则会达到 52TB/s——从任何一个角度看，网络流量的增速都超过了单块硬盘的扩容速度，这也从另一个侧面解释了为什么我们的 IT 基础架构一直处于不断的升级、扩容中——大（量）数据联网交换的需求推动所致[4]！

（3）物联网。

物联网（Internet of Things，IoT）[5]的起源可以追溯到 1999 年，当时在 P&G 工作的英国人 Kevin Ashton 最早冠名使用了 IoT 字样，同一年他在 MIT 成立了一个旨在推广 RFID 技术的 Auto-ID 中心，而对于 P&G 来说最直接的效益就是利用 RFID 技术与无线传感器的结合可以对其供应链系统进行有效的跟踪与管理。中国人对物联网的熟知应当是 2009 年，先是国务院总理对无锡物联网科技产业园区的考察而后是总理的一篇面向首都科技界《让科技引领中国可持续发展》的讲话。有一种提法认为继移动互联网之后，IT 行业最高速的增长会在物联网领域，有一些统计数据表明到 2019 年超过 2/3 的 IP 数据会从非 PC 端设备产生，如互联网电视、平板电脑、智能手机以及 M2M（Machine-to-Machine）传感器[3]。IDC 预测到 2020 年会有 300 亿物联网设备，而整个生态系统会是一个 17,000 亿美元的巨大市场。Cisco 预测到 2020 年物联网设备会有 500 亿之多，而 Intel、IDC 与联合国的另一预测则乐观地估计届时会有超过 2,000 亿物联网设备[6]。

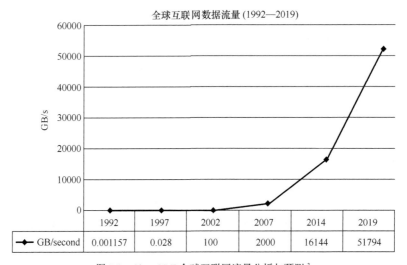

图 2-2 Cisco VNI 全球互联网流量分析与预测[3]

社交媒体、移动互联网、物联网三大催化剂让数据量在过去几十年间呈指数级增长，除此以外数据的产生速率以及数据的多样性与复杂性都在随之增长——数据的这三大特性——数量（Volume）、速率（Velocity）与多样性（Variety），我们通常称之为大数据的 3V。如果再考虑到数据来源的可靠性与真实性（Veracity）以及数据的价值（Value），可以把 3V 扩展到 5V，不过通常业界对于数据的价值的定义有很多主观因素在里面，因此业界通常都习惯引用 IBM 最早提出的大数据的 4V——The Four V's of Big Data[7]，如图 2-3 所示。

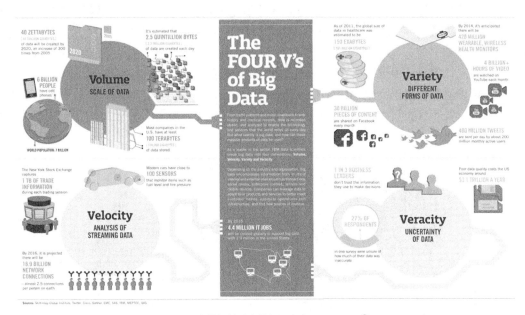

图 2-3 大数据的四大特征（4V's of Big Data[7]）

2.1.2 Data → Big Data → Data

在本小节让我们来回顾一下大数据从何而来，大数据作为一门技术有哪些分支与流派。纵观人类发展史，围绕着信息的记录、整合、处理与分析的方式、手段与规模，笔者按图 2-4 所示分为六个阶段。

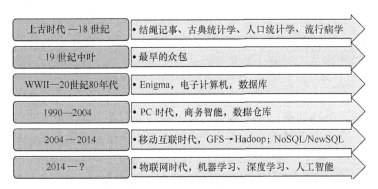

| 上古时代—18 世纪 | • 结绳记事、古典统计学、人口统计学、流行病学 |
| WWII—20世纪80年代 | • 最早的众包 |

图 2-4 数据到大数据再到数据的发展历程

（1）上古时代—18 世纪。

在人类发展早期的蒙昧时代，传递信息和记事的方式可以用六个字来概括：垒石、刻木、结绳。垒石以计数，刻木以求日，结绳以记事。这三样貌似离我们很遥远的事情经常被称为原始会计手段——即便在今天它们在我们的文化和生活当中依然留有深深的印记——流落荒岛、漂流海上，刻木求日依然是最有效的方法；而汉字当中有大量文字也可以找到结绳的影子，汉朝人郑玄在《周易注》中说："古者无文字，结绳为约，事大，大结其绳；事小，小结其绳。"在印加文化当中也有结绳记数的实例，并且有学者发现印加绳的穿系方法与中国结惊人的一致，或为两种文明存在传承关系的证据之一（见图 2-5）。

原始会计学的这几种记事或计数的方式显然不能承载足够多的信息与数据，直到文字的出现（以中文的发展为例，可归纳为结绳→陶文→甲骨文→金文、虫文、鸟文→大篆→小篆→隶书→楷书、草书等）。文字所能蕴含的信息无比巨大，最典型的是在古籍善本中记录的户籍管理与人口统计信息。中国最早在夏、商、周三代就已经有了比较完备的统计制度，而人类文明更早还可以追溯到古巴比伦文化早在公元前 4000 年前后举办过的地籍、畜牧业普查，今天我们说的人口普查（拉丁文：census）字样本身还是源自于古罗马在公元前 6 世纪前后为了税收与征兵事宜而施行的登记制度。

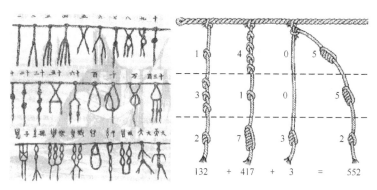

图 2-5   中国古代结绳记事与文字 vs.印加 Khipu（记簿）绳

统计学发展为一门系统化的科学可以追溯到 17 世纪中叶的英国，伦敦的缝纫用品商人、业余统计学家 John Graunt 在 1662 年出版了 *Natural and Political Observations Made upon the Bills of Mortality* 一书，书中使用了统计学（Statistics）与精算学（Actuarial Science）的方式对伦敦市的人口建立了一张寿命表（Life Table）并对各地区的人口进行了统计分析与估算——如果我们来看一下当时大的时代背景：以黑死病（Black Death）爆发为起点的第二次鼠疫大流行（Second Pandemic）已经肆虐了欧洲 300 年之久，而在伦敦这样人群密度高的城市中，英国政府需要一套针对鼠疫等传染病爆发的预警系统——而作为民科的 John Graunt 的分析与建模工作可以称作是人口统计学与流行病学的鼻祖。

（2）19 世纪中叶

人类采集数据，处理数据，分析数据，从中获得信息并升华为知识的实践从来没有停止过，只是在形式上从早期人类的原始会计学，发展到 3 个世纪前的古典统计学。时光再向前走到 19 世纪中叶——出现了最早的众包（Crowdsourcing）——1848 年到 1861 年间美国海军海洋学家、天文学家 Matthew F. Maury 通过不断地向远航的海员们提供数以十万张计的免费的季风与洋流图纸并以海员们返回后提供详细的标准化的航海日记作为交换条件整理出了一整套详尽的大西洋-太平洋洋流与季风的图纸（见图 2-6）。

众筹带来的一个显著结果是在 1851 年与 1853 年间，由同一艘船（Flying Cloud）根据 Matthew F. Maury 基于众筹而发布的两本手册 *Wind and Current Charts*、*Sailing Directions* 打破了从纽约到旧金山的最短航行时间记录 89 天，比同一时期的其他船只缩短了超过一半的时间，而这一记录则保持了 136 年之久！（对时代背景感兴趣的话应该知道贯穿美国大陆连接东西海岸的太平洋铁路直到 1869 年才修建成功，而打通连接大西洋与太平洋的巴拿马运河直到 1914 年才开通，在此之前，从东海岸的纽约到西海岸的旧金山要通过南美洲最南端的 Cape Horn，整条航线超过 25,000 公里（约 13,000 海里）。

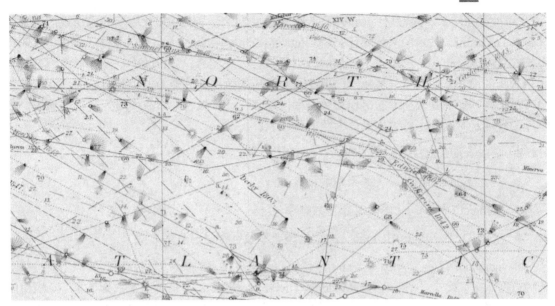

图 2-6　Matthew F. Maury 绘制的大西洋-太平洋洋流与季风图（1841）局部

（3）第二次世界大战—20 世纪 80 年代。

19 世纪的众筹的力量虽然巨大，但在数据处理的方式上还限于手工整理，真正的电子数字可编程计算机是第二次世界大战后期在英国被发明的，盟军为了破解以德国为首的轴心国的军用电报密码——尤为著名的是 Enigma Machines——一款典型的民用转军用密码生成设备，在一个有 6 根引线的接线板上一对字母的可互换可能性有 1,000 亿次，而 10 根引线的可能性则高达 150 万亿次。对于如此规模的海量数据组合可能性，使用人工排序来暴力破解的方式显然不会成功，甚至是使用电动机械设备（Electromagnetical Device，电子计算机的前身）效率也远远不够。英国数学家图灵（Alan Turing）在 1939—1940 年通过他设计的电动机械设备 Bombe 来破解纳粹不断升级优化的 Enigma 密码时意识到了这一点，于是在 1943 年找到了另一位英国人 Tommy Flowers，仅用了 11 个月的时间，1944 年年初 Flowers 设计的 Colossus 计算机面世并成功破解了最新的德军的密码（见图 2-7，从左到右分别是：Enigma 机器的接线板，图灵设计的 Bombe 解密设备，Flowers 设计的 Colossus 真空管电子计算机）。每台 Colossus 计算机的数据处理是每秒钟 5,000 个字符，送纸带（Paper Tape）以 12.2m/s 的速度高速移动，并且多台 Colossus 可以并行操作——我们今天称之为"并行计算"。

图 2-7　Enigma vs. Bombe vs. Colossus

　　20 世纪 50—70 年代是计算机技术飞速发展的 20 年，从 50 年代中期开始出现的基于晶体管（Transistor）技术的晶体管计算机到 60 年代的大型主机（Mainframes）到 70 年代的小型机（Minicomputers）的出现，我们对数据的综合处理能力、分析能力以及存储能力都得到了指数级的增长。而数据分析能力的提高是与对应的数据存储能力的提升对应的，在软件层面，最值得一提的是数据库的出现。数据库可以算作计算机软件系统中最为复杂的系统，数据库的发展从时间轴上看大体可分为四大类：

- Navigational Database（导航型数据库）；

- Relational Database（关系型数据库）；

- Object Database（面向对象型数据库）；

- NoSQL/NewSQL/Hadoop（大数据类新型数据存储与处理方式）。

　　Navigational 数据库是 20 世纪 60 年代随着计算机技术的快速发展而兴起的，主要关联了两种数据库接口模式——Network Model 和 Hierarchical Model。前者在大数据技术广泛应用的今天已经演变为 Graph Database（图数据库），简而言之每个数据节点可以有多个父节点也可以有多个子节点；而后者描述的是一种树状分层分级的模式，每个数据节点可以有多个子节点，但是只能有一个父节点，不难看出这种树状结构对于数据类型及关系的建模的限制是较大的。

　　关系型数据库（RDBMS）自 20 世纪 70 年代诞生以来在过去四十几年中方兴未艾，也是我们今天最为熟知的数据库系统类型。关系型数据库的起源离不开一个英国人——Edgar Frank Codd，20 世纪 70 年代他在 IBM 的硅谷研发中心工作期间对 CODASYL Approach（20 世纪 60 年代中期～70 年代初的导航型数据库）并不满意（比如缺少搜索支持等），于是在 1970 年与 1971 年先后发表 2 篇著名的论文——A Relational Model of Data for Large Shared Data Banks（大规模共享数据银行的关系模型描述）和 A Data Base Sublanguage Founded on the Relational Calculus（基于关系计算的数据库子语言）。这两篇论文直接奠定了关系型数据库的基础，即数据之间的关系模型，并在第二篇论文中描述了 Alpha 语言。这个名字相当霸气，要知道 C 语言是受到了贝尔实验室发明的 B 语言的启发而生的，而 Alpha=A 语言竟然意图排在它们之前，由此可见 Codd 老先生对 Alpha 语言寄予的厚望。回顾数据库的发展历史，Alpha 的确直接影响了 QUEL query language（数据库查询语言），而 QUEL 是 Ingres 数据库的核心组件，也是 Codd 与加州 Berkeley 大学合作开发的最重要的早期数据库管理系统。今天我们大量使用的很多 RDBMS 都源自 Ingres。比如 Microsoft SQL Server、Sybase 以及 PostgreSQL（Postgres = Post Ingres）。QUEL 最终在 80 年代初被 SQL 所取代，而随之兴起的是 Oracle、IBM DB2、SQL Server 这些知名的关系型数据库管理系统。在关系型数据库系统当中两样东西最重要——RDBMS（DB-Engine）与 SQL，前者是数据存储与处理的引擎，通过 SQL 这种"智能"的编程语言来实现对前者所控制的数据的操作与访问。

　　对象数据库的兴起滞后于关系数据库大约 10 年。对象数据库的核心是面向对象，它的诞生是借鉴了面向对象的编程语言的 OO 特性来对复杂的数据类型及数据之间的关系进行建模，对象之间的关系是多对多，访问通过指针或引用来实现。通常而言 OO 类语言与 OO 型数据库结合得更完美，以医疗行业为例 Object 数据库的使用不在少数，合理使用的话也会效率更高（例如 InterSystems 的 Caché 数据库）。

大数据类新型数据库确切地说是在数据爆炸性增长（数量、速率、多样性）条件下为了高效处理数据而出现的多种新的数据处理架构及生态系统，简单而言有三大类：

- NoSQL；

- Hadoop；

- NewSQL。

在下面的小节中我们会展开论述这些新型的大数据处理系统之间的优劣异同。

（4）20 世纪 90 年代。

20 世纪 90 年代初，PC 与互联网进入了全方位高速发展阶段。1977 年到 2007 年的三十年间，PC 销售量增长到最初的 2,600 倍（从 1977 年的 5 万台，增长到 2007 年的 1.25 亿台）。2002 年，网络传输数据达到 1992 年的 86,000 倍（见图 2-2），数据的剧烈膨胀催生了在企业与机构当中广泛使用商业智能（Business Intelligence，BI）与数据仓库（Data Warehouse，DW）系统来对大量数据进行信息化管理，例如数据集成、数据仓库、数据清洗、内容分析等（商业智能与数据仓库可统称为 BIDW，通常两者会协同工作，数据仓库为商业智能系统提供底层的数据存储支撑）。笔者 2004 年在 Yahoo!战略数据服务部门工作的时候，Yahoo!已经建立了当时全球最大的数据仓库，每天从全球上万台 Apache Web 服务器汇总超过 27TB 的数据进行分析，为了提高数据清洗、提取、转换、加载（Extraction、Transformation、and Loading，ETL）的效率，我们几乎把整个 Linux 技术堆栈中与排序、搜索、压缩加解密相关的命令与函数库全部重写，并让它们支持在多台机器上并发分布式处理，大多数的函数效率提高了 20～1,000 倍之多。不过，即便如此，我们也只是能把原有的商业智能系统从做年报、季度报、月报，提高到天报甚至小时报，获得海量数据的实时分析与汇总依然是极度挑战的事情。不过，在 2004 年使用新的 ETL 工具与分布式系统架构来高速处理大量数据已经算是大数据的雏形了。

（5）21 世纪第一个 10 年。

过去的十年则让我们见证了移动互联时代的到来，以谷歌、Facebook、Twitter、BAT 为代表的新互联网公司的兴起。这些新型的互联网企业在搭建技术堆栈的时候有两个共通之处：LAMP+PC-Cluster。LAMP 我们在第 1 章已经描述，在此不再赘述；PC-Cluster 指的是基于商业硬件（Commodity Hardware）特别是 PC 搭建的大规模、分布式处理集群。从科技发展史的角度看，这十年间值得一提的两项新兴技术都源自谷歌：一是早在 2003 年发布的第一篇论文 The Google File System（GFS）[8]，GFS 是谷歌为了提高在大规模 PC 集群中数据分布式存储与访问效率而设计的分布式文件系统；二是 2004 年发布的 MapReduce（Simplified Data Processing on Large Clusters），它描述了一种面向大规模集群的数据处理与生成的编程模型。这两篇论文直接启发了 Yahoo!于 2004 年请来 Doug Cutting 开发了后来大数据领域知名的开源分布式数据存储与处理软件架构 Hadoop。与 Hadoop 同一时代涌现的还有 NoSQL 与 NewSQL 等新型的数据库处理系统。在后面的章节中，我们会就这些大数据处理技术展开论述。

（6）当下，移动互联时代。

移动互联时代的自然延伸就是我们今天所处在的万物互联时代（Internet of Things 或 Internet of Everything）。十几年前被学术界宣判已经走入死胡同的人工智能（Artificial

Intelligence）在机器学习（Machine Learning）、深度学习（Deep Learning）等技术的推动下又在诸如图像视频、自然语言处理、数据挖掘、物流、游戏、无人驾驶汽车、自动导航、机器人、舆情监控等很多不同的领域获得了突破性的进展，其中值得一提的是谷歌的一款 AI 程序 AlphaGo 在 2015 年年底和 2016 年年初分别击败了欧洲围棋冠军职业二段选手樊麾以及韩国著名棋手李世石。这也标志着人工智能正在大步幅逼近甚至在不远的未来超越人类大脑的海量信息处理与预判能力。

数据的完整生命周期可分为五个阶段，如图 2-8 所示。通过对杂乱无章的数据整理得到信息，对信息提炼而成为知识，知识升华后成为（人类）可传承的智慧，人类又把智慧、知识与信息演变为可以赋予机器的智能。

图 2-8　从数据到智能

作为小结，我们回顾一下人类的发展史可以说是围绕着信息整合、处理的方式与手段在不断发展，我们一步步走向大数据，而当大数据成为常态的时候，大数据已经无处不在融入了我们的生活（见图 2-9）。

图 2-9 中列出了已经或正式应用的大数据行业。这也是我们常说的（Big）Data-Driven Businesses（数据驱动的商业）。

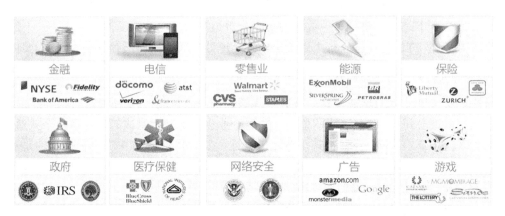

图 2-9　大数据无处不在

2.1.3　大数据不只是 Hadoop

认知误区：大数据就是 Hadoop。这种论调似乎在业界颇有市场，因为 Hadoop 真的很火爆，尽管许多人并不清楚 Hadoop 到底是什么，可以用来做什么，但是如果某种大数据技术不和 Hadoop 沾边儿，客户、投资人甚至自己的团队可能都会对该技术的前景持迟疑的态度。首先我们需要了解大数据处理的发展历程中形成了哪些主要的流派与生态系统。

从 20 世纪 90 年代到今天，面向海量数据的处理与分析经历了如下的 3 个主要阶段。

- 关系型数据库一统天下的时代（1990—现今）。

- Hadoop 与 NoSQL 并驾齐驱的时代（2006—现今）。

- NewSQL 横空出世的时代（2010—现今）。

图 2-10 展示了这四大类大数据技术沿时间横轴的发展历程。

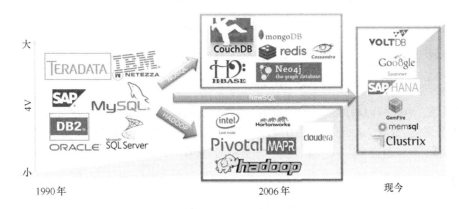

大　
4V　
小

1990 年　　　　　　　　　　　　2006 年　　　　　　　　　现今

图 2-10　大数据技术三大流派 NoSQL、Hadoop、NewSQL

（1）关系型数据库时代。

上一小节我们提到过关系型数据库自从 20 世纪 70 年代出生即飞快地一统江湖，到了 21 世纪的第一个十年内已经发展为一个庞大的生态系统。其中商业关系型数据库三强为：Oracle、DB2、SQL Server，这三者的市场份额已经超过 85%，再次印证了在科技行业，不能进入前三名意味着无足轻重的江湖地位；相对商业版本而言的开源关系型数据库前三甲是 MySQL（含 MariaDB）、PostgreSQL 与 SQLite。

随着互联网企业的兴起，以关系型数据库为代表的这些传统的数据存储、处理、分析与管理的架构遇到的挑战越来越大，它们普遍地在数据处理类型上，超大数据集的处理能力上都遇到瓶颈，因此业界在 2004—2010 年前后开始迅速推出了一些解决方案。比较典型的有 Hadoop 与 NoSQL 两大系列。

（2）Hadoop vs.NoSQL 时代。

最早由 Yahoo!开源的 Hadoop 项目，是受到了谷歌公司 2003 年、2004 年公布的谷歌文件系统（GFS）与 MapReduce 计算架构的启发（很多人把 Hadoop 看作开源的 GFS+MapReduce）。Hadoop 对应着谷歌技术的两大组件是 HDFS 与 MapReduce，一个负责海量数据存储（可扩展性、容错性），一个负责对海量数据的分布式处理（新的编程范式）。Hadoop 出现之后迅速得到了业界的强烈支持，出现了一批围绕 Hadoop 软件架构的商业公司，其中最知名的当属 Cloudera 和 Hortonworks。Hadoop 项目在 Apache 软件基金会的管理下也很快形成了一套颇为完整的可匹敌商业解决方案的软件框架（我们在后面的大数据管理章节会展开论述）。

另一阵营的大数据解决方案则是 NoSQL（Not-Only-SQL 或者是 Non-Relational）。NoSQL 具有如下两大特点：

- 大多支持类 SQL 的查询方式来对其访问；

- 绝大多数系统一定程度上牺牲了数据的一致性来实现可用性与扩展性（在大数据管理一节我们会讨论 CAP 假说的这 3 个特性）。

NoSQL 的阵营玩家如此之多，按照数据库引擎分类的话可以分为如下 5 大类。

- 列、宽列数据库（Wide Column）：Cassandra、HBase、HyperTable 等。
- 文档数据库（Document-based）：MongoDB、CouchDB 等。
- 键值数据库（Key-Value）：CouchDB、Dynamo、Redis 等。
- 图数据库（Graph）：Neo4j、MarkLogic 等。
- 多模数据库（Multi-Model）：Arrange、OrientDB、MarkLogic 等。

它们各自的侧重点与设计理念不尽相同，但都可以看作是对传统关系型数据库的逻辑简化（做减法）或增强化（做加法）。有的 NoSQL 数据库为了追求高性能全部在内存中运行，如 Gemfire、SAP HANA 都部署在内存中形成了基于内存的数据处理网格（In Memory Data Grid，IMDG）。

（3）NewSQL 时代。

Hadoop 与 NoSQL 阵营之外，近几年又涌现了一批着重于实现数据一致性同时兼顾数据可用性与扩展性的系统，从最早的学院派的 H-Store，到谷歌的 Spanner 以及后来的 SAP HANA 等等，它们通常可以同时具有 OLAP（OnLine Analytics Processing）与 OLTP（OnLine Transaction Processing）系统的功能，前者在 Hadoop 与 NoSQL 阵营中都能找对应的解决方案，但是后者涉及大规模分布式条件下（例如，跨数据中心，甚至是跨大洋的分布式系统）交易处理的实时性与一致性，因此实现的难度也更大。

最后，需要指出，RDBMS、Hadoop 与 NoSQL 并非非此即彼的关系，在实践中，它们经常会一起出现从而构成一个混搭的系统，并发挥着各自的强项，这一点是需要我们注意的。

2.2 大数据的五大问题

当传统的方法已无法应对大数据的规模、分布性、多样性以及时效性所带来的挑战时，我们需要新的技术体系架构以及分析方法来从大数据中获得新的价值。McKinsey Global Institute 在一份报告中[9]认为大数据会在如下几个方面创造巨大的经济价值。

- 通过让信息更透明以及更频繁被使用，解锁大数据价值。
- 通过交易信息的数字化存储可以采集更多更准确、详细的数据用于决策支撑。
- 通过大数据来细分用户群体，进行精细化产品、服务定位。
- 深度的、复杂的数据分析（及预测）来提升决策准确率。
- 通过大数据（反馈机制）来改善下一代产品、服务的开发。

规划大数据战略、构建大数据的解决方案与体系架构、解决大数据问题以及大数据发展历程中通常会依次涉及大数据存储、大数据管理、大数据分析、大数据科学与大数据应用等五大议题，如图 2-11 所示。我们在下面的几个小节中对这几个问题展开讨论（其中鉴于大数据管理与分析的紧密关系，我们把两者放在一个小节一并讨论）。

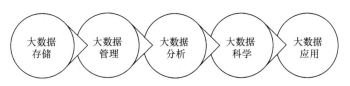

图 2-11 大数据需要触及的五大问题

2.2.1 大数据存储

从 19 世纪开始到今天的近 200 年间，按时间轴顺序，数据存储至少经历了如下 5 大阶段，并且这些技术直到今天依然在我们的生活中随处可见。

● 穿孔卡（Punched Card）：穿孔卡设备（又称打孔机）早在 18 世纪上半叶就在纺织行业用于控制织布机，不过最早把打孔机用于信息存储与搜索是在一个世纪之后，俄国人 Semen Korsakov 发明了一系列用于对穿孔卡中存储的信息进行搜索与比较的设备（homeoscope，ideoscope 及 comparator[10]）并且拒绝申请专利而是无偿地开放给公众使用，今天依然有很多设备在使用与穿孔卡同样原理的技术，如投票机、公园检票机等。

● 磁带机（Magnetic Tape）——最早的磁带机可以追溯回 20 世纪之初，但在数据量爆炸式发展的今天，磁带作为一种低成本可用作长期存储的介质，依然具有一定优势。在 2014 年索尼与 IBM 宣布它们制造了一款容量高达 185TB 的磁带，平均每平方英寸的存储密度达到惊人的 18GB[11]。

● 磁盘（Magnetic Disk）——磁盘有两种形式，硬盘（Hard Disk Drive，HDD）与软盘（Floppy Disk Drive，FDD）。两者都是最早由 IBM 推出的（1956 年的 IBM 350RAMAC HDD，3.75MB，见图 2-12；1971 年 IBM 23FD，79.75KB 只读 8 英寸盘）。硬盘经 60 年来的发展在容量、速度、体积、价格与信息存储密度上提升到最初的百万倍，今天最快的 HDD 可以达到 300MB/s，而容量已经跨入 8～10TB 门槛。

● 光盘（Optical Disc）——光盘作为一种晚于硬盘出现的存储形式，因为其轻便、易于携带而在音响制品的传播中成为主要介质。另外，它也可以作为永久（长期）数据存储的媒介。主要有 3 代 OD 产品：第一代的 Compact Disc 与 Laser Disc，第二代的 DVD，第三代的 Blue-ray Disc（蓝光）、HD DVD 等。光盘的存储能力在过去 40 年中并没有像硬盘一样快速增长，只是从最早期的 CD 的 700MB 到蓝光的 100GB，只有约 150 倍的增长量而已。比起硬盘与下面要介绍的 SSD 类存储，光盘的数据吞吐速率是其短板，第三代的蓝光也只有 63MB/s，大约是普通 SATA 类硬盘的 1/3。

● 半导体内存（Semicoductor Memory）——包含易失性（RAM）与非易失性（ROM、NVRAM）两大类存储器。易失性的 RAM 有我们熟知的 DRAM（计算机内存）与 SRAM（CPU 缓存）；非易失性的 ROM 是只读内存，主要用于存放计算设备初始启动的引导系统，而 NVRAM 则是我们今天俗称的闪存（Flash Memory）。闪存是由 EEPROM（电可擦编程只读存储器）演化而来，早期主要是 NOR 类型闪存，如可拔插存储 CompactFlash，后来逐渐被性价比更高的 NAND 类型闪存替代。不过值得了解的是 NAND 是牺牲了 NOR 的随机访问与页内代码执行等优点来换取 NAND 的高容量、高密度与低成本优势的。大多数的固态硬盘（SSD）是采用 NAND 架构设计的，而 SSD 的数据吞吐率从消费者级的 600MB/s 到普通企业级的几 GB/s（DRAM 中最快的 DDR4 类内存可以工作在 10～20GB/s 的量级）。

传统意义上，按照冯·诺依曼计算机体系架构（Von Neumann Architecture）的分类方式，我们通常把 CPU 可以直接访问的 RAM 类的半导体存储称为主存储（Primary Storage）或一级存储；把 HDD、NVRAM 类的称为辅助存储或二级存储（Auxiliary or Secondary Storage）；而三级存储（Tertiary Storage）则是通常由磁带与低性能、低成本 HDD 构成；最后一类存储则称为 Off-line Storage（线下存储），包括光盘、硬盘以及磁带等可能组合方式。

图 2-12　数据存储介质发展历程

前面我们以时间轴为顺序了解了存储介质的发展历程，在业界我们通常还会按照数据存储的其他特性来对一种存储介质进行定性、定量分析，例如数据的易失性、可变性、各项性能指标、可访问性等（见图 2-13）。

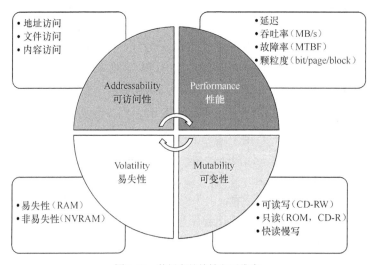

图 2-13　数据存储特性之四维度

另外，存储逐渐由早期的单主机单硬盘存储发展为单主机多硬盘、多主机多硬盘、网络存储、分布式存储、云存储、多级缓存+存储以及软件定义的存储等形式。在存储的发展过程中有大量为了提高数据可访问性、可靠性、吞吐率以及节省存储空间或成本的技术涌现：

- RAID（磁盘阵列）技术；

- NAS（网络附属存储）技术；

- SAN（高速存储网络）技术；

- Dedup（去重）技术、压缩、备份、镜像、快照技术等；

- 软件定义存储（Software Defined Storage，SDS）技术。

2.2.1.1 RAID 磁盘阵列技术

RAID（Redundant Array of Inexpensive Disks），顾名思义，是用多块便宜的硬盘组建成存储阵列来实现高性能或（和）高可靠性。从这一点上看，早在 1987 年由 UC Berkeley 的 David Patterson 教授（David 也是 RISC 精简指令集计算机概念的最早命名者）和他的同事们率先实现的 RAID 架构与十几年后的互联网公司推动的使用基于 X86 的商用硬件来颠覆 IBM 为首的大、小型机体系架构是如出一辙的——单块硬盘性能与稳定性虽然可能不够好，但是形成一个水平可扩展（scale-out）的分布式架构后可以做到线性提高系统综合性能。

RAID 标准一共有 7 款，从 RAID0 一直到 RAID6，不过最常见的是 RAID0、RAID1、RAID[5-6]。RAID0 是分条（Striping）方式，它的原理是把连续的数据分散到多块磁盘上存储以线性提高读写性能。RAID1 采用镜像（Mirroring）方式来实现数据的冗余备份，同时可以通过并发读取来提高读性能（写的性能则无任何帮助）。在实践中几乎不会见到 RAID[2-3]，一方面是 RAID2 与 RAID3 的低并发访问能力与实现复杂（RAID2/3 分别采用了比特级与字节级的分条存储方式，而 RAID0,4-6 都是块级，显然后者的效率会相对更高）；另一方面是它们存在的价值大抵只是为了保证 RAID 体系架构的学术完整性。而 RAID4 则几乎被 RAID5 全面取代，因为后者均衡的随机读写性能弥补了前者的弱随机写性能缺陷。在企业环境中，通常采用 RAID5 或 RAID6 来实现均衡的数据读取性能提升，唯一的区别是 RAID5 采用分布式的奇偶校验位，而 RAID6 则多用一块硬盘来存储第二份奇偶校验位，例如 RAID5 最少需要 3 块盘，而 RAID6 则需要 4 块盘。

还有其他类型的非标准化 RAID 方案，如 RAID1+0（常被简称为 RAID1/0 或 RAID10，后者容易引起混淆，很难想象 RAID[7-10...]是何等复杂）、RAID0+1、RAID7 等。RAID0+1 采用分条+镜像的硬盘组合，而 RAID1+0 采用镜像+分条的方式，后者在出现磁盘故障后重构的效率高于前者，因此也更为常见。RAID1+0 适用于需要频繁、随机、小数据量写操作，因此对于 OLTP、数据库、大规模信息传递等具有高 I/O 需求的业务常在存储层使用 RAID1/0 硬件设置。闪存也越来越广泛地应用（NAND 逐步取代 HDD）。基于 NAND 闪存构建的 RAID 存储架构被称作 RAIN（Redundant Array of *Independent* NAND），有趣的是这里 I 是 Independent 而非 Inexpensive，大抵是因为 NAND 的造价还是高于 HDD 硬盘数倍……

在高阶 RAID 中（如 RAID[3-6]、RAID1/0、RAID0/1），Parity（奇偶）功能被广泛使用，它的主要目的是在硬盘故障掉线后以低于镜像成本的方式保护分条（Striped）数据。在一个 RAID 所构成的硬盘组中，硬盘越多则通过 Parity 可以节省的空间越多。例如，5 块一组的 RAID 中有 4 块用来存储数据，1 块存储奇偶校验位数据，开销（Overhead）为 25%。如果把 RAID 扩容到 10 块硬盘，依然可以使用 1 块硬盘来存放校验数据，则摊销降低到只有 10%，而用类似 RAID1 镜像的方法，开销为 100%。

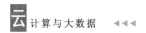

奇偶校验位的计算使用的是布尔型异或（XOR）逻辑操作，如下所示。如果盘 A 或 B 因故下线，剩下的 B 或 A 盘与 Parity 数据做简单的 XOR 操作就可以恢复 A 或 B 盘。

$$
\begin{array}{ll}
\text{Drive A：} & 01011010 \\
\text{XOR Drive B：} & 01110101 \\
\hline
\text{Parity：} & 00101111
\end{array}
$$

在云存储中通过对海量非常用数据、备份数据使用 Parity 操作可以实现大幅度的存储成本节省，近些年越来越常见的编码存储技术 Erasure Coding（擦除码）的核心算法正是 XOR 逻辑运算。以 Hadoop 的 HDFS 作为大数据存储平台为例，它默认会对数据保存 3 份拷贝，这意味着 200%的额外存储开销用来保证数据可靠性，通过 Erasure Code 可以让存储额外开销降低到 50%（Windows Azure Storage[12]）甚至 30%（EMC Isilon OneFS），从而大幅度提升存储空间利用率。随着数据的保障性增长，越来越多的技术型公司开始关注并采用擦除码技术，特别是那些先前需要对数据保存多份副本的。例如谷歌、淘宝的某些数据集需要多达 6 份副本，使用擦除码类技术的经济价值不言而喻。

2.2.1.2　NAS 与 SAN

网络存储技术如 NAS、SAN 是相对于非网络存储技术而言的。在 NAS、SAN 出现之后我们把先前的那种直接连接到主机的存储方式称为 DAS（Directly Attached Storage，直连存储或内部存储）。NAS 与 SAN 先后在 20 世纪 80 年代中期与 90 年代中期由 Sun Microsystems 推出最早的商业产品，它们改变了之前那种以服务器为中心的存储体系结构（例如各种 RAID，尽管 RAID 系统也是采用块存储），形成了以信息为中心的分布式网络存储架构（见图 2-14），NAS 与 SAN 的主要区别如下。

- NAS 提供了存储与文件系统。
- SAN 提供了底层的块存储（上面可以叠加文件系统）。
- NAS 的通信协议主要有 NFS/CIFS/SMB/AFP/NCP，它们主要是在 NAS 发展过程中由不同厂家开发的协议：Sun 开发并开源的 NFS，微软的 SMB/CIFS，苹果开发的 AFP 以及 Novell 开发的 NCP。
- SAN 在服务器与存储硬件间的通信协议主要是 SCSI，在网络层面主要使用 Fibre Channel（光纤通道）、Ethernet（以太网）或 InfiniBand（无限宽带）协议堆栈来实现通信。

SAN 的优势如下。

- 网络部署容易，服务器只需要配备一块适配卡（FC HBA）就可以通过 FC 交换机接入网络，经过简单的配置即可使用存储。
- 高速存储服务。SAN 采用了光纤通道技术，所以它具有更高的存储带宽，对存储性能的提升更加明显。SAN 的光纤通道使用全双工串行通信原理传输数据，传输速率高达 8～16 Gbit/s。

- 良好的扩展能力。由于 SAN 采用了网络结构，扩展能力更强。

NAS 的优点如下。

- 真正的即插即用：NAS 是独立的存储节点存在于网络之中，与用户的操作系统平台无关。
- 存储部署简单：NAS 不依赖通用的操作系统，而是采用一个面向用户设计的、专门用于数据存储的简化操作系统，内置了与网络连接所需要的协议、因此使整个系统的管理和设置较为简单。
- 共享的存储访问：NAS 允许多台服务器以共享的方式访问同一存储单元。
- 管理容易且成本低（相对于 SAN 而言）。

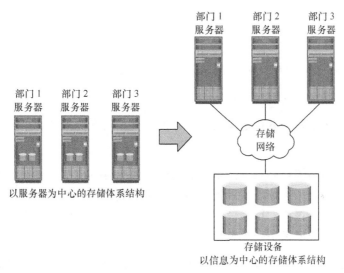

图 2-14　本地存储→网络存储

2.2.1.3　对象存储

分布式存储（Distributed Storage）架构中除了 NAS 与 SAN 两大阵营，还有一大类叫作 Object-based Storage（基于对象的存储）——对象存储出道又比 SAN 大概晚了 8～10 年。与基于文件（File）的 NAS 和基于块（Block）的 SAN 不同，对象存储的基本要素是对存储数据进行了抽象化分隔，将存储数据分为源数据（Rawdata）与元数据（Metadata）。应用程序通过对象存储提供的 API 访问存储数据实际上可看作是对源数据与元数据的访问。一种流行的观点是对象存储集合了 NAS 与 SAN 的优点，不过对象存储具有 NAS、SAN 所不具有的如下 3 点优势：

- 应用可对接口直接编程；
- 命名空间（寻址空间）可跨多硬件实体，每个对象具有唯一编号；
- 数据管理颗粒细度为对象。

对象存储在高性能计算特别是超级计算机领域应用极为广泛，全球排名前 100 的超级计算机系统有超过 70%的使用开源的 Lustre（Linux＋Cluster）对象存储文件系统，其中也包括排名第一的中国天河 2 号与排名第二的 Titan 超级计算机。在商业领域，对象存储被用于归档（Archiving）及云存储（Cloud Storage），如早在 2002 年推出的 EMC Centera 以及 HDS 的 HCP。在云存储领域最为知名的是 2006 年推出的 AWS S3（S3 已经成为云存储的事实标准，有大量竞争对手及开源解决方案的存储服务都兼容 S3 API，如 Rackspace 的 Cloud Files、Cloudstack、Openstack Swift、Eucalyptus 等）以及微软、谷歌的 Windows Azure Storage 与 Google Cloud Storage 等，还有如 Facebook 为了存储数以十亿计的海量照片等非结构化数据而定制开发的对象存储系统 Haystack[13]。

Amazon S3 的架构设计以及提供的 API 超级简洁，可以存储任意大小的对象文件（小于 5TB），每个文件对应 2KB 的元文件，多个对象文件可以被组织到一个 bucket（桶）之中，每个对象在桶中被赋予唯一的 key，可以通过 REST 风格的 HTTP 或 SOAP 接口来访问桶及其中的对象，对象下载直接通过 HTTP Get 或 BitTorrent 协议，对对象访问直接通过以下任何一款 HTTP URL：

http：//*bucket*/*key*

http：//s3.amazonaws.com/*bucket*/*key*

http：//*bucket*.s3.amazonaws.com/*key*

随着云计算、大数据与软件定义数据中心的出现，对存储管理有了更高的要求，传统存储也面临着诸多的挑战。

- 对于服务器内置存储来说，单一磁盘或阵列的容量与性能都是有限的，而且也很难对其进行扩展。也缺乏各种数据服务，例如数据保护、高可用性、数据去重等。最大的麻烦在于这样的存储使用方式，导致了一个个的信息孤岛，这对于数据中心的统一管理来说无疑是一个噩梦。

- 对于 SAN 和 NAS 来说，目前的解决方案首先存在一个供应商绑定的问题。与服务器的商业化趋势不同，存储产品的操作系统（或管理系统）仍然是封闭的。不用说不同的厂商之间的系统互不兼容，就是一家提供商的不同产品系列之间也不具有互操作性。供应商绑定的问题，也导致了技术壁垒和价格高企的现状。此外，管理孤岛的问题依旧存在，相对于 DAS 来说只是岛大一点，数量少一点而已。用户管理存储产品的时候仍然需要一个个单独登录到管理系统进行配置。最后，SAN 与 NAS 的扩展性也仍然是个问题。

- 另外，一些全新的需求也开始出现，例如对多租户（Multi-tenancy）模式的支持，云规模（Cloud-scale）的服务支持，动态定制的数据服务（Data Service），以及直接服务虚拟网络的应用等。这些需求并不是可以通过对现有存储架构的简单修修补补就可以满足的。

2.2.1.4 软件定义存储技术

在这样的背景下，一种新的存储管理模式开始出现，这就是软件定义的存储（SDS）。SDS 不同于存储虚拟化（Storage Virtualization），SDS 的设计理念与 SDN（软件定义的网络）有着诸多相似之处。软件定义的存储旨在开辟这样的一个新世界：

- 把数据中心里所有物理的存储设备转化为一个统一的、虚拟的、共享的存储资源池。其中的存储设备包括专业的 SAN/NAS 存储产品，也包括内置存储和 DAS。这些存储设备可以是同构的，也可以是异构的、来自不同厂商的。

- 把存储的控制与管理从物理设备中抽象（Abstract）与分离（Decouple）出来，并将其纳入统一的集中化管理之中。换言之，也就是将控制模块（Control Plane）和数据模块（Data Plane）解耦合。

- 基于共享的存储资源池，提供一个统一的管理与服务/编程访问接口，使得 SDS 与 SDDC 或者云计算平台下其他的服务之间具有良好的互操作性。

- 把数据服务从存储设备中独立出来，使得跨存储设备的数据服务成为可能。专业的数据服务甚至可以运行在复杂的、来自不同提供商的存储环境中。

- 让存储成为一种动态的可编程资源，就像我们现在在服务器（或者说计算平台）上看到的一样，即基于服务器虚拟化的软件定义计算（SDC）。

- 让未来的存储设备采购与选择变得像现在的服务器购买一样简单直接。

- 存储的提供商必须要适应并精通于为不同的存储设备提供关键的功能与服务，即使他们并不真正拥有底下的硬件。

在过去的十多年中，服务器虚拟化、计算虚拟化、软件定义的计算已经彻底改变了我们对计算能力的理解。现在存储领域也在经历从存储虚拟化到软件定义存储的变革。前面我们提到过对象存储中出现的对源数据与元数据的分离，这实际上已经是一种存储虚拟化（抽象化）的概念：数据平面与控制平面，另外，存储资源池化（形成虚拟资源池）也是软件定义存储的重要概念。

软件定义存储的解决方案有很多种，有针对 NAS/SAN 网络存储设备的，有针对服务器内置磁盘与 DAS 的，有通用的解决方案，还有专为虚拟化平台优化而生的。这些不同的解决方案之间虽然存在诸多的差异，但大致上我们仍然可以把软件定义存储的科技栈（Technology Stack）自下而上分为三个层次：数据保持层、数据服务层与数据消费层（如图 2-15 所示）。

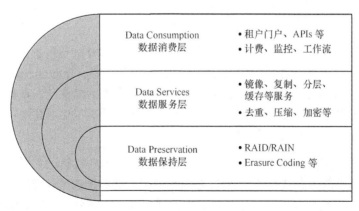

图 2-15 软件定义的存储的科技栈

最下面一层是数据保持层，这是存储数据最终被保存的地方。这一层负责的工作是将数据保存到存储媒介中，并保证之后读取的完整性。保持数据的方式有很多种，具体的选择取决于对成本、效率、性能、冗余率、可扩展性等指标的需求，也取决于需要 SATA 磁盘、SCSI磁盘还是固态磁盘等不同的因素。此外，由于这部分的功能经过了虚拟化的抽象，我们可以根据需要选择各种不同的方案而不会影响到上层数据服务和数据消费的选择与实现。常见的数据保持方法包括前面提到的 RAID 磁盘阵列，基于廉价 NAND 型闪存阵列（RAIN）、简单副本（Replica）、Erasure Coding 等。

中间层为数据服务层。这一层的组件主要的职责就是负责数据的移动并向上层提供服务接口：复制（Replication）、分层（Tiering）、快照（Snapshot）、备份（Backup）、缓存（Caching）。其他的职责还包括去重（Deduplication）、压缩（Compression）、加密（Encryption）、病毒扫描（Virus Scanning）等。一些新兴的存储类型也被归入数据服务层中，如对象存储（Object Storage）和 Hadoop 分布式文件系统（HDFS）等。需要指出：复制（Replication）与数据保持层的副本（Replica）功能的差异。副本只是最简单的一种数据冗余机制，防止硬件问题引起的数据丢失，对用户来说是完全透明的；而复制作为一种附加的数据保护服务，多用于高可用性、远程数据恢复（Remote Data Recovery）等场景，其中一个非常有特色的产品就是 EMC 的 RecoverPoint。有兴趣的读者可以去详细了解一下，在此就不展开介绍了。

在理想的情况下，数据服务是独立于其下的数据保持层与其上的数据消费层的，各层的具体技术实现并不存在强依赖关系。同样，由于经过了虚拟化和抽象，数据服务得以从存储硬件设备中分离出来，可以按需动态创建（Provisioning），从而具有很大的灵活性。创建出来的数据服务可以根据软件定义存储控制器统一调度运行在任何一个合适的服务器或者存储设备上。

数据消费层是最贴近用户的一层。这里首先展现给用户的是一系列数据访问接口（Presentation），包括块存储（Block）、文件存储（File）、对象存储（Object）、Hadoop 文件系统（HDFS），以及其他随着云计算与大数据发展而出现的新型访问接口。数据消费层的另一个重要的组成部分是展现给租户的门户（Tenant Portal），也就是每个用户的管理平台（GUI/CLI）。每个租户可以自己来进行，如部署（Provisioning）、监控（Monitoring）、事件及警报管理、资源的使用、报表生成、流程管理或者定制服务等。灵活的编程接口（API）也是这一层的核心组件，用于更好地支持存储与用户应用的整合。与普通的编程接口相比，软件定义存储的接口有着更高的标准和更多的功能需求。

软件定义存储作为软件定义数据中心的一个核心组成部分，与系统中的其他组件（软件定义计算、软件定义网络）存在大量的交互，因此对互操作性（Interoperability）有着很高的要求。关于组件之间的互操作与协同工作，详细内容可参见后续章节。从数据消费层的视角来看，其下的数据服务层与数据保持层提供的是一个统一的虚拟化资源池，本层基于此虚拟资源池根据用户需求进行分配、创建与管理。

综上所述，海量数据的存储历程如图 2-16 所示，从本地存储，到网络存储（尤其是以 NAS 和 SAN 为代表的分布式存储），到以对象存储为实施标准的云存储阶段，未来的发展方向当是软件定义的存储，通过软件定义存储来实现低成本、高效率、高灵活性以及高度可扩展性。

图 2-16　大数据存储历程

2.2.2　大数据管理与分析

构建面向海量信息的大数据管理平台其本质上是要实现一套可软件定义的数据中心来通过对下层的基础架构进行有效的管理（存储、网络、计算以及相关资源的调度、分配、虚拟化、容器化等）以满足上层的业务与应用需求，并通过软件的灵活性与敏捷性来实现高 ROI（Return-on-Investment，投入产出比）。在第 1 章中，我们提到过大数据与云计算之间相辅相成的关系，这一点也充分体现在它们两者的技术栈对应的关系上（如图 2-17 所示）。大数据存储对应于云计算架构中的存储方式+存储媒介，大数据管理对应于基础设施、计算、云拓扑结构、IaaS 以及 PaaS 层，大数据分析对应于云平台中的应用服务层，而大数据的应用则是云应用程序中的一大类（例如，传统企业级应用、Web/HTML5 类越来越多面向移动设备的应用、大数据应用等）。

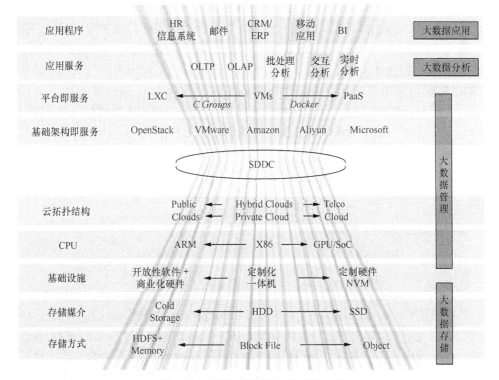

图 2-17　云计算+大数据体系架构技术栈

在云计算背景下的大数据应用，可以划分为构建于公有云或企业混合云（兼有私有云、公有云特征）之上两大类。在垂直技术栈（Vertical Technology Stack）的角度看，两者都自下而上分为网络层、存储层、服务器层、操作系统层、大数据处理引擎层、大数据中间件及服务层和大数据应用层（如可视化、操控中心等）。它们提供的服务与应用无外乎有如下几类：传统的数据类服务的延展，如数据仓库、商务智能；新型的服务，如大数据存储、大数据流数据分析、无主机计算（Serverless Computing），机器学习、云间数据迁移等（见图 2-18）。

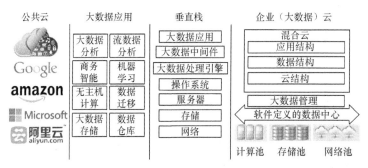

图 2-18　大数据技术栈与应用：公有云、混合云

上面提到的大数据服务与应用中，值得一提的是无主机计算。无主机计算是一种新型的公有（或混合）云服务，最为知名的亚马逊的 AWS Lambda，其核心理念是颠覆了 DevOps，用 NoOps 取而代之（我们知道 DevOps 刚刚颠覆了传统的开发、测试、运维模式不久，现在似乎又要被别人颠覆了，这的确是个颠覆的时代）。NoOps 顾名思义就是不需要担心运维的事情，从而极大地解放了程序员，同时企业也不需要负担任何基础架构运维的成本。AWS Lambda 的特点就是让使用者不再需要事先部署服务器，而只需要把要执行的代码提交给 Lambda 后，以 AWS 庞大基础架构做后台支撑，以毫秒级的精细化计费来完成用户提交的任务的同时收取相当低廉（这一条在共享经济时代最重要！）的费用。在本质上无主机计算摒弃了传统的以设备（服务器、网络、存储）为中心的计算模式，让用户应用聚焦于业务逻辑本身。通常在实现上采用容器化封装、面向服务的架构（SOA）、事件驱动的应用程序接口（event-driven API）等技术。这些技术最终带来的是更为廉价的计算资源与能力。特别是大数据处理，通常需要更多的基础架构及资源，随着无主机计算的发展，我们有理由相信更多的大数据应用会与之结合。

在大数据（即分布式系统）的管理、分析、处理中有一些基础的理论模型需要了解，最主要的是：

- BASE 最终一致性模型；

- ACID 强一致性模型；

- CAP 理论。

BASE 指的是 Basically Available（基本可用）、Soft-State（柔性状态）、Eventual Consistency（最终一致性）三个特性，它相对于传统的（单机）关系型数据库时代的 ACID 模型的 Atomicity（原子性）、Consistency（一致性）、Isolation（隔离性）、Durability（持久性）四大特性。以数据库交易为例，要实现 ACID 最关键的部分是数据的一致性，通常的做法是通过 locking（加锁）的方式，在一方对某数据读写的时候，其他方只能等待，2PL（Two-Phase Locking，两阶锁）是一种常见的加锁实现方法。这种方法的效率对于高频交易系统显然不太适宜，于是就有了多版本并发控制（MVCC 或 MCC，Multi-version Concurrency Control）策略，它通过为每个读写方提供了数据库当前状态的快照来提供操作隔离及数据一致性。在分布式交易系统中，如后面要提到的 NewSQL 类型数据库，实现 ACID 变得更加困难，一种实现方式是 2PC（Two-Phase Commit，二阶提交）来保证分布式交易（事务）操作的原子性及一致性（在 2.3 节中介绍 Google Spanner 系统时我们会介绍到 2PC 原理）。有趣的是在英文中 BASE 还有碱的意思，而 ACID 是酸，看来前辈们在研究理论基础时在起名字上没少下功夫。

关于分布式系统，还有一个 CAP 理论需要关注。CAP（Consistency + Availability + Partition Tolerance）是大数据领域一个著名理论，确切地说是分布式计算机网络领域的一种假说（Conjecture）。最早由加州大学伯克利分校的计算机科学家同时也是后来 2002 年被 Yahoo!收购的著名搜索公司 Inktomi 的联合创始人兼首席科学家 Eric Brewer 在 1998—2000 年期间提出；在 2002 年由 MIT 的两位学者论证并随后成为理论（Theorem）。所以这个理论又称为 Brewer's Theorem。这个理论是非常有哲学高度的，不过两位 MIT 的学者据说是从比较"狭隘"（Narrower）的视角来论证的，所以该"理论"也受到了学术界与业界的连番挑战（最知名的当属 2012 年谷歌公司推出的 Spanner 系统，该系统在全球范围内的跨数据中心间实现了对 CAP 三大特性的同时满足，后来我们也称类似的系统为 NewSQL，在后文中对此类系统展开论述）。

CAP 指出：一个分布式系统不可能同时保证一致性（Consistency）、可用性（Availability）和分区容忍性（Partition Tolerance，又称作可扩展性）这三个要素。换言之对于一个大型的分布式计算网络存储系统，可用性与可扩展性是首要保证的，那么唯一需要牺牲的只是一致性，对于绝大多数场景而言，只要达到最终一致性即可（非强一致性）。所谓的最终一致性可以这么理解：强一致性在早期金融网络中要求当你付款给对方时，在对方收到钱后，你的账户要相应同步扣款，否则就会出现不可预知的结果。比如对方收到钱，你的账户却没有扣款（赚到了的感觉）；或者对方没收到，而你的钱被扣掉了（被坑了的感觉），这些都属于系统不能做到实时一致性的体现。

今天的金融系统绝大多数都是规模庞大的分布式系统，要求强一致性只可能会造成系统瓶颈（比如由一个数据库来保证交易的实时一致性，但是这样整个分布式系统的效率会变得低下……），因此弱一致性系统设计应运而生，这也是为什么你在进行银行转账、股票交易等操作时通常会有一些滞后（几秒钟到几分钟或者更长到几天）的交易确认；而对于金融系统来说，对账（Financial Reconciliation）是最重要的，它就是对规定时间内的所有交易来进行确认以保证每一笔交易的两边的进出是均衡的。

CAP 理论还有很多容易被人误解的地方，比如到底一个分布式系统应该拥有哪一个、两个属性，抛开理论层面的争执，我们看到今天的大规模分布式系统的设计各有千秋。比如早期谷歌的 GFS，就是满足了一致性与可用性却相对牺牲了分区容忍性；阿里巴巴的支付宝的后端为了保证交易的一致性，使用的是 EMC 的高端存储系统 VMAX（阿里集团是"去 IOE 化"的始作俑者与倡导者，去 IOE 指的是弱化或者拆除 IBM、Oracle 与 EMC 公司的产品，这三家分别是计算、数据库与存储领域里面的巨头。IOE 经常被代指为在中国市场处于领导甚至垄断地位的国际巨头）。

2.2.3 大数据科学

数据科学作为一门学科最早是由丹麦科学家 Peter Naur（Naur 最出名的是创造了 Backus-Naur Form，巴克斯-诺尔范式，即 BNF，由 Naur 在 1960 年引入形式化符号来描述 ALGOL 编程语言的语法，随后几乎所有的计算机编程语言都沿用 BNF 范式）在他 1974 年的一篇关于数据处理方法的调研文章中提出。时间推进到 1997 年，美国著名华人统计学家 C.F. Jeff Wu（吴建福，最早成名于 1983 年对最大预期即 EM 算法中的收敛性分析的修正。EM 算法被广泛应用在机器学习中的数据分类、计算机视觉、自然语言处理、医疗图像重建等领域 [14] 直接提出了统计学=数据科学的概念，他准确地定义了统计（即数据科学）工作的三部曲（Trilogy）：

- 数据收集（Data Collection）；

- 数据建模与分析（Data Modeling & Analysis）；

- 决策制定（Decision Making）。

2008 年，当时还在 LinkedIn 公司的 DJ Patil（后成为美国联邦政府第一任首席数据科学家）和 Facebook 的 Jeff Hammerbacher（后来成为大数据公司 Cloudera 的联合创始人）率先把他们的工作职能定义为 Data Scientist（数据科学家）。互联网公司是如此长于 PR 宣传，以至于后来大家提到数据科学与数据科学家的时候都说这两位是始作俑者。殊不知，先贤们早已低调地走过命名、定义与本质剖析这段路了。2012 年哈佛商业评论（Harvard Business Review）干脆预见性地提出了大数据科学家是 21 世纪最性感的工作。

我们在本节将分别介绍数据科学这门随着云计算与大数据蓬勃发展而日新月异的学科以及在数据科学中扮演执剑人角色的数据科学家。

（1）大数据科学。

提及大数据科学或统计学、大数据分析，人们难免会联想到 BI（商业智能）或 DW（数据仓库），有必要对它们之间的异同做扼要的分析。商业智能使用统一的衡量标准来评估企业的过往绩效指标，并用于帮助制定后续的业务规划。商业智能的组件包括：

- 建立 KPI（Key Performance Index，关键绩效指标）；

- 多维数据的汇聚、去正则化、标记、标准化等；

- 实时汇报、报警等；

- 处理结构化、简单数据集为主；

- 统计学分析与概率模型模拟等。

商业智能通常会在底层依赖某种数据处理（如 ETL，数据提取、变形、加载）架构，例如数据仓库……随着大数据技术的发展商业智能系统正在越来越多拥抱诸如内存计算（如 IMDG 数据库技术、Spark）、实时计算、面向服务的基础架构（SOA、MSA）乃至开源 BI 解决方案等新事务。

数据科学则可以理解为预测分析+数据挖掘。它们结合了统计分析、模式识别、机器学习、深度学习等技术，并用于对获取数据中信息形成推断（Assumptions）及洞察力（Insights）。

相关方法包括回归分析、关联规则（如购物篮分析）、优化技术和仿真（如蒙特卡洛仿真用于构建场景结果）。在现有商业智能系统基础之上，数据科学又为其增添了如下组件与功能：

- 优化模型、预测模型、预报、统计分析模型等；

- 结构化/非结构化数据、多种类型数据源、超大数据集。

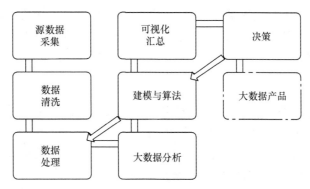

图 2-19　（大）数据科学流程图

在图 2-19 中描述了大数据科学的典型流程，从原始数据的采集、清洗、基于规则或模型的数据处理与分析、建模+算法、汇总+可视化、决策直至最终形成大数据产品（可选）。需要指出的是该流程中亦可根据业务需要形成从决策到算法/建模到数据分析的反馈通道。

大数据科学的发展从分析复杂度与价值两个维度看，可分为三个境界、五个阶段（如图2-20 所示）。三种境界分别是：

- 后知后觉（Hindsights）——典型的如传统的 BI，滞后延时分析；

- 因地制宜（Insights）——典型的如实时分析；

- 未卜先知（Foresights）——典型的预测分析。

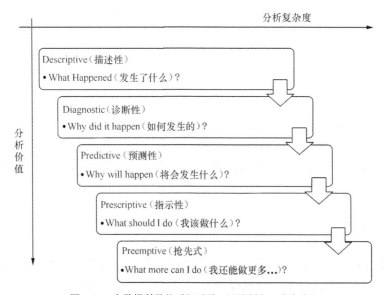

图 2-20　大数据科学从后知后觉→因地制宜→未卜先知

图 2-20 所示的五个阶段与三种境界匹配关系如下：

- Hindsights —— 描述性+诊断性。

- Insights —— 描述性+诊断性+指示性+（部分）预测性。

- Foresights —— 预测性+指示性+抢先式（基于预测的行动指南）。

这五个阶段自上而下的实现复杂度愈来愈高，但是所夹带的价值也越来越大，这也是为什么越来越多的企业、政府机构要把大数据科学驱动的大数据分析引入并应用到商务智能、智慧城市等广泛的领域中来。

（2）大数据科学家。

大数据科学家是在新的大数据生态体系建立的过程中催生出来的复合型人才。大数据处理与分析项目中通常需要多种角色，从 SME（Subject Matter Expert，行业问题专家）到数据分析专家、建模工程师到大数据系统专家等，不一而足。我们可以把以上所有的职能总结为三大类，如图 2-21 所示。

数据科学家自身结合了多种之前被分离的技能于一身。

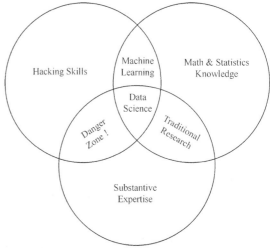

图 2-21 大数据科学家——编程+统计学知识+行业经验

- 数理统计知识（Math & Statistics）：能够以数学、统计学模型、算法（如机器学习、深度学习等）等来抽象业务需求与挑战。

- 编程与架构设计（以及 Hacking Skills，黑客）的能力：能够将数学模型转换为可运行在大数据处理平台上的代码，还能设计、实现和部署统计模型和数据挖掘方法等。

- 行业经验（Domain Expertise）：对垂直领域的深刻理解才能保证前两项沿着正确的方向发展。

大数据科学家正是位于图 2-21 中的三圆交汇之处兼具以上三种技能于一身的复合型人才。

大数据科学是一个新兴的领域，而大数据科学家是拥有特殊技能的新型专业人才。大数据科学家负责为复杂的业务问题建模、发现业务洞察力并找到新的商业机遇。对于这种能够从海量数据中提取有用信息，再从信息中提炼出具有高度概括性与指导意义的知识、智慧甚至转变为可以自动化的智能（如 AI）的新型人才，可以想见在相当长的一段时间内市场会对他（她）们趋之若鹜——如果非要为这段时间加个期限，也许是横跨整个 21 世纪（但可能不会是一万年）。

2.2.4 大数据应用

大数据所面临的五大问题中最后一个是大数据应用，也是大数据问题的具象（最终展现形式）。如果用更高度的概括来表述大数据的生命周期，可以归纳为：大数据来源+大数据技术+大数据应用。三者缺一不可、彼此相承（见图 2-22）。

2.2.4.1 大数据应用特点

大数据应用通常被划分为第三平台应用，以此来区别于第二平台的应用（主要指传统的独占式的企业级应用，参考图 1-39 所在的一节）。大数据应用有如下四大特点：

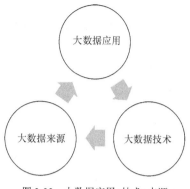

图 2-22　大数据应用+技术+来源

- 弹性（Elasticity）；

- 敏捷性（Agility）；

- 数据为中心（Data-centric）；

- 应用服务化（As-a-Service）。

（1）应用弹性。

大数据应用的弹性与所有第三平台应用一模一样，从云基础架构（IaaS）的角度解读是基础架构级资源可以随着业务、应用的需求变化而具有水平或垂直伸缩能力（Scale-Up/Down/Out/In），从 PaaS 角度看是指服务于应用的各类数据服务、编程接口、消息队列等平台级资源的按需可调节性。IaaS 与 PaaS 结合起来保证了顶层应用的弹性。

（2）应用敏捷性。

大数据应用的敏捷性有两层含义，一层是从应用的开发与交付采用敏捷模式（如Scrum/Waterscrumfall 等敏捷开发模式、DevOps、持续集成等概念）；另一层指的是应用生命周期中通常以事件或时间为驱动，当侦测到符合某种特征的事件（如寻找热点时间、舆情监控）发生或在某时间范围内（如春晚）需要对海量数据进行高时效性（如实时）处理时，大数据应用能及时根据数据趋势做出分析统计、预测以及调整商务策略。

（3）数据中心化。

数据为中心指的是随着大数据处理技术的发展，大数据应用越来越面向丰富的数据集，有调研[26]表明通常企业收集存储的信息只有三分之一是文本与静态图片信息，而剩下的三分之二则是视频与音频信息，也就是说大数据应用在这些更为动态的数据集中可以获取更多有价值的信息。绝大多数人都相信我们身处一个越来越依赖数据，依赖海量数据来辅助我们做出有根据的（Informed）决策的时代。

（4）应用服务化。

应用服务化对于大数据应用而言就是 Big-Data-as-a-Service（大数据即服务），特别是在云计算已经几乎唾手可得的时代,越来越多的大数据分析与管理服务可以在各种形态的云架构上获得，它们与之前的 XaaS 类型服务如出一辙，按需分配资源，按使用额度精细计费，支持多租户场景（从供给方角度通过资源共享实现低资源闲置率→高服务营收）。应用服务化带来的另一个好处是可以避免重新发明轮子类（如重复建设）的企业多部间资源浪费。

2.2.4.2 大数据应用优势

大数据应用能为企业带来哪些好处呢？（见图 2-23）

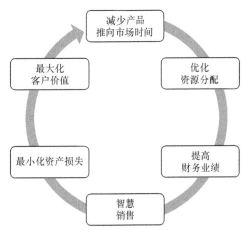

图 2-23　大数据应用为企业带来的潜在价值

（1）产品快速迭代，缩小产品推向市场的时间。

产品部门通过大数据的应用可以减少产品推向市场、更新换代（迭代）的时间。以制药企业为例，一款新药的研发、临床耗时长而且费用极高（有统计表明平均一款新药的开发费用超过 5 亿美元），使用大数据分析与建模可以在研发的早期阶段就模拟中后期场景从而大幅缩短制药周期（如早期预测失败以避免全面失败）。

（2）优化资源分配。

优化企业资源分配是大数据的一类典型应用。以人力资源部门、招聘部门为例，通过对在职、离职员工的反馈、KPI 表现、评估等数据分析可以对新员工招聘做出指导意见，并能提高员工顺利融入团队，对提高 ROI 产生积极意义。

（3）提高财务业绩。

提高财务业绩是另一大类大数据典型应用。有了大数据预测的帮助，CFO 团队从原有的定期做报表演进到可以识别高风险客户、监控供应商、打击诈骗以及帮助制定更高效的业务模式。有统计数据表明美国每年受天气影响的 GDP 高达 5,000 亿美元，零售商通过 IBM 旗下的 The Weather Company 提供的天气预测数据（每天超过 100 亿次）来有效调整人员配置以及供应链管理策略，从而实现资源配置优化以提高财务表现。

（4）智慧销售。

智慧销售、智慧市场推广也是大数据应用的重要领域。基于大数据、精准数据分析，电子商务公司可以根据每一个用户的以往购物经历来定制化推送市场推广邮件，从而实现更高的用户返还率（Return Rate）。以大型连锁零售商 Kroger 为例，通过大数据驱动的定制电子邮件优惠券推广，它们的客户返还率高达 70%（而市场平均的返还率仅有 3.7%，几乎是 2000% 的增长），这大概也解释了为什么 Kroger 可以连续 45 个季度实现盈利正增长。

（5）最小化资产损失。

最小化设备失败与资产损失对于维修、采购、工程、IT 部门而言意义重大。以美国通用为例，每天全世界有上万家飞机使用通用的发动机，每台发动机上成上千上万的传感器每五个小时的飞行会产生 1～2TB 的数据，平均一天有超过 10～20PB 的数据，一年就是 3.65～7.3EB（$1EB=2^{60}B$），对这些典型 IOT 监控数据的分析可以实现主动维修，甚至预测故障发生而提早预备配件以实现资源分配优化，降低维修成本。

（6）最大化客户价值。

最大化客户价值对于企业而言意味着贴近客户，实现高客户满意度进而收获一位终生客户。保险公司当然希望购买人寿保险的用户可以身体健康（出于众所周知的原因）。以国内某大型寿险公司为例，采用了康健德科技的基于大数据模型的个性化健康评估、健康管理服务来为其寿险客户提供增值服务，对于用户而言获得了专业化的健康服务，提高了依从性与健康品质，而对于保险公司而言则意味着可以为客户提供定制化保险服务以及围绕健康医疗衍生的多重增值服务，何乐而不为。

2.3 大数据四大阵营

依据不同实现理念、方式以及应对不同的业务及应用场景，可以把大数据解决方案划分为以下四大类。

- OLTP（在线事务、交易处理）：RDBMS、NoSQL、NewSQL。

- OLAP（在线分析处理）：MapReduce、Hadoop、Spark 等。

- MPP（大规模并行处理）：Greenplum、Teradata　Aster 等。

- 流数据管理：CEP/Esper、Storm、Spark Stream、Flume 等。

2.3.1 OLTP 阵营

OLTP 阵营可以分为：传统的关系型数据库、NoSQL 与 NewSQL 三类不同的解决方案。在本小节我们主要针对 NoSQL 与 NewSQL 进行讨论。

2.3.1.1 NoSQL 数据库

NoSQL 类系统普遍存在下面一些共同特征。

- 不需要预定义数据模式（No-Upfront-Schema）或表结构：数据中的每条记录都可能有不同的属性和格式。当插入数据时，并不需要预先定义它们的模式（如 MongoDB，下文会介绍到）。NoSQL 区别于传统的关系型数据库，如图 2-24 所示。

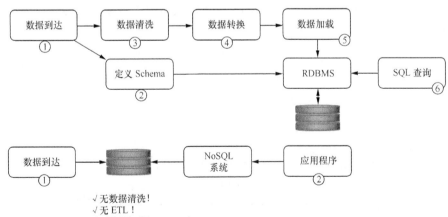

图 2-24　RDBMS 预先 Schema vs. NoSQL 后 Schema

- 无共享（Shared Nothing）架构：NoSQL 通常把数据划分后存储在各个本地服务器上。因为从本地磁盘读取数据的性能往往好于通过网络传输（如 NAS/SAN）来读取数据的性能，从而提高了系统的性能，当然，代价是多份数据拷贝及数据一致性保证。

- 分区：NoSQL 需要对数据集进行分区，将记录分散在多个节点上面。并在分区的同时进行复制。这样既提高了并行性能，又能保证没有单点失效的问题。

- 弹性可扩展：可以在系统运行的时候，动态添加或者删除节点。不需要停机维护，数据可以自动迁移。

- 异步复制：和 RAID 存储系统不同的是，NoSQL 中的复制，往往是基于日志的异步复制。这样，数据就可以尽快地写入一个节点，而不会被网络传输引起迟延。缺点是并不总是能保证一致性，这样的方式在出现故障的时候，可能会丢失少量的数据。

- 符合 BASE 模型：BASE 提供的是最终一致性和软事务（相对于事务严格的 ACID 模型，下文中的 NewSQL 在 NoSQL 基础上实现了对 ACID 模型的支持）。

在 2.1.3 小节中，我们已经对 NoSQL 做了初始的分类介绍，这里对颇具代表性的 MongoDB（文档型）、Cassandra（宽表型）与 Redis（键值型）解决方案进行介绍。

（1）文档型 NoSQL——MongoDB。

作为文档型 NoSQL 数据库的代表，MongoDB 采用了一种与 RDBMS 反其道而行之的设计理念，不需要预先定义数据结构，使用了与 JSON（JavaScript Object Notation）兼容的 BSON（Binary JSON）的轻量级数据传输与存储结构（相对于笨重、复杂的 XML 而言，XML 一直以其解析复杂而被广大 Web 开发人员所诟病），也不需要对存储的数据结构像关系型数据库一样进行正则化（Normalization，目的是减少重复数据）。例如构建一个数字图书馆，如果用传统的 RDBMS 则至少需要对书名、作者等相关信息使用多个正则化的表结构来存储，在进行数据检索与分析的时候则需要频繁的（且昂贵的）表 JOIN 操作，而 MongoDB 中则只需要通过对 JSON（在 MongoDB 中称作 BSON，Binary JSON）描述的简单文档型数据结构进行一次读操作即可完成。对于提高性能以及在商用硬件上扩展而言 MongoDB 的优势不言而喻，同时 MongoDB 也兼顾关系型数据库操作习惯，例如它保留了 left-outer JOIN 操作……

在体系架构设计上 MongoDB 支持四种数据存储引擎（见图 2-25），WiredTiger（默认引擎）、MMAP（内存-硬盘映射引擎）、In-Memory（内存引擎）以及 Encrypted（加密存储引擎），并在其上提供了基于 BSON 的文档型数据结构模型及检索模型。

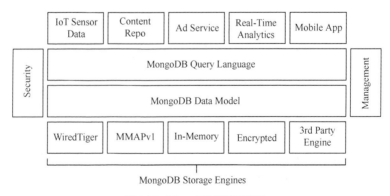

图 2-25　MongoDB 架构示意图

（2）宽表型 NoSQL——Cassandra。

Cassandra 是目前最流行的宽表数据库（Wide Column），最早由 Facebook 开发并开源。相信 Facebook 是受到了谷歌的高性能存储系统 BigTable（基于 GFS 等技术，服务于 MapReduce 等任务）的启发而来的。它的最大特点是：①无特殊节点（如主、备服务器），因此无单点故障；②服务器集群可跨多个物理数据中心，无需主服务器的异步同步功能支持（见图 2-26）。

Cassandra 系统中有几个关键概念。

● 数据分区（Data Partitioning）与一致性哈希（Consistent Hashing）：鉴于 Cassandra 的核心设计理念是一个逻辑数据库中的数据由所有集群中的节点分散保存，也就是所谓分区。数据的分布式会带来两个潜在的问题：①如何判断指定的数据存储在哪个节点之上？②在增加或删除节点时如何尽量减少数据的跨节点移动？解决方案就是通过持续的一致性哈希运算（即实现对 Cassandra 分区索引）。

● 数据复制（Data Replication）：所有无共享（Shared-Nothing）架构避免单点故障都是通过对数据进行多份复制（类似于拷贝）来实现的。

● 一致性级别（Consistency Level）：在 Cassandra 系统中可以定制一致性级别，也就是说需要多少节点返回读写操作的确认，如图 2-26 所示。如果一致性级别为 3，需要节点 1-3 全部回复确认后，协调节点 4 才会回复给客户端。

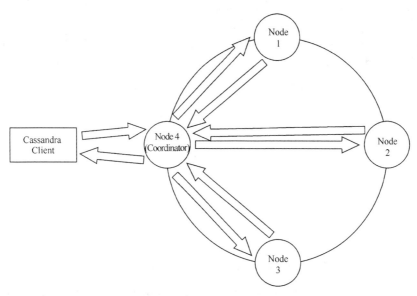

图 2-26　Cassandra 集群读写同步示意图

业界对于 Cassandra 的使用相当广泛，大部分用它来做数据分析服务，甚至是实时数据分析及流数据处理，还有些公司试图用 Cassandra 全面取代 MySQL。例如 Twitter，不过貌似这一尝试并未获得成功，而始作俑者 Facebook 本来最早用 Cassandra 来做邮箱搜索（Inbox Search），后来因为最终一致性的问题而换成了 HBase，不过这丝毫不影响业界对它趋之若鹜。Cassandra 一直宣称是 NoSQL 数据库中线性可扩展（Linear Scalability）做得最好的，目前已知全球最大的商用 Cassandra 部署恐怕是苹果公司，有超过十万个节点和数以十 PB 计的数据对其地图、iTunes、iCloud 及 iAd 服务进行管理与分析。

（3）键值型 NoSQL——Redis。

Redis 是由早期的键值（Key-Value Pair）数据库发展而来的，因此，即便今天它已经支持了更为丰富的数据结构类型（如列表、集合、哈希、比特数组、字符串、HyperLogLogs 等），它依然被大家看作一款基于内存（高速）的键值（Key-Value）型 NoSQL 数据库。Redis 区别于 RDBMS 的关键在于不需要数据库索引（Indexing），而通过主键检索（Key）来实现数据结构与算法，而且主键可以是任何 binary-safe（二进制安全）数据类型（如子串、数字、图片、音乐甚至一段视频），因此 Redis 适用于快速查询、检索类操作（特别是以读操作为主的应用）。和所有 NoSQL 数据库一样，Redis 也具有高度水平可扩展性（Scale-Out）。图 2-27 展示的是在 2 个数据中心中构建一个 Redis 集群，每个数据中心可以就近满足客户应用（App Server）的 SLA 访问时间需求（如相应时间≤200ms），这样的设计对于以读操作为主的应用类型特别适合。

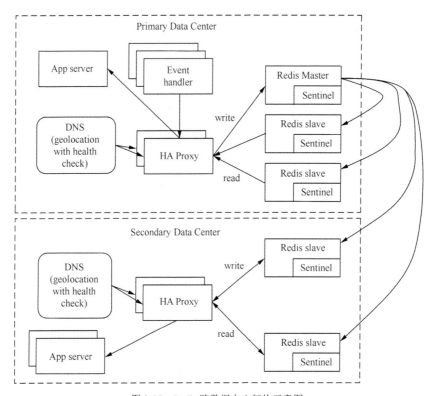

图 2-27　Redis 跨数据中心架构示意图

以车票与机票查询为例，通过地点、时间这些键值可以快速查询到车次、航班以及每趟车或航班的剩余座位，键值数据库可以实现比 RDBMS 高出数倍甚至上千倍的检索效率。以 12306 为例，它们采用了一款叫作 Gemfire XD 的商用键值型 NoSQL 取代了之前的 IBM DB2 关系型数据库，在 PC 服务器集群上实现了比小型机上查询效率高出数以百倍的提升。

Redis 的主要应用场景有三类。

● 缓存（Caching）：由于 Redis 支持过期数据（可以让过期数据被新数据替换掉，对于不需要永久在内存保存的数据，这样可以节省大量内存空间），且性能好，可以和 Memcached 结合用作缓存。

- 简单消息队列（Simple Message Queue）：Redis 支持简单的 Pub/Sub 模型，以及基于列表的队列模型，所以可以用作构建轻量级的消息队列。

- 高性能数据访问：通常一个 Redis 实体（Instance）可以满足每秒 50 万次的访问，由于 Redis 是单线程实现，在一台主机上可以启动多个 Redis 实体以增加高性能并发访问的服务能力。

2.3.1.2 NewSQL 数据库

下面我们聊一聊颠覆了 CAP "理论" 的 NewSQL 类系统（兼具可扩展性、数据可用性与一致性）。确切地说 NewSQL 可以兼顾 OLTP+OLAP，但在一般分类上，我们还是主要突出了它的交易、事务处理对 ACID 的支持上，因此归为 OLTP 阵营。

最早的 NewSQL 系统是 H-Store[15]，由美国东海岸的四所大学（Brown、CMU、MIT 和 Yale）在美国国家科学基金会、加拿大工程与研究委员会及 Intel 大数据科技中心的资助下联合开发，于 2007 年面世。H-Store 的意义在于它真的开发够早，要知道 NewSQL 这个词汇是 2011 年才出现的（451group 分析师 Matthew Aslett 的 2011 年的一篇文章中首次提及[16]）。

H-Store 显然是一个学院派的 NewSQL 实现，距离商用还有相当距离，于是基于 H-Store 的商业版 NewSQL 实现 VoltDB[17] 应运而生。VoltDB 的作者都是业界赫赫有名的大家，比如 Michael Stonebreaker，此公在加州 Berkeley 任教期间开发了 Ingres、Postgres 等关系型数据库系统；后来转战到 MIT 任教又开发了 C-Store、H-Store 等系统。此公的学生也多是赫赫有名之辈，比如 VMware 的前 COE，Diane Greene, Cloudera 的创始人 Mike Olson, Sybase 的创始人 Robert Epstein 等。最后要提一点，Stonebreaker 老先生现在已年逾花甲了（1943 年生人），想来老先生开发 VoltDB 时已然是六十大几了，反观国内的研发人员不到 30 岁就都纷纷要转型做 people-manager（经理），实在是令人唏嘘。没有持续多年的第一手技术累积所搭建出来的系统是很难经得起时间的检验的，写下这段文字，与读者共勉！

业界最早的商用 NewSQL 系统是谷歌公司经过五年内部开发后于 2012 年面世的 Google Spanner，它具有四大 NewSQL 的特性：

- ACID 强一致性支持（用于交易处理）；

- SQL 语言支持（向后兼容）；

- 支持模式化表（Schematized Table）；

- 半关系型数据模型（意味着数据多样性支持）。

Spanner 是第一个在全球范围内可以做到交易一致性的半关系型数据库（也就是说在各个大洲的数据中心之间的数据可以通过 Spanner 系统来实现读写同步）。Spanner 系统主要用于服务谷歌的最赚钱的广告系统，而之前该系统是构建在一套相当复杂的分片化（Sharded）MySQL 集群之上的。谷歌的 Spanner 系统显然是在可算作是 NoSQL 数据库鼻祖的 BigTable 系统之上的一次飞跃。

Spanner 立足于高抽象层次，使用 Paxos 协议横跨多个数据集把数据分散到世界上不同数据中心的状态机中。出故障时，它能够在全球范围内响应客户副本之间的自动切换。当数据总量或服务器的数量发生改变时，为了平衡负载和处理故障，Spanner 自动完成数据的重切片和跨机器，甚至跨数据中心的数据迁移。

区别于以往的任何已知 NoSQL 或分布式数据库，在技术架构上 Spanner 具备如下几个特点。

● 应用可以细粒度地进行动态控制数据的副本配置。应用可以详细规定：哪个数据中心包含哪些数据，数据距离用户有多远（控制用户读取数据的延迟），不同数据副本之间距离有多远（控制写操作的延迟），以及需要维护多少个副本（控制可用性和读操作性能）。数据可以动态、透明地在数据中心之间移动，从而平衡不同数据中心内资源的使用。

● 读写操作的外部一致性，时间戳控制下的跨越数据库的全球一致性的读操作。

Spanner 的这两个重要的特性使得 Spanner 可以支持一致性的备份、一致性的 MapReduce 执行和原子性（Atomic）的模式更新，所有这些都是在全球范围内实现，即使存在正在处理中的事务也可以。

Spanner 的全球时间同步机制是用一个具有 GPS 和原子钟的 TrueTime API 提供的。TrueTime API 能够将不同数据中心的时间偏差缩短在 10ms 内。这个 API 可以提供一个精确的时间，同时给出误差范围。TrueTime API 直观地揭示了时钟的不可靠性，它运行提供的边界更决定了时间标记。如果不确定性很大，Spanner 会降低速度来等待不确定因素的消失。

TrueTime 技术被认为是 Spanner 可以实现跨大洋数据中心的交易强一致性的使能科技（Enabling Technology），通过它可以实现分布式 lock-free 的只读交易、二段锁（2PL，Two-phase Locking）写交易。图 2-28 展示的是在美国、巴西与俄罗斯三个数据中心间实现并发读写交易一致性的时序图。

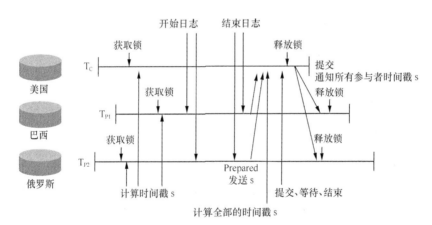

图 2-28　Spanner 的 commit-wait 与 2-phase commit[18]

Spanner 系统中还有一些引领业界潮流的架构设计。

● 一个 Spanner 部署实例称之为一个 Universe。而谷歌在全球范围内置用了 3 个实例：一个开发，一个测试，一个线上。因为一个 Universe 就能覆盖全球，谷歌认为他们不需要更多实例了。

- 每个 Zone 相当于一个数据中心，一个 Zone 在物理上必须在一起。而一个数据中心可能有多个 Zone。可以在运行时添加移除 Zone。一个 Zone 可以理解为一个 BigTable 部署实例。

其他业界知名的 NewSQL 系统还有如下。

- Clustrix：一家旧金山的创业公司的产品，Percona 早前曾做过测试表明一个 3 节点的集群（Cluster）比一个类似处理能力的单节点 MySQL 服务器性能高 73%，并且 Clustrix 的性能随节点数增加呈线性增长！

- Gemfire XD：Pivotal 公司的基于内存的 IMDG（In-Memory Data Grid，数据网格产品）产品，区别于基于内存的数据库的主要之处是其强大的可扩展性（通常可以到几千个节点），尽管它也能提供部分 SQL 访问接口，但是更多的为了实现高性能计算和实时交易处理。经典应用场景如 12306 网站的车票预订系统的后台就是 10 对 X86 服务器搭建而成的 Gemfire XD IMDG ——每天 14 亿次页面浏览、每秒超过 4 万次访问，服务超过 5,700 个火车站 [19]。

- SAP HANA：恐怕是业界最为知名的商用 NewSQL 型数据库系统了。一款完全基于内存的关系型列数据库（Column-oriented RDBMS），支持实时的在线分析处理（OLAP）与交易处理（OLTP）。SAP 为了推出 HANA 前后收购了多家公司的核心技术，其中至少 3 个技术值得一提：基于内存 TREX 列搜索引擎、基于内存的 P*Time OLTP 数据库以及基于内存的 liveCache 引擎。HANA 的战略重要性如此之高，SAP 似乎已经把全部赌注压在其上了。整个业界对于实时性、低延迟的越来越高的期待似乎与 SAP 的赌注颇为吻合。到目前为止 SAP HANA 的客户每年在以翻倍的速度增长，而整个 SAP 的云计算+大数据分析战略似乎都围绕着 HANA 在构建。

这个列表可以很长，在此不再赘述，有兴趣深究的读者可以自行展开研究。

2.3.2　OLAP 阵营

OLAP 阵营主要有两大主流方向，一个是基于 MapReduce 而构建的 Hadoop 生态圈，另一个是 MPP（大规模并行）数据库阵营。不过 MPP 数据库通常兼具 OLAP 与 OLTP 的能力，在本书中把 MPP 数据库与 OLAP 类型大数据系统并列。

Hadoop 的整体架构其实非常简单，用公式表达就是：

$$Hadoop=HDFS+MapReduce$$

HDFS 负责存储，MapReduce 负责计算。HDFS 分布式文件系统的设计核心理念（设计目标）有三条：

（1）可以扩展到数以千计的节点；

（2）假设硬件、软件的故障、失败十分普遍；

（3）一次写入，多次读写（写在 HDFS 中特指文件添加操作）。

前两条比较容易理解，几乎所有的新型分布式系统都秉持类似的设计理念，特别适合于用商用硬件构建高度可扩展的高性能系统（例如，实现随节点数增加的线性或近线性系统性能提升）。第三条指的是 Hadoop HDFS 适用于 CRAP（Create-Read-Append-Process）类型文件操作，相对于 RDBMS 时代的 CRUD（Create-Read-Update-Delete）类型数据集操作而言，CRAP 对已建立的数据集主要为读操作，以及在尾部添加操作，而不是 CRUD 类型的更新与删除操作，其主要原因是更新与删除操作在分布式系统中通常代价都比较昂贵。以 HDFS 为例，对文件的更新或删除操作意味着多个 Block 可能需要被更新及跨主机、机架同步，随着存储系统越来越便宜，在 HDFS 上的数据基本上不用专门去删除。

HDFS 中的文件由一组块（Blocks）组成，每个 Block 被单独存储在本地磁盘上。块的放置策略是 Hadoop 的一大特点，如图 2-29 所示。

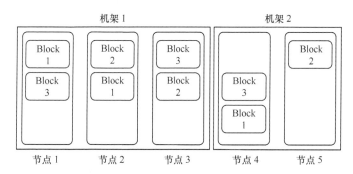

图 2-29　Hadoop 块放置策略示意图（复制系数 3）

HDFS 的默认块放置（3 份拷贝）策略如下。

● 写亲和（Close-to-Writing-Source）：放置第一份拷贝于创建文件节点（以保证数据获取速度）。

● 最小跨机架开销（Minimal Inter-Rack Traffic）：第二份拷贝写在与第一份同机架上的另一 HDFS 节点上。

● 可容忍网络交换机故障（Switch-Failure Tolerance）：第三份拷贝写在与第一、二份拷贝不同的机架上（以确保单一机架故障不会导致系统整体下线）。

HDFS 的数据存储冗余设计充分考虑了数据访问速度（可用性）与安全性（灾备），在后来的分布式处理架构中被广泛地借鉴和采用。

HDFS 采用 C/S 架构，逻辑也非常简洁，如图 2-30 所示，由 NameNode 与 DataNode 两类节点组成，NameNode 扮演服务器角色，DataNode 集群扮演客户端角色。

NameNode 主要负责 HDFS 文件系统中文件与目录的相关属性信息（访问权限、创建与修改时间等），以及维护命名空间（Namespace）中的文件与 DataNode 上的映射关系（如文件块在 HDFS 集群中的分布信息）。为了避免单点故障，NameNode 可以设有 BackupNode 或 CheckPointer 节点，来保证高可用性。同时，用户数据不会流经 NameNode，而通过 DataNode 与客户端直接交互。在写操作中，NameNode 会根据复制系数告诉客户端直接把块文件传送给指定的 DataNodes 上；而在读取操作中，NameNode 会把块文件的位置信息返回给客户端，然后客户端直接从多个 DataNode 中读取。

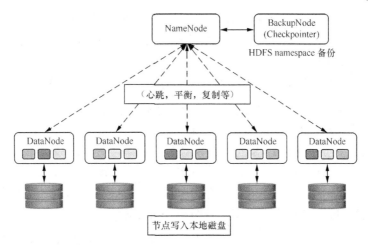

图 2-30　Hadoop 架构：NameNode 与 DataNode

HDFS 支持动态的 DataNode 的横向扩展与再平衡（Scale-Out and Re-balancing），当 NameNode 检测到新的 DataNode 加入集群后，文件块会根据现有策略自动复制到新节点以实现负载的均衡分布。

Hadoop MapReduce 是用于分析存储在 HDFS 之上的大数据的编程框架，它包括库与运行时（libs & run-time）。MapReduce 的工作也是由两部分组成：

$$MapReduce=Map()+Reduce()$$

其中，Map() 负责分而治之，Reduce() 负责合并及减少基数。调用者只需要实现 Map() 与 Reduce() 的接口。

MapReduce 的理念在大数据管理与分析中非常具有代表性，我们可以称之为：大数据的分而治之法则！简而言之就是把一个大的问题（或数据集）切分（Map!）为多个小的子问题，在所有子问题上进行同样的操作，然后把操作结果合并生成（Reduce!）总的结果。

关于 Hadoop，我们再了解一下其架构及其生态系统（见图 2-31）。除了 HDFS 与 Map Reduce，Hadoop 的核心架构还有另外两样东西：Hadoop Common 与 Hadoop YARN，前者提供底层通用库与工具组件，后者是集群（Cluster）资源管理器。

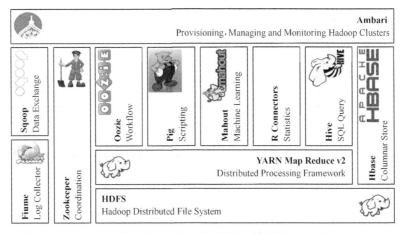

图 2-31　Hadoop 生态系统：技术栈

Hadoop 在 v2 当中对 v1 的体系架构进行了大刀阔斧的革新,除了增加了对文件写的支持,还包括把 MRv1(MapReduce v1)中原有的 JobTracker 与 TaskTracker 功能(分别对应 HDFS 中的 NameNode & DataNode)改变为 YARN 的 ResourceManager/ApplicationMaster 与 NodeManager。在容错性方面 YARN 与 HDFS 一样被设计成支持高容错。

Hadoop 生态系统基本上都是围绕着这些核心组件而衍生出来的,如 Hive 与 Pig,可以让程序员仍旧使用他们熟悉的 SQL 编程方式来完成 MapReduce 编程。类似的还有 Impala、HAWQ 等;HBase 则是基于 HDFS 的宽表数据库;Spark 则是基于内存的集群计算架构,很多人把它理解为是 Hadoop 移入内存的解决方案,这是不准确的,应该说 Spark 在集群管理与分布式存储系统方面提供了与 Hadoop 兼容的选项(如 YARN 与 HDFS),但是其架构设计本身已经完全摆脱 Hadoop 的束缚(下文中我们会对此展开论述)。

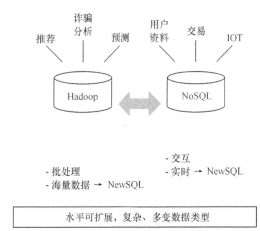

图 2-32 Hadoop vs. NoSQL

Hadoop 与 NoSQL 所使用的业务场景,架构特性等的异同用一张图来直观说明(见图 2-32)。Hadoop 与 NoSQL 的侧重点各有不同,一般而言,NoSQL 侧重交互性与低延迟(非严格意义上的实时)数据分析,而 Hadoop 侧重海量数据的批处理分析,它们两者都对原有关系型数据库的限制有了突破,但是对于强一致性交易处理(Atomicity、Consistency、Isolation、Durability,ACID),两者都很难做到。随着技术与业务需求的发展,特别是对实时在线交易处理(OnLine Transaction Processing,OLTP)的 ACID 需求与日俱增,学术界与工业界都开始关注如何实现 NewSQL 类型数据库。可以想见 Hadoop、NoSQL、流数据处理与 NewSQL 未来会在功能上出现不少的融合。正所谓天下大事分久必合。

作为本小节的总结,表 2-2 列出了 RDBMS、NoSQL、NewSQL 与 Hadoop 四大类数据处理平台的四维度(数据处理量、数据多样性、数据处理速度、ACID 支持)比较矩阵。

表 2-2   大数据处理架构比较矩阵

	数据量 Volume	种类 Variety	速度 Velocity	强一致性 ACID
Hadoop	大	多	慢	不(Trafodion*)
NoSQL	大	一般不	快	一般不
RDBMS	一般不	一般不	快	是
NewSQL	大	一般不	快	是

2.3.3 MPP 阵营

接下来我们来看看 MPP 类型数据库,和 MapReduce 类似,两者都采用大规模并行处理架构来对海量数据进行以大数据分析为主的工作,不同之处在于 MPP 通常原生支持并行的关系型查询与应用(不过这一点,Hadoop 阵营也在逐渐通过在 HDFS 之上提供 SQL 查询接口来支持查询,甚至包括关系型查询)。MPP 数据库通常具有如下特点。

- 无共享架构(Shared-Nothing):每台服务器有独立的存储、内存及 CPU,可以动态增删节点。

- 分区(Partitioning):数据分区可以跨多节点,通过分布式查询优化提高系统吞吐率。

- 在 OLAP 基础上通常也支持 OLTP 类应用。

MPP 类型数据库阵营的玩家不少,从 Amazon Redshift 到 Pivotal 的 Greenplum 到 Teradata 的 Aster 到 IBM 的 Netezza,不一而足。不过除了 Greenplum,其他产品形态全是闭源(Closed-Source)商业产品。我们以 Greenplum 为例介绍一下 MPP 数据库的架构设计。Greenplum 数据库源自于 PostgreSQL 数据库,由主实例(Master Instance)与多个区段实例(Segment Instance)联网构成(见图 2-33,一对互为备份的主节点实例与 n 台区段主机,每个主机上运行多个区段实例),每个实例都可以看作一套独立的 PostgreSQL DBMS。Greenplum 是业界第一个开源的 MPP 数据库[20],相信对想要实现 OLTP+OLAP 一体化大数据分析与管理系统的人来说这是个天大的好消息。

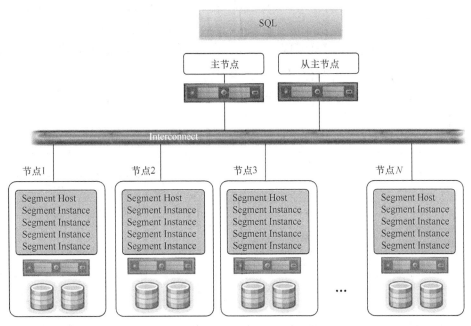

图 2-33　Greenplum/GPDB MPP 架构

Greenplum 是业界较早推出高性能并行查询优化器的 MPP 系统。它的优化器的特点是基于代价(Cost),从图 2-33 能看到客户端通过 SQL 语句来对主节点发送请求,主节点 SQL 查询解析器与优化器会自动制定最高效的查询执行计划,查询计划包括 scans、joins、sorts、aggregations 等多个切片,每个切片在各个 Segment 节点上并发执行(见图 2-34),Segment 间通信由 Motion 操作来完成。区别于传统的关系型数据库,Motion 操作支持高度并发,它被用来实现查询执行过程中数据何时、何种方式在不同节点间传送(保证代价最低,如数据传输量最少、节点带宽最高等）。Motion 支持三类操作：广播（Broadcasting）、重分布（Re-distribution）以及收集（Gathering）。

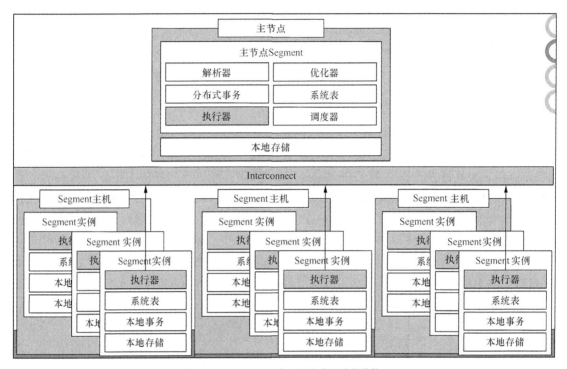

图 2-34　Greenplum 主、区段实例功能堆栈

Hadoop 与 MPP 阵营存在很多异同，笔者在这里列了一张它们之间的特征比较表，见表 2-3。

表 2-3　　　　　　　　　　　　Hadoop 与 MPP 特征比较 [21]

	Hadoop	MPP
可扩展性	可以达到数千节点	通常不超过 1,000 节点
查询延迟	~20 秒	不超过 100 毫秒
平均查询需时	十数分钟	数秒钟
最大查询需时	<2 周	<2 小时
查询优化	未优化，通常不基于成本	基于成本的，高度优化
最大并发查询数	10～20	几十～几百
最终用户访问	用户负责执行逻辑，SQL 通常不完全兼容 ANSI	简单 SQL 接口及数据库功能
Vendor 锁定	通常不	一般而言是的
系统成本	每节点最多几千美元	每节点上万美元
平台开放性	几乎完全开源的生态系统	绝大多数闭源、商业版本
硬件选择	通用硬件、DAS 存储	通常为一体机方式，高性能网络、存储、定制化服务器

2.3.4　流数据处理阵营

数据流管理来自于这样一个概念：数据的价值随着时间的流逝而降低，所以需要在事件发生后尽快进行处理，最好是在事件发生时就进行处理（即实时处理），对事件进行一个接一个处理，而不是缓存起来进行批处理（如 Hadoop）。在数据流管理中，需要处理的输入数据并不存储在可随机访问的磁盘或逻辑缓存中，它们以数据流的方式源源不断地到达。

数据流通常具有如下特点。

● 实时性（Real-time）：数据流中的数据实时到达，需要实时处理。

● 无边界（Unbounded）：数据流是源源不断的，大小不定。

● 复杂性（Complex）：系统无法控制将要处理的新到达数据元素的顺序，无论这些数据元素是在同一个数据流中还是跨多个数据流。

流数据处理阵营有两类解决方案。

● 流数据处理：Spark Streaming、Storm、Apache Flume、Flink 等。

● 复杂时间处理与事件流处理（CEP/ESP）：Esper、SAP ESP、微软 StreamInsight 等。

在分别介绍这两类解决方案前，我们先温习一下大数据处理的两种通用方法：MPP 与 MapReduce，这两种方法的共同点就是采用分而治之的思想，把具体计算迁移到各个子节点，主节点只承担任务协调、资源管理、通信管理等工作。通过这种方式，集群的处理能力往往和节点数量线性相关，面对海量数据，自然也游刃有余。针对海量数据，这两种方式都强调计算要发生在本地，就是说，在分配任务的时候，尽可能让任务从本地磁盘读取输入。不过，在流处理的应用场景下，这两种处理方式都遇到了不可克服的困难。一方面，当数据源不断地流入系统，不同时间段数据产生的频率和分布都有可能发生很大的变化，但是系统对于数据的这种变化理解有限，很难有效地进行预测，从而发展出有效的分治算法。其次，常用的方式都是批处理，就是说，系统创建特定任务来处理给定的数据，处理完毕以后，任务就结束了。这种批处理的方式处理流数据，显然不合适。另一方面，流处理系统的适用场景往往对系统反应时间有苛刻的要求，比如，高频交易系统需要在极短时间内完成计算并做出正确的决定，MPP 与 MapReduce 类系统面对这个挑战都难以胜任。

人们也试图在这两种方式的基础上开发出适合流数据的系统。比如 Facebook 公司在开发 Puma 的时候，一个最终没有被采用的设计方案就是把源源不断产生的数据都保存到 HDFS 中去，然后每隔特定的时间（比如每分钟）都创建一个新的 MapReduce 任务来处理新的数据，从而得到结果。种种权衡之后，这个方案没有被采用，一个可能的原因就是这个方案还是不能保证系统的低延时（不能在指定时间内返回相应的结果）。为此，工业界实现不少分布式流计算平台，在早期（2011—2012 年前后）影响力比较大的有 Twitter 公司的 Storm、EsperTech 公司的 Esper 以及 Yahoo!公司的 S4，不过后来随着 Apache Spark 的崛起，涌现了一批新的流数据处理架构，如 Spark Streaming、Apache Flume、Apache Flink 等解决方案。

值得一提的是，CEP 类型的大多为商业解决方案（Esper 提供开源版本，不过 EsperTech 主要靠卖商业版 Esper Enterprise 讨生活），而基于流数据处理架构的解决方案则以开源为主。

我们下面分别了解一下 Storm 和 Esper 系统架构。

（1）Storm 系统。

关注大数据的人对 Storm 应该不会陌生，Storm 由一家叫 BackType 的小公司的创始人 Nathan Marz 开发。后来 BackType 公司被 Twitter 公司收购，于 2011 年 9 月 17 号把 Storm 开源，并于 2013 年 9 月进入 Apache 软件基金会孵化，2014 年 9 月 17 号正式成为基金会一级项目。Storm 核心代码是由 Clojure 这门极具潜力的函数式编程语言开发的（Clojure 可以被看作 Lisp 语言的变种，支持 JVM/CLR/JavaScript 三大引擎，由于它无缝连接了 Lisp 与 Java，业界认为 Clojure 兼具美学+实用特性，从而一经面世便游行开来），这也使得 Storm 格外引人注目。

Storm 体系架构中主要有两个抽象化概念需要先行了解。

- 拓扑（topologies）：可以比作 Hadoop 上的 MapReduce jobs，主要的区别在于 MapReduce jobs 早晚会结束，而 topologies 永无休止（流数据的无边界特征），每个拓扑由一系列的 Spout 和 Bolt 构成（见图 2-35 左）。

- 数据流（streams）：streams 是由连续的元组（tuples）构成的。它是在构成拓扑的 Spout 与 Bolt 之间流动。Spout 负责产生数据（如事件），Bolt 负责处理接收到的数据，Bolt 可以级联（见图 2-35 右）。

在定义一个 Storm topology 过程中需要给 Bolt 指定接受哪些 streams 的数据。一个 stream grouping 定义了如何在 Bolt 的任务中对 stream 来分区。Storm 提供了八种原生的 stream groupings：Shuffles、Fields、Partial Keys、Global、None、Direct、Local 以及 All grouping，其中 Shuffle grouping 保证事件在 Bolt 实例间随机分布，每个实例都收到相同数量的事件。

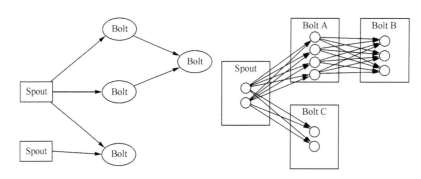

图 2-35 Storm topologies, Bolt 级联以及 stream grouping[22]

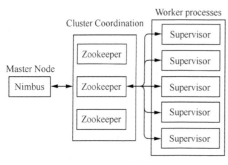

图 2-36 Storm 集群组件

Storm 集群与 Hadoop 颇为类似（想必是受了 Hadoop 的启发，毕竟大规模分布式大数据处理系统开源之鼻祖是 Hadoop，而且它的 HDFS 与 MapReduce 的设计那是相当值得借鉴），由 Master 节点与 Worker 节点们构成，Master 上跑着 Nimbus 守护进程（daemon），类似于 Hadoop 的 JobTracker，负责在集群中分发代码，分配任务，监控集群等（见图 2-36）。

Worker 节点上运行的守护进程叫 Supervisor，负责接收被分配的任务，启动或停止 Worker

进程等。每个 Worker 进程处理一个 topology 的子集，一个 topology 可以包含可能跨多台机器的多个 Worker 进程。

Nimbus 与 Supervisor 之间的协作通过 Zookeeper（Apache Zookeeper 是一套分布式的应用协调服务，提供包括配置、维护、域名、同步、分组等服务）集群来实现。Nimbus 与 Supervisor 守护进程都是无状态（Stateless）且故障自保险（Fail-Safe）的，它们的状态都保持在 Zookeeper 或本地磁盘上，就算是杀掉了 Nimbus 或 Supervisor 进程，重启后还会继续正常工作。这样的设计保证了 Storm 集群的高度稳定性。

（2）CEP 系统。

让我们来看一下 CEP 系统与解决方案的设计理念。绝大多数 CEP 方案可以分为两类：

● 面向汇聚（Aggregation-oriented）的 CEP；

● 面向侦测（Detection-oriented）的 CEP。

前者主要对流经的事务数据执行在线算法（Online-Algorithms），例如对数据流进行均值、中间值等计算；后者主要对数据流中的数据是否会形成某种趋势或模式进行探测。

而我们要关注的 Esper 则对以上两种方案兼而有之，它是 EsperTech 公司的 CEP 产品，整体架构有三大组件（见图 2-37）。

● Esper 引擎：有 Java 和.Net（C#）两大版本，.Net 版本前面有个 N，叫作 NEsper，这两个引擎都是开源的。

● EsperEE：熟悉 Java 的一眼就可以看出，这是闭源企业版（Enterprise Edition）。

● EsperHA：提供 high-availability（高度可用性），也意味着 fast-recovery（快速故障或宕机恢复），EsperHA 还支持高性能的写操作。

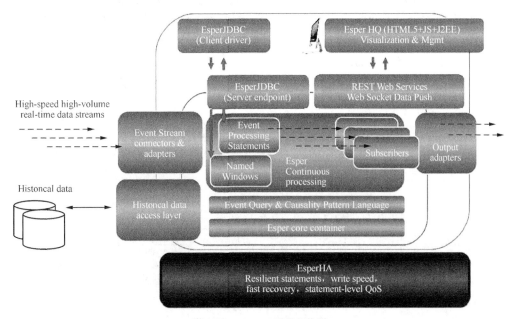

图 2-37　EsperEE 设计架构图

Esper 扩展了 SQL-92 标准，实现了一种私有化语言 EPL（Event-Processing Language），非常适合对时间序列数据进行分析处理以及侦测事件发生，它提供了聚集（Aggregation）、模式匹配（Pattern Matching）、事件窗口（Event Windowing）以及联表（Joining）等功能。对于熟悉 SQL 语言的人，EPL 非常容易上手，例如在 Esper 系统中当发现 3 分钟内有超过（含）5 个事件发生的条件得到满足时立刻报告，只需要如下简单的操作：

select count（*） from OrderEvent.win：time（3 min） having count

（*） >= 5

最后，作为本节的总结，我们从可靠性、运维、成本、实时性、数据规模等维度考察 NoSQL、Hadoop、RDBMS 与流处理架构，它们的优劣比较如图 2-38 所示。

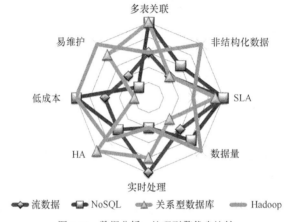

图 2-38 数据分析、处理引擎优劣比较

很显然，没有任何一款单一的大数据架构是完美的。数据规模大的，就很难保证系统响应实时性，可以实现复杂的强一致性的系统，成本必然不会很低，运维起来恐怕也十分复杂。在实践中我们通常会根据业务具体需求与预期，把两种或多种大数据解决方案组合在一起，例如 Hadoop 的 HDFS 可以被解耦出来作为一个通用的数据存储层（Data-Persistence Layer），NoSQL 用来提供可交互查询后台，关系型数据库依然可以被用来做关系型数据的实时查询……图 2-39 示意了这样一种多方案融合而成的大数据平台架构方案。

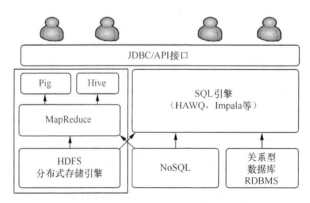

图 2-39 大数据平台架构复合解决方案

第 2 章参考文献

1．The Origins of 'Big Data'： An Etymological Detective Story, http：//bits.blogs.nytimes.com/2013/02/01/the-origins-of-big-data-an-etymological-detective-story/?_r=0&module=ArrowsNav&contentCollection=Technology&action=keypress&region=FixedLeft&pgtype=Blogs

2．The Evolving Role of News on Twitter and Facebook by Michael Barthel, Elisa Shearer, Jeffrey Gottfried and Amy Mitchell, http：//www.journalism.org/2015/07/14/the-evolving-role-of-news-on-twitter-and-facebook/

3．The Zettabyte Era：Trends and Analysisby, Cisco Visual Network Index initiative, May 2015, http：//www.cisco.com/c/en/us/solutions/collateral/service-provider/ip-ngn-ip-next-generation-network/white_paper_c11-481360.html

4．Internet Live Stats – 1 second, http：//www.internetlivestats.com/one-second/

5．Connecting the IOT： The Road to Success, http：//www.idc.com/infographics/IoT

6．A Guide to the Internet of Things Infographic by Intel, http：//www.intel.com/content/www/us/en/internet-of-things/infographics/guide-to-iot.html

7．The Four V's of Big Data by IBM, http：//www.ibmbigdatahub.com/infographic/four-vs-big-data

8．The Google File System by Sanjay Ghemawat, Howard Gobioff and Shun-Tak Leung from Google – SOSP'03

9．Big Data： The next frontier for innovation, competition, and productivity by James Manyika, Michael Chui, Brad Brown and others , http：//www.mckinsey.com/business-functions/business-technology/our-insights/big-data-the-next-frontier-for-innovation

10．History of Computer– Semyon Korsakov, http：//history-computer.com/ModernComputer/thinkers/Korsakov.html

11．Sony's 185TB Data Tape puts your hard drive to shame, http：//www.engadget.com/2014/04/30/sony-185tb-data-tape/

12．Erasure Coding in Windows Azure Storage by Cheng Huang, Huseyin Simitci, Yikang Xu, Aaron Ogus and others from Microsoft Corporation , http：//research.microsoft.com/en-us/um/people/chengh/papers/LRC12.pdf

13．Finding a needle in Haystack：Facebook's Photo Storage by Doug Beaver, Sanjeev Kumar, Harry C. Li and others from Facebook Inc., https：//www.usenix.org/legacy/event/osdi10/tech/full_papers/Beaver.pdf

14．Expectation-Maximization Algorithm , https：//en.wikipedia.org/wiki/Expectation%E2%80%93maximization_algorithm

15．H-Store, a parallel database management system optimized for OLTP application , http：//hstore.cs.brown.edu/

16．What we talk about when we talk about NewSQL by Matthew Aslett, https：//blogs. the451group.com/information_management/2011/04/06/what-we-talk-about-when-we-talk-about-n ewsql/

17．VoltDB , https：//voltdb.com/

18．Spanner, a globally distributed database by Google by Choo Yun-cheol, http：//www. cubrid.org/blog/dev-platform/spanner-globally-distributed-database-by-google/

19．Case Study： Scaling Reservations for the World's Largest Train System, China Railways Corporation by Stacey Schneider, https：//blog.pivotal.io/pivotal/case-studies/china-railway-corp-for-chinese-new-year-chunyun

20．Greenplum-DB , https：//github.com/greenplum-db/gpdb

21．Distributed Systems Architecture by Alexey Grishchenko , http：//0x0fff.com/hadoop-vs-mpp/

22．Apache Storm Tutorial , https：//storm.apache.org/documentation/Tutorial.html

云 计 算 与 大 数 据 体 系 架 构 剖 析

云计算与大数据的到来一前一后，但两者之间又是相辅相成的关系。云计算改变了 IT，大数据改变了业务。云计算作为基础架构与平台化运维的使能者为大数据系统的实现提供了弹性、敏捷性与健壮性；大数据作为一种主要的应用类型也持续地推动了底层云基础架构向高效性、实时性、基于 API 的互联互通方向发展。本章我们将就开源、闭源、软件定义、一切皆服务等行业趋势展开论述。

3.1 关于开源与闭源的探讨

3.1.1 软件在吃所有人的午餐！

无论媒介的形式是软件还是硬件，开源与闭源指的都是信息（特别是科技信息）被共享的方式。开源通常被无差别地等同于免费（尽管不准确，但是大体上是不错的），而闭源则通常以携带 copyright（版权）的方式呈现，需要付费购买。

以史为鉴，笔者把人类开源的发展史划分为 7 个阶段，如图 3-1 所示。最早的开源可追溯到互联网出现之前的汽车工业时代。1911 年，福特汽车之父 Henry Ford 打赢了一场美国司法历史上著名的历时八年之久的专利官司，导致从 1895 年开始就垄断汽车发动机两冲程引擎专利技术的律师 George B. Seldon 再也无法以独享（闭源）专利的方式从数以千家的美国汽车企业（是的，没有看错，和今天的中国汽车生产企业数量一样多，但是最后终将只剩下三家）那里征收专利费用了。随之形成的机动车厂商联盟在其后的数十年间免费（"开源"）共享了数以百计的专利技术。

图 3-1　技术信息开源发展历程

时间推进到 20 世纪 70 年代，ARPANET 等机构在美国政府的推动下联合企业与高校催生了互联网的核心网络技术堆栈——如 TCP/IP 技术。而 ARPANET 成员间制定和分享技术标准的媒介为 RFC（Request-for-Comments），即 IETF（Internet Engineering Task Force，互联网工程任务组）组织发布的 RFC 文档。从 1969 年最早的 RFC 到目前为止有超过 7,000 个 RFC[1]。其中最著名的有如 RFC 791（IP 协议）、RFC 793（TCP 协议）、RFC 768（UDP 协议）等。

20 世纪 80 年代见证了免费软件（Free Software）运动的诞生，始作俑者非当时尚在 MIT 的 Richard Stallman（RMS）莫属。他最早于 1983 年在 USENET 上面宣布开始编写一款完全免费的操作系统 GNU（GNU's Not UNIX——时代背景为当时流行的操作系统 UNIX 100% 被商业企业闭源控制）。为了确保 GNU 项目代码保持免费并可被公众获取，RMS 还编写了 GNU GPL（GNU General Public License，通用大众版权）。GNU 的创立为 Linux 最终的诞生（1991 年 Linus Torvalds 编写的 Linux 内核问世，采用 GPL v2 许可）铺平了道路，而 GPL 则逐渐成为开源最主要的版权许可方式。

RMS 的另一大贡献是以组织、机构的方式系统化地推动免费软件深入人心。他于 1985 年成立了 FSF（Free Software Foundation，免费软件基金会），业界为此有了个充满政治含义的新名词——FSM（Free Software Movement，免费软件运动）。从最早的 GNU 项目到后来的 LAMP，到近年来经互联网公司大肆鼓吹的共享经济形态，究其根本是，如果有免费的"午餐"（来替代需付费的产品或服务方式），绝大多数人会趋之若鹜，此人性也。免费理念与实践之集大成者非 RMS 莫属。

真正的开源（Open-Source）软件要到 1998 年 1 月，Netscape 公司宣布把 Navigator（1994 年问世的第一款互联网浏览器，Mozilla Firefox 的前身）浏览器的代码开源。RMS 在第一时间意识到开源的潜在价值，同年二月即成立了 OSI（Open-Source Initiative，开放源码促进会）。如果说前面的 FSM 为颠覆 20 世纪 60—70 年代 UNIX 系统的商业垄断而生，而 OSI 则是预见性地用开源去引领互联网时代的科技进步，开创了一条与商业+闭源不同的道路。另一个因素要归功于黑客文化（Hacker Culture）——RMS、Linus Torvalds 这些人都是不折不扣的黑客出身。黑客一词是一个在西语语境中趋于中性甚至偏褒义，在中文语境中略偏贬义的词汇，不过，在云与大数据的时代随着越来越多的中国青年一代接触和融入到更多的开源项目与社区中，相信中国的"黑客"必将绽放异彩。

GNU 免费软件项目出现的时候其目标是构建一个完整的、可以取代 UNIX 操作系统的集编程、编译、调试、集成与运行环境于一体的生态系统。显然这个宏大的目标在头十年内（1983—1993 年）并没有实现，而最完整的实现是 LAMP 开源技术栈（见图 3-2）。广义的 LAMP 可延展至包含一切接入互联网的软件、固件、硬件乃至内容与服务的使能型开源科技。LAMP 的出现极大地推动了局域网向互联网跨越，继而奠定了云计算与大数据的技术基础，并经一路攻城略地成为主流技术（LAMP 所代表的四大典型开源技术，Linux、Apache、MySQL、PHP/Python 分别在服务器操作系统、WWW 服务器、数据库及编程语言市场占有率接近或超过 50%，并有继续上升的趋势。广义的 LAMP 可以非常宽泛，在操作系统层面可包含 BSD 等系统，如 Yahoo! 公司偏好的 FreeBSD，WWW 服务器包含 Nginx 等，数据库还包含 PostgreSQL 等，编程语言则可以泛指新兴的开源语言如 Ruby/RoR 等）。

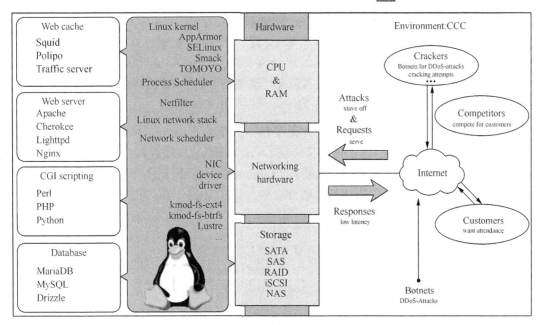

图 3-2　LAMP 开源栈与系统环境

开源技术在最早期并非纯粹以商业目的为驱动，确切地说是一种黑客文化（Hacker Culture），以 RMS 为首的开源推动者们认为开源+共享+众筹是更高层次的精神享受（成就感）继而带来更高的劳动生产率（效率）——这一点和当下的互联网思维如出一辙。不过商业界不会错过任何提高 ROI（Return-on-Investment，投入产出比）的机遇，以 IBM、惠普、华为、甲骨文还有无数的互联网公司为代表，无一不是或转型来积极拥抱开源或从第一天开张即是开源驱动，即便是以偏执于闭源科技而著称的微软，也不得不在近些年开始拥抱开源软件技术（如容器计算兼容 Docker）以获得更广泛的市场认知度。开源如此强势，恐怕是很多人始料不及的。

毋庸置疑，开源对传统的商业模式是一种颠覆，它以一种免费+开放的姿态赢得了黑客（Hacker）群体的心，鼓动了一批又一批的程序员投身开源社区，孜孜不倦地为开源项目贡献代码、编写文档、四处宣讲（例如近来流行的各种 meet-up，是开源项目积聚人气的一种新宣讲方式）。对于长期以来只有商业+闭源一条独木桥可走的需求侧企业与机构而言，开源显然提供了另一条路（不过可能是康庄大道也可能是荆棘小路，简单来说，开源看起来很美，用好却很难，基于开源构建的产品与解决方案对于系统设计、开发、维护、升级、定制等一系列的需求通常远超想象）。对于供给侧而言，拥抱开源则是冰火两重天，一方面是积极拥抱开源可能会创造新的业务模式与现金流，另一方面是老的业务模式几乎一定会面临缩减、枯萎（这种现象我们称之为 cannibalization，即业务间的"自相残杀"）。一个现实的问题是，对于工程师（特别是软件工程师）而言开源提供了新的就业机会，不过，同时也意味着那些曾经在微软、甲骨文这些主流商业、闭源体系架构上求生的成千上万的工程师会逐渐失去工作——颠覆，永远都是相当残酷的。

业界的另一个大趋势，是随着底层硬件的同构化（通用化、商品化），系统主要的差异性都通过软件来体现（例如，虚拟化，容器化，软件定义的计算、网络、存储等）。软件，无论开源与否，以其远超硬件的灵活性（可定制性、可编程性、可二次开发性）顺应并引领了信息时代需求多变的特点而越来越受到青睐。其结果是硬件研发厂商几乎都是赔钱赚吆喝，而软件开发商则在金字塔的顶端拿走了整个产业链最大头的利润。以手机行业为例，那些手机代工厂，大如鸿海（富士康），组装生产一部手机获利不超过 4 美元，而苹果公司通过控制手机操作系统和其上的软件商店，每部利润超过 200 美元。另外，整个智能手机产业的利润的 94% 都属于苹果公司——软件的力量让人惊诧。软件是否在吃我们所有人的午餐（Software is eating our lunch）？也许，我们要用更久的时间来回答这个问题。

接下来让我们聚焦大数据与云计算体系架构，无论是 Hadoop、NoSQL 还是 NewSQL，无论是 IaaS、PaaS 还是 SDX（软件定义一切），它们都具有一个共性——分布式处理系统架构，而大多数的分布式系统是采用商品硬件（Commodity Hardware）平台作为底层支撑架构。我们在本章后续部分中将分别阐述商品硬件趋势、软件定义一切、硬件回归三个前后关联的议题（如图 3-3 所示）。

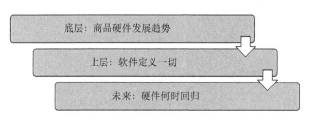

图 3-3　软件在统治世界，硬件在哪里？

3.1.2　商品化硬件趋势分析

笔者将商品化硬件（Commodity Hardware）的发展历程分为 6 个里程碑（如图 3-4 所示），我们在此逐一梳理。

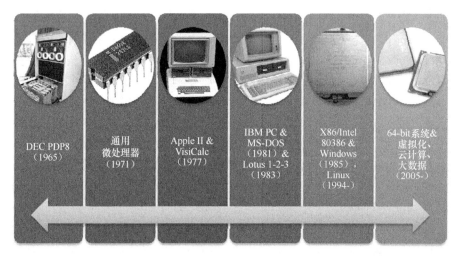

图 3-4　商用（通用）硬件发展之路

时光倒推 50 年，1965 年 DEC 公司推出了一款叫 PDP-8 的计算机，虽然有冰箱那么大，但是在大型机、小型机称霸的年代，这是第一款小到每个房间都能放下，每个业务部门都可以拥有一台，而不需要大费周章到董事会集体决议才能采购的商品级计算机。不过，DEC 开创的这个市场，在相当长的时间内还没有软件（早期的 PDP-8 系统没有操作系统，完全通过二进制交互，中期版本出现了纸带机驱动的操作系统，直到 1971 年前后才出现现代意义上的原始操作系统 OS/8），不同厂家之间的硬件也没有兼容性可言。

第一款商品级通用微处理器（Microprocessor）于 1971 年面世，之所以称之为商品级，是因为它的售价只有 60 美元，远远低于同期的其他处理器。比起今天动辄 64 位的处理器，当年 Intel 推出的 Intel-4004 微处理器仅支持卑微的 4 位 CPU，显然他们也意识到这一点，不到 1 年之后，8 位微处理器 8008 就面世了（是 1974 年面世的著名的 Intel-8080 微处理器前身，随后的 16 位处理器 Intel-8086 是基于 8080 改进的）。这当中一个小插曲和大家分享：尽管 Intel 一直宣称它们最早设计和生产了通用微处理器，不过 TI（德州仪器）在 1971 年稍早的时候就已经研制成功了第一块单片机（也是 4 位），并同年申请了专利。Intel 事实上在 1971 年和 1976 年与 TI 达成了互用版权协议（Cross-Licensing），也就是说 Intel 每卖一块微处理器都要向 TI 付版权税（Royalties），而 TI 的基于自家 4 位微处理器技术的 TMS 1000 芯片实现的功能是一个简单的计算器。

第一台商品级微机（Microcomputer）是 Apple 公司 1977 年推出的 8 位家用电脑 Apple II，基于名不见经传的 MOS 科技的 8 位微处理器（因为 MOS 科技的处理器比同期的 Intel 或摩托罗拉的要便宜至少 80%，直接导致处理器市场的全面降价，进而推动了 20 世纪 80 年代的 PC 市场的指数级增长）。Apple II 的出现带来的最重要的颠覆除了集成化的键盘与显示设备，还有它后来于 1979 年内置了图表处理软件 VisCalc——所谓的杀手级软件应用，第一次让微机变得有"普世价值"（美国人民大抵是算术普遍较差，于是计算器、图表计算之类的软硬件需求极大。如果没有这种群众市场基础，想必也不会有苹果公司的第一次爆发）。

不过苹果机创造的市场成功神话（营收每 4 个月翻倍）很快被 1981 年上市的 IBM PC 打断了，这一次主角不再是升级换代的硬件（基于 Intel-8088 微处理器），而是操作系统（PC-DOS）与杀手级软件（Lotus 1-2-3）。PC-DOS 实际上是由 IBM 委托微软开发的 MS-DOS，IBM 也试图向消费者兜售更为强大但数倍昂贵于 DOS 的其他操作系统（如 CP/M86 和 UCSD p-System），不过群众们似乎对于价格异常敏感，超过 96%的用户选择使用 DOS。Lotus 1-2-3 则大可看作 VisCalc 的大幅进阶版本，一套完整的工具软件（Productivity Software）。有了这两样利器，IBM PC 迅速取代了 Apple II，并真正意义上进入千家万户，改变了人类工作、生活的方式。另外，尽管 IBM 从未正式承认过，IBM PC 的设计理念至少在早期阶段全面借鉴 Apple II，理念上颇有些类似华为的跟随+超越的策略，从这个角度上看商品级微机并非颠覆式创新，而是渐进式创新。

随着 X86 架构、操作系统的快速发展，到了 1985 年，Intel 80386 与 Microsoft Windows 1.0 相继问世。商品化微处理器在摩尔定律的预言下处理能力逐年提升，价格逐步下降；操作系统从原有的纯文本界面的 MS-DOS 进入到图文并茂的时代；在底层硬件的强力驱使下，软件的功能性、多样性、并发性呈现指数型增长。之后的十几年中，PC 生态圈迅速扩大，特别是 1994 年 Linux 操作系统的出现，让颠覆了 UNIX 操作系统的 Windows 颇感自己会被 Linux 颠覆（好在和多数开源项目一样，Linux 还是属于黑客群体追捧的对象，虽然在服务器端受到了如 IBM 等大腕的强力支持，在注重用户体验的 PC 端，Windows 的 90%市场份额的垄断地位依旧无人可以撼动）。性价比高超的基于 X86 架构的 PC 携带着丰富的软件生态系统攻城略地，让大、小型机逐步地退出历史舞台。这一时代我们也称之为第二平台时代。这一时代前期（1985—

1995）软件系统与应用几乎清一色为闭源+商业版本；而此后的数十年内（1995—现在）则见证了以 LAMP 为代表的开源+免费软件生态系统的风起云涌。屹立操作系统市场份额 30 年不倒的微软，也在 2014 年正式让位于 Android 操作系统（基于 Linux 内核）——而 Android 的颠覆则完全是在移动终端设备上。新的硬件形态开创了全新的市场，同样的技术，如果在 PC 上也许永远无法超越 Windows，但换个领域，微软先前的积累优势反而成了行动缓慢的负担……

2005 年对于 PC 市场而言是个分水岭，X86-64 位中央处理器的推出让基于 PC 架构的服务器处理能力成倍增长，虚拟化技术让新的 PC 具有像原来的大型机一样有分时处理、服务多租户的能力，而其相对低廉的价格更是对同时期其他解决方案（如 RISC 指令集）形如一剑封喉。即便是在不计成本追求性能的超算中心（Supercomputing Center）领域，基于 X86-64 的 Intel 自 2005 年开始连续 10 年高速增长（见图 3-5），10 年内其他竞争对手几乎全部经历了销售萎缩、资产减记最终或委身于下家或破产的命运。即便是如日中天的 IBM PowerPC、Sun Microsystems SPARC 也难逃一劫，令人唏嘘。

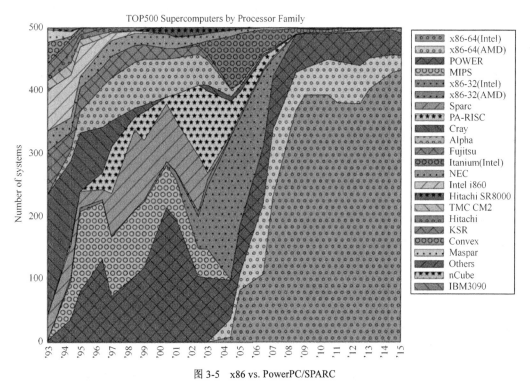

图 3-5　x86 vs. PowerPC/SPARC

硬件商品化与通用化趋势的形成主要推手有二，一是需求侧推动厂家间形成通用标准以此来避免 vendor-lockin（单一厂家锁定）；二是整个 IT 产业链之间只有形成行业标准才会大幅降低设备设计、生产、集成与互联互通的费用。剩下的工作就留给物竞天择了，行业领先者形成了规模经济（Economies of Scale）后的必然结果会是一家独大。

以 CPU 为例，Intel 在 16 和 32 位处理器的优势在 X86-64 位处理器时代初期被 AMD 公司抢走，Intel 试图推出在指令集上与 AMD 64 非兼容的 Itanium（IA-64）标准，不过市场接受度可用惨淡形容，除了惠普在其高端企业级服务器上采用了 Itanium 处理器（毕竟 Itanium 标准是 HP 制定的，Intel 是后来参与者），其他厂家则是兴趣缺乏。Intel 选择了"从善如流"——推出了兼容 AMD64 的 Intel 64 标准微处理器。后面的故事略显俗套，Intel 64 在短短的几年之内（2003—2006）从追随者变为市场的领导者，到了 2013 年，AMD 公司几乎沦落到都要插标卖首了。有一种说法是 Intel 不会让 AMD 破产，因为没了这个小玩家，美国司法部会对 Intel 展开行业垄断调查；另一方面是 PC 标准的制定巨头 IBM 与 Intel 约定必须保证有第三方提供微处理器解决方案——于是在第四家（如 ARM）厂家出现之前，AMD 不会立刻消失 [2]。

商品化硬件在 IT 领域向商品现货（Commodity Off-the-Shelf）的发展经历了以下几个阶段。

- 服务器（计算）商品化。

- 存储设备商品化。

- 网络交换商品化。

服务器商品化（Commodity Computing）的标志是业界普遍采用低性能、低成本的设备来组建服务器集群（Commodity Cluster Computing），通过并行计算来弥补单机的运算能力不足，从而取代那些高性能、高成本硬件。最典型的例子就是使用基于 x86 处理器体系架构的方案来取代 PowerPC 或 SPARC。在计算硬件商品化的过程中受到最大冲击的是 IBM 与 Sun，前者的 PowerPC 业务持续缩水，后者干脆委身于 Oracle，而获利最大的当属 Intel。

当很多人为 Amazon AWS 和 Windows Azure 的成功而弹冠相庆时，殊不知，这些大规模云数据中心服务提供上的最大开销是购买服务器，而服务器生产厂家在整个利益链条中可算是最悲催的，据悉 Azure 在批量采购服务器时要求厂家的利润率不得高于 3%，以至于 Dell、HP 这些主流大厂根本无以为继，只有一些台湾厂商为了走量还在与微软合作（这种做一单亏一单的商业逻辑着实令人费解，难道也是互联网思维使然？）。而服务器硬件成本中最大份额非 Intel 的 X86 处理器莫属——关键字"I"——IBM 与那些 PC OEM 们受到冲击，Intel 却是最大受益者。

存储硬件商品化是最近几年的事情，它主要受到了两件事情冲击：一是互联网公司与公有云服务厂家推崇的对象存储（Object Storage）的冲击在很大程度上让文件与块存储市场出现份额萎缩；二是随着软件定义的存储的出现，不同厂家之间的设备及不同类型的存储被软件定义的存储所形成的虚拟抽象层掩盖，于是底层硬件的特性（优势）在很大程度上被弱化，而具有通用性的商品化硬件在能满足主体用户群体需求的条件下，也通过集群化并发来实现高吞吐率——在存储领域我们称之为 IOPS（I/O Operations per Second），一套定制的（Bespoke/Custom-Designed）或商用现货（Commodity Off-the-Shelf）高性能存储设备可以达到 10 万甚至百万量级的 IOPS，而一台普通的 HDD 的商用现货服务器的 IOPS 不超过 1,000，即便是最高性能的 SSD/FLASH 也很难超过 10,000 IOPS。因此，多数分布式系统（如 Hadoop/NoSQL/MPP）采用多节点并发方案来实现近乎线性的 IOPS 增长。

不过，存储硬件的商品化（Commoditization）依然是件很困难的事情，特别是在对大数据、流数据处理的实时性要求越来越普遍的时代背景下，如何提升存储系统的 IOPS 呢？如图 3-6 所示，以服务器为例，其中速度最快的"存储组件"是 CPU 的 registers，随后是 SRAM，在主板上的是 DRAM 与 Server Flash，直连的通常还有全闪存阵列，再慢的就是本地的 HDD 硬盘与网络连接的存储系统了。从左边的 registers 到右边的 AFA Flash，它们的时延相差 50

万倍左右，成本则恰好成反比。把所有需要处理的数据保留在内存 DRAM 中当然会让处理速度可以匹配 CPU（仅慢了 10 倍），但是高企的成本是无法让人接受的。

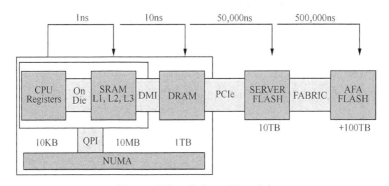

图 3-6　性能 vs.储能、延迟 vs.成本

　　因此业界通常采用多级存储与缓存的策略来实现数据访问速度与系统造价间的平衡。不过基于商品现货（Commodity Off-the-Shelf）搭建的系统在 IOPS 上仍旧无法与商用现货（Commercial Off-the-Shelf）产品相比拟，后者在性能和性价比上全面碾压前者，甚至即便单纯比较价格后者都可能会占有优势——举一个简单的例子，基于商品现货服务器及硬盘搭建的 Hadoop 集群的存储成本通常高于基于 EMC Isilon 的解决方案，个中原因是 HDFS 的默认三份拷贝策略会推高存储成本（200%的额外存储开销），而 Isilon 通过对称文件系统 OneFS、擦除码等技术可以保证实现同样的数据可靠性情况下只有 30%的额外存储开销！

　　网络交换设备商品化的推手有两大阵营，一是大型企业特别是互联网公司，另一是运营商。前一阵营在 2011 年形成了 ONF（Open Networking Foundation）来推广 SDN（Software Defined Network，软件定义的网络）；后一阵营在 2012 年成立了一个挂靠在 ETSI（欧洲电信标准协会）之下旨在推动 NFV（Network Function Virtualization，网络功能虚拟化）的委员会。两大阵营出发点不同。前者的目标是网络组件（交换机、路由器、防火墙等）功能的高度自动化实现，例如 VLAN、接口预部署等。SDN 通常与服务器的计算虚拟化（包括容器化）关联。后者则更多地关注诸如如何把负载均衡、防火墙、IPS 等服务从专有硬件平台上（如 Cisco 网络设备）迁移到虚拟化环境（由商品化硬件构成）中去。NFV 通常作为更宽泛的应用与服务虚拟化的功能的一部分来实现（如图 3-7 所示）。

　　很显然，SDN 与 NFV 在实践中通常会被同时应用，甚至被混为一谈而无伤大雅。究其原因是两者在功能覆盖上有很多重叠的区域。有一种观点认为 NFV 是 SDN 在服务提供商（如电信运营商）领域的一种具体用例，但是在该领域的 NFV 的很多概念可以泛化并应用在其他 SDN 领域中去。SDN 与 SDDC 相似的地方是两者都采取了把相关组件抽象化并分离形成数据面（Data Plane）与控制面（Control Plane）的实现方式以提高软件系统效率——这一点并非 IT 行业首创，早在运营商独大的 20 世纪 90 时代，SS#7（Signal System #7，7 号信令系统）就是典型地把语音（负载）链路与控制链路分离，继而利用了控制链路的有限带宽来发送短信息（SMS）——经验告诉我们，在 IT 与 CT（Carrier Technology=运营商科技）系统中，提高系统灵活性或效率的方式无外乎抽象化、虚拟化与分离化，它们都是通过提供可精细化管理的手段来实现最终的系统综合性价比（Cost-to-Performance Ratio）提升！

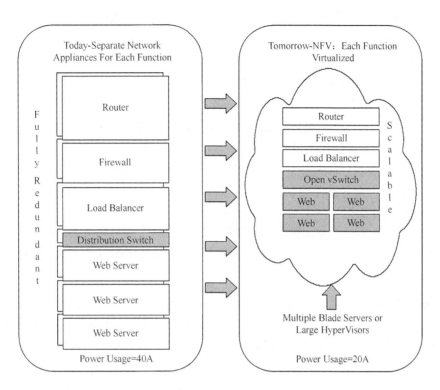

图 3-7 NFV 发展愿景：网络核心功能虚拟化

小结一下：如图 3-8 所示，CT/IT 系统的体系架构发展经历了从定制化硬件+软件+服务，到商用软硬件服务，到商品化软硬件服务三大阶段。整个过程中越来越多的功能、服务通过软件来实现，这是厂家与消费者双方不断地追求更高的利润率、新的业务增长点以及更高的性价比（高性能、低成本）、灵活性、敏捷性的必然结果。

图 3-8 IT/CT 体系架构发展趋势的三大阶段

3.1.3 硬件回归

软件的如日中天反映在资本市场上是最近 20～30 年以来涌现了市值屡创新高的软件巨头，从 20 世纪 80 年代初踩在巨人 IBM 肩膀上发家的微软，到 20 世纪 90 年代中后期因开创互联网门户时代而备受追捧的雅虎，再到世纪之初开始以提供搜索引擎业务而独占鳌头的谷歌（还有因其抛弃中国市场而拱手让位给最近忙着做外卖生意的百度），到近 10 年来因重新定义手机而打了漂亮翻身仗的苹果，还有以社交或电商业务聚集人气的 Facebook、Amazon、腾讯、淘宝、小米，这个名单长到可以写一系列专著来介绍互联网软件企业如何在颠覆这个世界……

软件给人们带来了无限遐想。基于商品现货平台构建的体系架构，把软件实现层面的门槛极大降低，除了微软，前面提到的所有软件巨头清一色全是 LAMP 工作室：开源 Linux 或 BSD 操作系统、开源 Web 服务器、开源数据库、开源编程语言。基于开源软件技术，从最初的计算的软件定义（虚拟化），逐步发展到存储的软件定义（对象存储→存储虚拟化……），到网络的软件定义（SDN/NFV），最终形成软件定义的数据中心（SDDC）。

开源软件似乎无所不能。曾经是 Windows 天下的服务器操作系统市场被 Linux 分了一大杯羹；曾经是 WWW 服务器市场的微软 IIS 被 Apache 阵营全面占领；Oracle 的看家法宝——企业级 Oracle 数据库面对 Sun 公司旗下的开源 MySQL 数据库不得不干脆买下 Sun（好在 Oracle 迫于舆论压力并没有把 MySQL 杀死）。上面这几个典型案例至少说明一件事：开源软件足可与商业软件抗衡——无论是功能还是性能，至于性价比和 ROI（投资回报率）则是个相对复杂的问题——开源与闭源的玩法截然不同。如果是成熟的企业，已经构建在闭源之上久矣却非要转型开源，这无异于一次大手术，对于企业的工作方式和人员技能都是巨大的改变与挑战。

笔者在近些年看到太多企业急于从闭源商业软硬件向开源软件+商品现货硬件转型，多数因为管理层低估开源开发、协同的复杂性，人员配置失衡，对自身业务发展估计不足而深陷开源止步不前，甚至需要全面推翻重新走闭源采购开发流程，无异于重复建设，殊为浪费。

另一个需要明确的概念是，软件并非万能，它受制于底层的硬件能力（Software, in its best form, is only as fast as the underlying hardware）。每一层虚拟化，每一次 API 调用都会降低硬件所提供的性能。特别是在以云计算为背景下的 IT 体系架构通常具有如下特点：底层的存储与网络系统与上层应用之间会有很多层分隔——用户终端通过互联网服务提供商（ISP）接入运营商网络后，到达云服务提供商的前端互联网服务器（可能是 Nginx 一类的反向代理服务器或负载平衡服务器），再经过其内部网络到达应用服务器、底层操作系统、虚拟硬件、虚拟层（Hypervisor）、服务器硬件平台、数据存储路径管理（如 PowerPath）、网络、存储磁盘阵列——整个过程从技术栈的角度看近 10 层之多。我们把应用与存储之间的渐行渐远称作 Application Distance（应用远离，参考图 3-9）。造成这种现象一方面是由于存储、网络与计算虚拟化、抽象化的高度发展出现了很多中间层以提高灵活性，但在相当程度上牺牲了应用的执行效率。举一个具体的例子：Intel 的 CPU 过去 40 年以来按照摩尔定律的预测越来越快，处理能力越来越强，但是随着操作系统和应用越来越庞大、笨重，用户并没有得到与 CPU 处理速度提升一致的体验提升。在图形化操作系统出现之前，MS-DOS 是最快的；图形化之后，Windows XP 也许是相对最快捷的一代操作系统，而之后的 Vista、Windows 7-10 的性能只能用凑合来形容。究其原因是软件的复杂化严重制约了硬件的能力。

业界显然意识到了这个问题，于是出现了基于不同理念的解决方案，总结为两大类：

- Application-Nearness（应用靠近）；
- 硬件加速（Hardware Acceleration）或 CPU-Offloading（CPU 减载）。

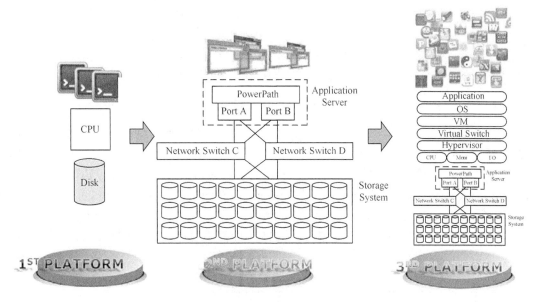

图 3-9 第 1、2、3 平台的应用远离存储与网络的趋势

前者是尽可能让应用可以以最短的路径调用存储，或把最高速的存储设备（如内存）作为应用与数据的交互媒介，常见于在 HPC（高性能计算）、基于内存的分析、流数据实时数据处理等要求高性能、低延迟的应用场景中。当然，综合考虑系统造价与性能，并非所有的计算都有高实时性要求，于是市场上出现了不同类型的按距离分类的计算与数据之间的关系。如图 3-10 所示，从左到右可以理解为存储（数据）与计算（应用）越来越近，系统处理速度、吞吐率越来越高，但系统的成本也线性增高——摩尔定律告诉我们另一件事情就是，在一个技术周期之内，系统成本会逐年稳步降低（10%～20%），直到一种新兴的颠覆性技术出现后，会出现大规模降低（约 50%或更多），直至老的技术完全被淘汰。

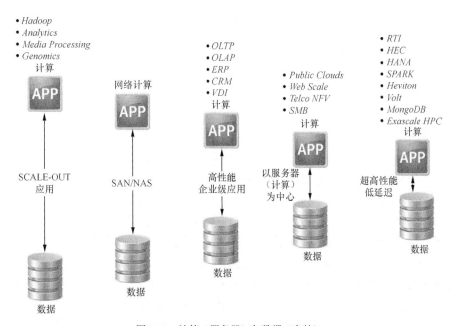

图 3-10 计算（服务器）与数据（存储）

在让应用靠近存储类解决方案中通常还采用为软件瘦身的方法，我们在图 3-9 中可以看到因为虚拟化的广泛应用而造成的操作系统的臃肿化。因此，在完成具体的应用功能的过程中也出现了高度精简并定制化的操作系统及趋于扁平的软件栈，例如容器化计算都可以算作是为了提高软件效率，尽可能释放硬件效率而做出的典型努力。

下面我们主要介绍第二种解决方案——硬件加速。

硬件加速通常是相对于通用微处理器（CPU）而言的。通用处理器常于通用计算，各种数学运算、解方程、加解密、压缩解压缩、多媒体文件处理等，它的灵活性无与伦比，但就效率而言，它并无太多优势。考察处理器的效率通常从效能（Energy Efficiency，一般用 Performance per Watt → MOPS/mW 或 Performance Per Dollar → MOPS/$衡量）出发，如图 3-11 所示。FPGA 每毫瓦的运算能力是 CPU 的十倍，而 ASIC 则可达到 CPU 的 1,000 倍之多，也就是说对于某些专有计算需求，CPU 的性价比要远低于 FPGA 或 ASIC 之类的硬件解决方案。

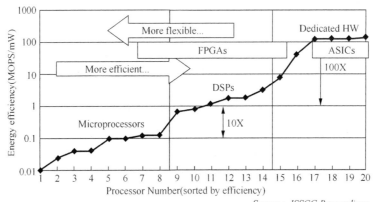

Source：Bob Broderson，Berkeley Wireless group

图 3-11　微处理器 vs. FPGA vs. ASIC[3]

硬件加速的例子在各行各业非常普遍。如利用内置 GPU（Graphics Processing Unit）对图形卡的加速，早期更多应用于高性能显示卡，随着机器学习、深度学习的发展，GPU 适合用于解方程组的特性被越来越多使用，于是诸如医学影像、监控视频的处理与分析也大量使用 GPU 来完成。再比如智能网卡通过 FPGA 或 ASIC 芯片组加速来降低中央处理器压力，提高网络吞吐率也是常见的做法。

事实上，互联网、云计算、大数据的发展推动了网络流量与带宽的指数级增长，有统计表明 2011—2016 年网络流量的年复合增长率达到 78%，而 CPU 主频的增长在 2008 年就已经停滞不前了（诸位应该不陌生自那时起，Intel 就没有再把 CPU 主频提高），究其原因是摩尔定律的瓶颈已经出现——摩尔定律预测每 18 个月晶体管密度会增加一倍（物理视角），这在实践中是以每个逻辑功能的单位成本的降低为前提的（经济视角），但是在 14/16nm 的芯片上面每个逻辑功能的成本已经高于 22/28nm。更有甚者，很多专家预测基于硅晶技术的晶体管密度在 2020—2022 年达到 5～7nm 后就已经达到极限了（IBM 在 2015 年夏天展示了业界第一款 7nm 硅锗材料芯片，如果 2017—2018 年可以量产，在能效比上将至少比现在的 10nm 芯片有 50% 的提高[4]，不过比起我们下面要介绍的 FPGA 和 ASIC 架构解决方案，却是小巫见大巫了）——从物理学视角看，也许人类可以突破 5～7nm 的极限，但是从市场经济学角度看，如果没有明确的经济效益，极限突破（高昂的代价与成本）可能会变得毫无意义。

有鉴于此，我们需要找到硬件与软件加速的结合点以应对大数据时代对数据处理能力不断上升以及追寻更高性价比的需求。DARPA（Defense Advanced Research Projects Agency，美国国防先进研究项目局）与 Linaro（开源网络数据平面 Open Data Plane 的推动者）的专家们认为架构（Architecture）的改变会更好地推动系统性能继续提升（在芯片晶体管密度大体持平的条件下）。

以 NPU（Network Processing Unit，网络处理器）为例，基于 ASIC（Application Specific Integrated Circuit，专用集成电路）架构的 NPU 在完成同样的数据处理功能前提下，较基于 X86 CPU 架构的解决方案快 10～20 倍，并且所占空间（Foot-Print）更小，能耗更低。如图 3-12 所示，Cisco 公司在 2013 年 9 月推出的 nPower X1 可编程网络处理器，在一块 ASIC 芯片上实现了高达 400Gbps/230Mpps（每秒钟 2.3 亿个 IP 包交换）的数据吞吐率，而 Intel 同期推出的 E5-26xx v2 系列通用 CPU 处理器的处理能力则只有 40Gbps/6～22Mpps……Intel 显然意识到了硬件加速的重要性，于是在 1 年半（恰好是摩尔定律一个周期）之后，2015 年花了 167 亿美元收购了 Altera 公司——后者是业界最大的 FPGA（Field Programmable Gate Array，现场可编程门阵列）/ASIC 设计公司之一。

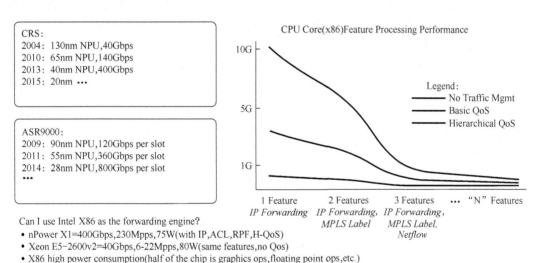

图 3-12 Networking ASIC vs. X86 CPU[5]

硬件加速的方案通常有 3 大类：

● FPGA（现场可编程门阵列）；

● ASIC（专用集成电路）；

● SoC（系统级芯片）。

三者间有着千丝万缕的联系，SoC 可以基于 FPGA 或 ASIC 构建，FPGA 与 ASIC 又有趋同的发展趋势，表 3-1 列出了不同加速方案的比较。

表 3-1　　　　　　　　　　**X86、FPGA、ASIC、SoC 比较矩阵**

	X86-CPU	FPGA	ASIC	SoC
能耗	高	低	极低	低
功能	全（浮点/图形）	单一	单一	较全
性能	较低	高	极高	高
Time-to-Market	快	较快	较慢	取决于 FPGA/ASIC
产量	高	适于低量产	高	同上
可复用	是	是	不是	同上
开发难度	低	较低	较高	同上
Unit 成本	高	较低	低	低
开发成本	高	低	高（NRE）	较高

硬件加速除了广泛应用于网络数据处理领域，在服务器主机与存储领域也越来越受到关注，下面我们给出两个具体的例子。

（1）硬件加速实例一：搜索引擎加速。

大型数据中心中使用 FPGA 对搜索引擎实现加速。以微软公司的搜索引擎服务 Bing（Bing.com）为例，在 Catapult 项目中微软的研发人员在 1,632 台定制服务器（如图 3-13 的 C 部分所示，微软采用的定制版 0.5U 服务器，空间上比普通的 1U 服务器节省 50%）上加装了 Xilinx 的高端 FPGA 芯片（图 3-13 中的 A、B 部分），其中每个机架上的 48 台服务器上的 FPGA 组件构成 6 个集群实例（每个集群实例由 8 台服务器上的 8 个 FPGA 卡链接构成）。在 Bing 搜索过程中的排序（Ranking）功能通过这些 FPGA 集群来实现，主要包括特征计算（Feature Computation）、FFE（Free-Form Expression，例如计算一个关键字在文章中出现的频次等）、机器学习模型等功能。

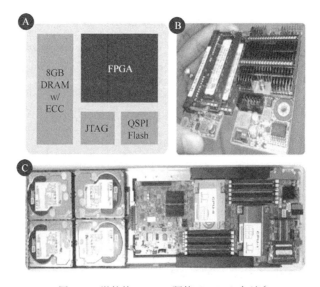

图 3-13　微软的 Catapult 硬件（FPGA）加速[6]

图 3-14 中展示了 Catapult 项目中每一个集群的 8 块 FPGA 是如何形成一个可重构的闭环构造——第 1（0）块 FPGA 用来做特征提取与队列管理，第 2～3 块 FPGA 用来做 FFE，第 4 块实现数据压缩（以提高后续的排序速度），第 5～7 块完成基于机器学习模型的打分排序，最后一块为备份 FPGA。在这个流水线（Macropipeline）中，每一个步骤的运行时间都不会超过 8μs，也就是说走完整个流程也不超过 0.11ms（0.008ms × 7 × 2）。

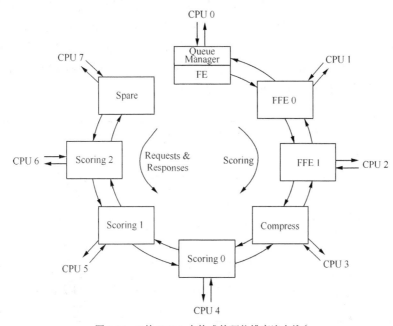

图 3-14　8 块 FPGA 卡构成的环状排序流水线 [6]

基于 Catapult 硬件架构，Bing 实现了以下设计目标。

● 排序处理速度提高一倍（2X），单位时间文档排序增加一倍，最大延迟降低 29%。

● 总成本增加控制在 30%以内。

● FPGA 能耗占整机能耗的 10%以内。

● FPGA 网络性能高度稳定（卡故障率 0.4%，链接故障 0.03%）。

● 与原有纯软件实现 100%兼容！

● 实现了基于 FPGA 网络的可重构架构（Reconfigurable Fabrics）。

微软 Bing 的 Catapult 加速项目对于我们的启示是 FPGA 的硬件加速单元（如各种数据压缩、解压缩、加密、解密、哈希运算等）明显具有比基于 X86 架构的 CPU 更好的性价比，特别是可编程、可重构的特性对于数据中心所追求的高性能、灵活性、节能和低成本都可以高度满足。或许随着未来生态系统（编程语言支持、更多硬件加速功能提供兼容流行操作系统的库与 API）的完善，FPGA/ASIC 会成为数据中心中的主流构造（Mainstream Fabrics）选择。

（2）硬件加速实例二：海量数据备份加速。

在企业、研究机构、政府机关中，数据备份、存档（Data Archiving）保存非常重要。因备份数据体量巨大，通常在实现过程中会对数据进行压缩、加密、数据去重等对主机计算能力要求非常高的一系列操作。在本实例中我们为大家介绍笔者在 EMC 中国研究院的同事们实现的基于 SoC 硬件的数据备份加速。

参考图 3-15，第一个框内是普通的数据备份流程——数据通过常见网络通信协议，如 NFS/CIFS 或 FC 由客户端传输至 DataDomain（简称 DD）备份服务器，在服务器端完成所有的数据去重、压缩、加密等一系列操作。毫无疑问，这样的操作虽然对客户端机器而言简单和透明，但是网络、备份服务器负荷巨大，效率不高。一种提升效率的办法就是利用客户端的处理能力，在客户端完成一些预处理功能，例如实现数据去重，简单而言就是重复的数据只需要传输一次。举个例子，如果一组二进制表达的数据只有 1,000 万个零，那么只要传一个 0 再加上一个描述性元数据 1,000 万，这两者统称为该组备份数据的 fingerprints（指纹）——就好像通过人的指纹可以唯一识别一个人一样。

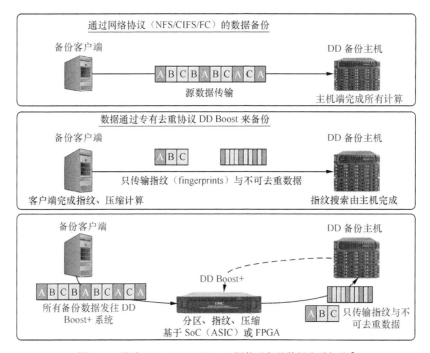

图 3-15　通过 SoC（ASIC/FPGA）硬件对备份数据去重加速 [7]

第二种做法相比第一种做法算是一个进步，而且只需要通过在客户端安装去重软件就可以实现，但是这只是把对计算能力的要求部分转嫁到了客户端，而且，通过对数据备份过程中读写操作对主机 CPU 的访问分析，我们发现（如图 3-16 所示）：

- 写操作过程中 Anchor、SHA1、压缩以及网络流量处理分别占用了 9.3%、18.1%、7.5%、15%～20%的 CPU 带宽（分时处理）；
- 读操作过程中数据的解压缩占据了 33.7%的 CPU。

这些操作都可以通过 FPGA 或 ASIC 硬件加速来实现对 CPU 的 offloading（减负），也就是说写过程至少有 50%～55%的 CPU 可以被空闲出来，而读过程中至少 1/3 的 CPU 负载可以被减载。

做进一步的分析后，我们发现除了读、写性能可以分别提高 50%、100%～120%。因为 CPU 之前几乎满负荷运行，备份主机只能使用低压缩比的算法库（如 lz、gzip）。如果空闲的

CPU 周期被应用，可以调用更大压缩比的算法库（如 lzma、bzip2 等），从而实现对硬盘存储空间的大幅节省（50%），或者是同样硬盘配置情况下支持更大体量的源数据集！

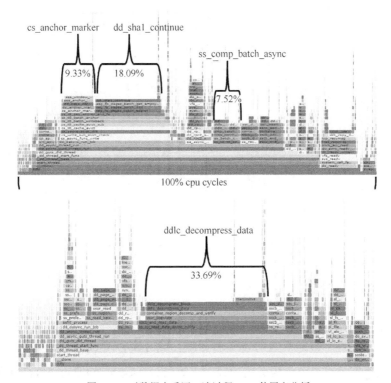

图 3-16　对数据去重写、读过程 CPU 使用率分析

在设计理念上，我们采取了非侵入性（Non-intrusive）架构，在现有客户端与 DD 备份主机间放置了一台加速器（如图 3-15 中第三个框所示）。加速器对客户端与主机均透明，在其上完成网络数据流处理、Anchor/SHA1（指纹）等一系列操作，加速器通过 PCIe 或 10+Gbps Ethernet 方式与主机相连。

确切地说这台加速器是一块系统级芯片（SoC），一块具有指纹计算、压缩/解压缩、加解密等硬件加速功能的智能网卡——它甚至可以以一张 PCIe 接口卡的方式插入到 DD 备份主机上（但是考虑到主机板卡兼容性、能耗、散热等因素，这种设计已经是入侵性的了，故不做考虑）。我们对整个流程做了简化与优化（见图 3-17），例如从 NFS+FUSE 最初需要 Kernel space 到 User space 之间的多次拷贝，通过 User-space 的 NFS 功能省去大量不必要的数据复制；调用 SoC 上面的原生 OpenSSL 库会进一步实现系统性能提升。

优化的结果是在一块 200 美元的 Freescale LS2085 芯片上面实现了 1.5GB/s 的数据吞吐率，在 700 美元的 Cavium CN78xx 芯片上可以达到 7GB/s 的速率。如果从性价比上换算为 MB/s/$（每 1 美元每秒钟的数据吞吐 MB 数），DD 系统原先的基于 Intel E7 4880 v2 高端 CPU 为 0.75MB/s/$，FreeScale 为 7.68MB/s/$，Cavium 则达到了 8.77MB/s/$，两种方案的性价比分别是 Intel 的 10～12 倍之多。

另一个收获就是，因为这种硬件加速的方案几乎把 CPU 原先承担的主要任务都卸货（Offload）了，DD 主机完全可以使用低端一些的 Intel CPU（仅 CPU 一项在高端 DD 系统中每台机器就可以节省超过 1.6 万美元），再加上硬盘存储空间节省的费用，预计可以每年为 DD 节省数以千万美元计的成本。

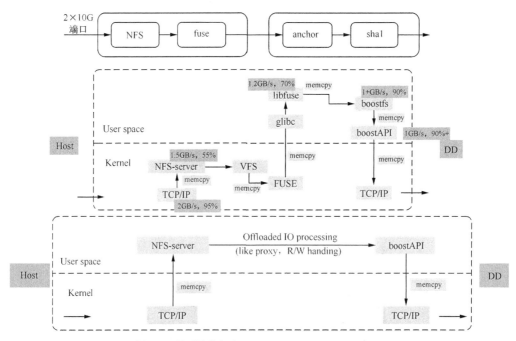

图 3-17 端到端的加速：NFS、FUSE、Anchor、SHA1

类似的解决方案还可以泛化为通用的数据加速平台（Common Data Acceleration Platform），非常适用于云计算、大数据时代的下一代数据中心中的各种数据压缩、加密、复制、去重等场景。

另外，关于商品现货（Commodity Off-the-Shelf，COTS），很多人认为就是基于 X86 架构的 PC 服务器或刀片机，有两点需要澄清。

● COTS 可以是硬件，也可以是软件或服务，它是相对定制化（bespoke 或 custom-designed）而言的——这是从系统的采购、运维成本角度出发的。

● 聚焦硬件 COTS，也许叫 VDH（Volume-Discounted Hardware）更准确。在本质上，云计算时代通用计算+网络+存储系统就是走量折扣，买的越多单位部件成本越低，符合规模经济学（Economy of Scales）规律。

笔者预测，在 2016—2025 年的十年间，基于非 X86 架构的处理器架构（ARM/PowerPC 等）会呈现井喷式增长（增长速度会远高于业界龙头 Intel 的 CPU 增长率），最终的市场份额会趋于 X86 与那些 FPGA/ASIC 硬件加速方案各执半壁江山，让我们拭目以待吧。

在下一节中我们会聚焦软件定义的世界（Software Defined Everything）。

3.2 XaaS：一切即服务

应用的发展推动了 IT 基础架构的发展,特别是承载着云计算与大数据应用的规模化数据中心的发展。这些分布式应用有一个共同的特点，它们需要比以往的应用更多的计算、存储、网络资源，而且需要灵活性、弹性的部署以及精细化的管理。

为了满足这些几近苛刻的要求，仅仅增加硬件设备或是在原有软件基础上修修补补已经无济于事了。与此同时，人们终于发现那些数据中心中的设备（服务器、磁盘、网络带宽）利用率竟然平均不到 10%。解决办法不是没有，可以将应用迁移，但是应用迁移实施起来困难重重，明知有些机器在 99%的时间都空闲，却不得不为了那 1%的突发性负荷而让它们一直空转着。如果说服务器只是有些浪费，还勉强能应付需要的话，存储就更让人头疼了。数据产生的速率越来越高，存储设备要么是不够，要么是实在太多管不过来。在进入本节正题前，先整理一下我们所面临的挑战。

- **节点（设备）太多**：以服务器为例，如果只是把机器堆在机房（库房）里还好，可是试想给 10,000 台机器配置好操作系统，配置好网络连接，登记在管理系统内，划分一部分给某个申请用户使用，或许还需要为该用户配置一部分软件……这看起来实实在在是劳动密集型的任务。想想 Google 吧，经常需要部署一个数千节点的 GFS 环境给新的应用，是不是需要一支训练有素、数量庞大的 IT 劳务大军？

- **设备利用率太低**：Mozilla 数据中心的数据让人有些担心。据称，Mozilla 数据中心的服务器 CPU 占用率在 6%～10%之间。也许这与应用的类型有关，例如在提供分布式文件系统的机器上，CPU 就很空闲，与之对应的是内存和 I/O 操作很繁忙。如果这是个例，我们完全没有必要担心。但服务器利用率低下恰恰是一个普遍存在的问题。一个造价昂贵的数据中心，再加上数额巨大的电费账单，遗憾的是最后发现只有不到 10%的资源是被合理利用了，剩下超过 90%是用来制造热量。别忘了，通过空调系统、循环系统散热还需要花一大笔钱。

- **应用（设备间）迁移太困难**：硬件的升级换代还是那么快（在摩尔定律起作用的时代，硬件升级以设备主频提高为主，主频不再增长之后，可以预见性价比更高的异构的硬件解决方案如 FPGA、ASIC 会成为设备升级的主流趋势）。对数据中心来说，每隔一段时间就更新硬件是必须的。困难的不是把服务器下架，交给回收商，而是把新的服务器上架，按以前一样配置网络和存储，并把原有的应用恢复起来。新的操作系统可能有驱动的问题，网络和存储可能无法正常连接，应用在新环境中不能运行……很可能不得不请工程师到现场调试，追踪问题到底是出在硬件、软件，还是哪个配置选项没有选中。

- **存储需求增长得太快**：2012 年全球产生的数据总量约为 2.7ZB（1ZB=1 万亿 GB），相比 2011 年增长了 48%。即使根本不考虑为了存储这些数据需要配备的空闲存储，也意味着数据中心不得不在一年内增加 50%左右的存储容量。用不了几年，数据中心中就会堆满了各种厂家、各种接口的存储设备。管理它们需要不同的管理软件，而且常常互相不兼容。存储设备的更新比服务器更关键，因为所存储的数据可能是我们每个人的银行账号、余额、交易记录。旧的设备不能随便换，新的设备还在每天涌进来。

问题绝不仅仅只有这么几点。但是我们已经可以从这些例子得到一些启示。

● 软件定义的趋势不可阻挡。

● 一切以服务为导向。

在下面的几个小节中，我们会就这些趋势、导向展开讨论。

3.2.1 软件定义的必要性

正是因为有了上述的挑战，无论是系统管理员，还是应用系统的开发人员，直到最终用户，都意识到了把数据中心的各个组成部分从硬件中抽象出来、集中协调与管理、统一提供服务的重要性。在传统的数据中心中，如果需要部署一套新的业务系统，通常要为该业务划分服务器资源、寻址网段、网络带宽、存储空间，如果没有现成的设备，还需要采购设备，然后在设备之上配置好业务所需的一切软件及服务。这一过程不但烦琐而且通常都会经历或者设备利用率低而造成资源浪费或者负载过高以至于不得不进行系统升级、扩展（相当于再走一遍之前的流程，而且可能会更复杂）的麻烦。

于是虚拟化技术重新回到了人们的视野当中。在计算机发展的早期（20世纪60年代），虚拟化技术其实就已经出现了，当时是为了能够充分利用昂贵的大型主机的计算资源。数十年后，虚拟化技术再一次变成人们重点关注的对象，依然跟提高资源的利用效率有密不可分的关系。而且这次虚拟化技术不仅在计算节点上被广泛应用，相同的概念被很好地复制到了存储、网络、安全等与计算相关的方方面面。虚拟化的本质是将一种资源或能力，以软件的形式从具体的设备中抽象出来，并作为服务提供给用户。当这种思想应用到计算节点（计算资源），资源被以软件的形式（各种虚拟机从物理机器中抽象出来），按需分配给用户使用。虚拟化思想应用于存储时，数据的保存和读写是一种资源，而对数据的备份、迁移、优化等控制功能是另一种资源，这些资源被各种软件抽象出来，通过编程接口（API）或用户界面提供给用户使用。网络的虚拟化同样是这样，数据传输的能力作为一种资源，被网络虚拟化软件划分成互相隔离的虚拟网络，提供诸如OpenFlow这样的通用接口给用户使用。

当服务器被软件虚拟化（需要澄清一点：虚拟化有软件与硬件两大类，但是硬件的复杂度过高、灵活度太差，虽然性能更优，但是市场毫不犹豫地选择了软件虚拟化。另外，硬件虚拟化究其本质是对软件虚拟化功能的固化！）之后，计算能力就可以真正做到"按需分配"，而不是必须给每种服务"按业务分配"物理的机器。

过去的IT管理员当然也希望能够做到"按需"而不是"按业务"分配，但是没有虚拟化隔离技术（见图3-18），没有人会愿意冒风险把可能互相影响的系统放在同一台服务器上。而在软件虚拟化实现的场景下，虚拟机可以把在同一台物理设备上部署的多个应用、服务甚至异构的操作系统进行很好的 isolation（分隔、隔离，容器计算技术在隔离上仍旧没有 VM 技术成熟，但是解决这一问题只是个时间问题）。

存储也通过软件被虚拟化了。用户不用再去关心买了什么磁盘阵列，每个阵列到底能够承载多少业务，因为他们看到的将是一个统一管理的资源池，资源池中的存储按照容量、响应时间、吞吐能力、可靠性等指标被分成了若干个等级。系统管理员可以"按需"从各个资源池中分配和回收资源。虚拟的网络可以"按需"增减和配置，而不需要动手去配置网络设备和连线。能做到这一步，就能够解决以下问题：

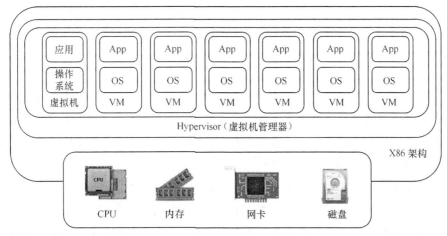

图 3-18 虚拟化的计算主机：虚拟机隔离技术

● 资源的利用效率低下，不能充分利用硬件的能力；

● 资源的分配缺乏弹性，不能根据运行情况调整部署；

● 在提供基础设施服务时，必须考虑不同硬件的性能；

● 需要改变配置时，不得不重新连线和做硬件配置的调整。

需要特别注意的是，在虚拟化这一概念中，利用软件来抽象可用的资源这一点尤为重要，因为这样才能实现资源与具体的硬件分离（Decouple）。这也是软件定义的一切（Software Defined Everything）——软件定义的数据中心（SDDC）、软件定义的网络（SDN）、软件定义的存储（SDS）这些技术与实践的由来。

当主要的资源都已经虚拟化了，只是实现了"软件定义"的第一步。这是因为虚拟化在解决大量现有问题的同时，也带来一些新的挑战。首先，虚拟化使得资源管理的对象发生了变化，变得更为复杂（Added Complexity）。传统的数据中心资源管理以硬件为核心，所有的系统和流程根据硬件使用的生命周期来制定。当资源虚拟化之后，系统管理员不仅需要管理原有的硬件环境，而且新增加了虚拟对象的管理。虚拟对象的管理兼有软件和硬件管理的特性（也就是说系统的复杂性从一层变为二层）。从用户的使用体验来说，虚拟对象更像硬件设备，例如服务器、磁盘、网络等；而从具体的实现形式、计费、收费来说，虚拟对象却是在软件的范畴里。为了适应这种改变，资源管理要能够将虚拟对象与硬件环境，甚至更上层的业务结合起来，统一管理。

虚拟化使得资源的划分更细致（Finer Granularity），不仅带来了管理方式上的挑战，被管理对象的数量也上升了至少一个数量级。原本一台服务器作为单独一个管理单位，现在虚拟机变成了计算的基本管理单位。随着多核技术的发展，如今非常普通的一台物理服务器可以有 2~4 颗 CPU，每颗 CPU 上有 8 个物理计算核心（Core），每个计算核心借助超线程技术可以运行 2 个线程，因而也可以被认为是 2 个 vCPU。因此，一台物理服务器之上，往往可以轻松运行 15~30 个虚拟机实例。

存储的例子更加明显，传统的存储设备为物理机器提供服务，假设每台机器分配 2 个 LUN 作为块存储设备，如今在虚拟化了之后需要分配的 LUN 也需要变成原来的几十倍。不仅如此，因为存储虚拟化带来的资源集中管理，释放了许多原来不能满足的存储需求，因此跨设备的存储资源分配也变成了现实。这使得存储资源的管理对象数量更加庞大。

网络因为软件虚拟化而生成的数量呢？恐怕不用赘述了。想想看为什么大家不能满足于VLAN，而要转向 VxLAN 吧。一个很重要的因素是 VLAN tag 对虚拟网络有数量的限制，4,096个网络都已经不够了。要管理数量巨大的虚拟对象，仅仅依靠一两张电子表格是完全应付不了的。连传统的管理软件也无法满足要求。例如，某知名 IT 管理软件在浏览器页面导航栏中有一项功能，以列表的方式列出所有服务器的摘要信息。在被用于虚拟化环境时，由于虚拟服务器数量过多导致浏览器无法及时响应。

虚拟环境带来的另一个新挑战是安全（Security Challenge）。这里既有新瓶装老酒的经典问题，也有虚拟化（含容器化，下略）特有的安全挑战。应用运行在虚拟机上和运行在物理服务器上都会面临同样的攻击，操作系统和应用程序的漏洞依然需要用传统的方式来解决。好在应用如果在虚拟机上崩溃了，不会影响物理服务器上其他应用继续工作。从这点来看，虚拟化确实提高了应用的安全性。虚拟化的一个重要特点是多用户、多租户都可以共享资源（Multi-Tenancy，多租户），无论是计算、存储、网络，共享带来的好处显而易见，也带来了可能互相影响的安全隐患。例如，在同一台物理服务器上的虚拟机真的完全不会互相影响吗？AWS 公有云服务商就出现过某些用户运行计算量非常大的应用，而导致同一台物理机器上的其他虚拟机用户响应缓慢的情况。容器计算则因为潜在的安全、隔离隐患而让很多企业顿足不前。存储的安全性就更关键了，如果你在一个虚拟存储卷上存放了公司的财务报表（有些条目可能会让你吃官司），即使你已经想尽办法删除了数据，你还是会担心如果这个卷被分配给一个有能力恢复被删除数据的人。

由此可见，仅仅将资源虚拟化，只是解决问题的第一步。对虚拟对象的管理是迫切需要完成的任务。如图 3-19 所示，新的资源管理和安全并不只是着眼于物理设备，而是把重点放在管理虚拟对象（虚拟对象与物理实体对象之间的关系可以灵活定义，既可能是一台物理设备上面拆分出的多个虚拟设备或服务，也可能是多个物理设备合并构成一个虚拟的组件，Google Spanner 中的全球数据中心就是由几个 Universe 来构成的），使虚拟环境能够真正被系统管理员和用户所接受。

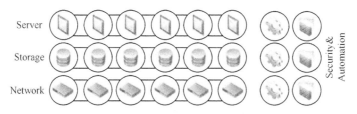

图 3-19　软件定义中的资源、管理与安全

当虚拟资源各就各位了，管理员动动鼠标就能够安全分配、访问、回收任何计算、存储、网络资源的时候，数据中心已经可以算得上是完全被软件接管了。可是这并不意味着软件定义的基础架构（如，数据中心）已经能够发挥最大的作用了。因为资源虽然已经虚拟化了，纳入统一管理的资源池了，可以随需调用了，但是什么时候需要什么样的资源还是要依靠人来判断，部署一项业务到底需要哪些资源还是停留在参考、比对技术文档的层面。数据中心的资源确实已经有软件来定义如何发挥作用了，但是数据中心的运行流程还是没有根本的改

变。以部署 MySQL 数据库为例，假如你需要 2 个计算节点，3 个 LUN（存储卷）和 1 个虚拟网络，知道了这些还远远不够，在一个安全有保证的虚拟化环境中，管理员要部署这样一个数据库实例需要完成如图 3-20 所示的 5 步流程。

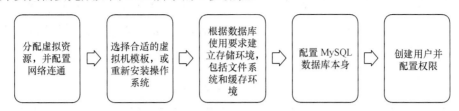

图 3-20　数据库部署流程示意图

不难发现，除了使用的资源已经被虚拟化了，这套流程并没有什么新意。仅仅部署一个 MySQL 数据库当然不是最终的目标。要提供一个能面对用户的应用还需要更多的组件加入进来。假设我们需要部署一个移动应用的后台系统，包括一个 MySQL 数据库、Django 框架、日志分析引擎。按照上面的流程，工作量就至少是原来的 3 倍。如果我们需要为数以百计的移动应用部署后台系统，工作量之大，只有一条路可走——自动化。

既然资源都已经虚拟化并且置于资源池中，管理员通过"模板"对虚拟资源进行标准化配置，进而将整个流程自动化就是顺理成章的事情了。管理员需要做的是经过实验，事先定义出一套工作流程，按照流程管理系统的规则将工作流程变成可重复执行的配置文件（例如，模板），在实际应用的时候配置几个简单的参数即可。经过改造（自动化）的 MySQL 部署流程将变成如图 3-21 所示的三步走流程。

图 3-21　软件定义中工作流程的自动化

在这整个过程中，如果需要部署的流程并不需要特殊的参数，而是可以用预设值工作，甚至可以做到真正的"一键部署"，那么做到了这一步，软件定义的架构已经可以显示出强大的优势了。不仅仅资源的利用可以做到按需分配，分配之后如何配置成用户熟悉的服务也能够自动完成了。

如果你需要的是几台虚拟机，现在已经能够轻松做到了；如果你需要的是同时分配虚拟机、存储和网络，现在也能够做到了；如果你还需要把这些资源包装成一个数据库服务，现在也只需要动动手指就能完成了。程序员们应该已经非常满足了，管理员也完全有理由沾沾自喜一下子。毕竟，之前要汗流浃背重复劳动几天的工作，现在弹指间就全部搞定了。可是对于那些要使用成熟应用（SaaS）的终端用户来说，这和以前没有什么区别。例如，等着 CRM（Customer Relation Management）系统上线的客户，并不真正在意如何分配了资源（IaaS），如何建立了数据库（PaaS），唯一能让他们感到满意的是能够登录进入 CRM 系统（SaaS），可以开始使用这个系统管理客户关系。

要解决这个问题，让应用真正能面对客户，可以有几种方法。在这个阶段，数据中心的资源已经不是单纯跟资源管理者有关系了，而是与用户的应用程序产生了交集。建立应用程序的运行环境，必须视应用本身的特性而定，方法有三（见表 3-2）。

- 第一种方法是借鉴了自动部署数据库的流程，将其扩展到部署用户的应用，同样还是利用自动化的流程控制来配置用户程序。

- 第二种方法是部署一套 PaaS 的框架（平台即服务），将用户程序继承并运行在 PaaS 之上。

- 第三种方法是让用户自己设计自动部署的方法，是否集成到数据中心的管理环境中则视情况而定。

表 3-2 应用自动部署的三种方式

自动部署应用	优点	缺点
SDDC 自动部署流程	"一键部署"，需要极少的人工干预，适合大批量部署	需要用户应用留有接口
PaaS 环境	应用的开发环境与生产运行环境一致，避免额外的调试	需要额外部署 PaaS 环境，并且要求应用是为 PaaS 环境而设计的
完全交由应用开发者	应用开发者更了解部署细节	难与下层服务的部署整合，容易产生开发时难以预料的环境问题

每种方法都有其适用的场景，不能一概而论。但应用的自动化部署这一步是数据中心的基础架构面向用户的不可或缺的一步。如果说之前的虚拟化、资源管理、安全设置、自动化流程控制都还是数据中心的管理员关心的话题，那部署应用这一步才是真正贴近用户，直接满足用户的业务需求。在成功部署了应用之后，软件定义的架构（数据中心）才算是真正自下向上完整地建立起来了。

如图 3-22 所示，软件定义的数据中心是一个从硬件到应用的完整框架。用户的需求永远是技术发展的原动力。软件定义的数据中心也不例外。我们在上文中提到了以规模化数据中心为核心的基础架构在云与大数据的年代面临的诸多挑战。传统数据中心的计算、存储、网络、安全、管理都无法应对日益变化的用户需求。在四面楚歌的状况下，软件定义的计算（或称计算虚拟化）作为一种既成熟又新颖的技术，成为解决困局的突破口。随之而来的是软件定义的存储和网络技术。在资源的虚拟化已经完成之后，在虚拟环境中的安全与管理需求变成了第二波创新的主题。在这之后，数据中心的自动化流程控制进一步释放了软件定义技术所蕴含的潜在威力，让管理员能够不踏足机房就能调配成千上万的虚拟机配置成数据库、文件服务、活动目录等服务。甚至可以更进一步，自动部署成熟的用户程序，提供给用户使用。

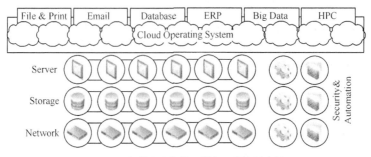

图 3-22 软件定义架构（服务）的应用支撑

软件定义的数据中心是应用户需求而发展的，但是并不是一蹴而就地满足了用户初始的需求——"非不为也，实不能也"。软件定义的数据中心是一项庞大的系统工程，基础如果不稳固，仓促提供服务会带来严重的后果。云计算服务就是个很好的例子。云计算服务的后端无疑需要强大的软件定义的数据中心做支撑。国内有多家"学习"AWS 的企业，本着"一手抓学习，一手抓运营"的精神，在技术并不成熟的情况下，过度强调运营的重要性仓促上马云计算服务，但是计算的稳定性、存储的可靠性、网络的可用性都暴露出了许多问题，用户体验实在无法让人满意。

当然，并不是任何一个软件定义的数据中心都需要完全如上文所述，搭建从硬件到用户的完整框架，而且也不是所有可以称为软件定义数据中心的计算环境都具备上文所述的所有功能。一切还是应用说了算。例如，用户仅仅需要虚拟桌面服务，可能并不需要复杂的虚拟网络，但是安全和自动控制流程要特别加强；用户需要大规模可扩展的存储做数据分析，那软件定义存储将扮演更重要的角色，计算虚拟化就可以弱化一些。一切以满足用户需求为前提，这是软件定义一切的发展的动力和目标。

"软件定义"的必要性不是凭空想象出来的，是由实际的需求推动产生的。回顾之前描述的发展路径，我们已经可以隐约归纳出软件定义数据中心的层次结构，但是思路还不够清晰。因此，有必要从系统分析的角度，清楚地描述一下软件定义的数据中心包括哪些部分或层次，以及实现这些组件需要的关键技术和整个系统提供的交互接口。

3.2.2 软件定义的数据中心

软件定义的数据中心最核心的资源是计算、存储与网络，这三者无疑是基本功能模块。与传统的概念不同，软件定义数据中心更强调从硬件抽象出的能力，而并非硬件本身。

对于计算来说，计算能力需要从硬件平台上抽象出来，这样让计算资源脱离硬件的限制，形成资源池。计算资源还需要能够在软件定义数据中心范围内迁移，这样才能动态调整负载。虽然虚拟化并不是必要条件，但是目前能够实现这些需求的，仍非虚拟化莫属。对存储和网络的要求则首先是控制平面（Control Plane）与数据平面（Data Plane）的分离，这是与硬件解耦的第一步，也是能够用软件定义这些设备行为的初级阶段。在这之后，才有条件考虑如何将控制平面与数据平面分别接入软件定义的数据中心。

安全越来越成为数据中心需要单独考量的一个因素。安全隐患既可能出现在基本的计算、存储与网络之间，也有可能隐藏在数据中心的管理系统之中，或者用户的应用程序中。因此，有必要把安全单独作为一个基本功能，与计算、存储与网络这三大资源并列。

仅仅有了这些基本的功能，还需要集中化的管理平台把它们联系在一起。如图 3-23 所示，自动化的管理与编排（Management and Orchestration，M&O）是将软件定义数据中心的各基本模块组织起来的关键。这里必须

图 3-23 软件定义数据中心的 5 大功能

强调"自动化"的管理，而不只是一套精美的界面。原因我们前面已经提到了，软件定义数据中心的一个重要推动力是用户对于超大规模数据中心的管理，"自动化"无疑是必选项。

了解了软件定义数据中心有哪些基本功能，我们再看一下这些基本功能是怎样按照层次化的定义，逐级被实现并提供服务的。分层的思路其实已经出现在了关于"软件定义必要性"的探讨中。之所以出现这样的层次，并不是出于自顶向下的预先设计，而是用户需求推动的结果。现实中无数的例子告诉我们，只有用户的需求，或者说市场的认可才是技术得以生存和发展的原动力。

在软件定义的数据中心中最底层是硬件基础设施（如图 3-24 所示），主要包括服务器、存储和各种网络交换设备。软件定义的数据中心对于硬件并没有特殊的要求。服务器最好是能支持最新的硬件虚拟化和具备完善的带内（In Band）、带外（Out of Band）管理功能，这样可以最大限度提升虚拟机的性能和提供自动化管理功能。但是，即使没有硬件虚拟化的支持，服务器一样可以工作，只是由于部分功能需要由软件模拟，性能会打折扣。这说明软件定义的数据中心对于硬件环境的依赖很小，新的、老的硬件都可以统一管理，共同发挥作用。另外，当更新的硬件出现时，又能够充分发挥新硬件的能力，也让用户有充分的动力不断升级硬件配置，以求更好的性能。

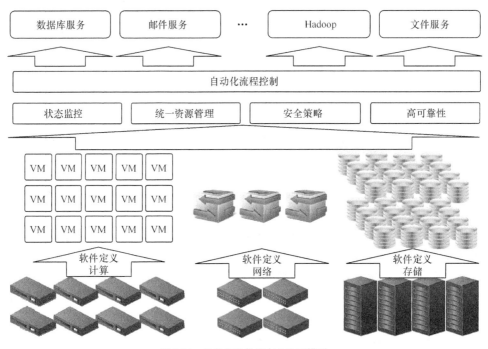

图 3-24　软件定义数据中心分层模型

在传统的数据中心，硬件之上应该就是系统软件和应用软件了。但是在软件定义的数据中心里，硬件的能力需要被抽象出来成为能够统一调度管理的资源池，因此，必须有新技术完成这一工作。计算、存储和网络资源的抽象方式各不相同，在这一层次，主要有软件定义的计算、软件定义的存储、软件定义的网络等关键技术来完成虚拟化和"资源池化"（Resource Pooling）以及它们之间的自动化部署、配置等一系列的工作。我们在后面的几个小节中会对相关关键技术展开论述。

任何一个复杂的系统都应该可以被划分成下一级的若干个模块，既方便开发，也方便使用和维护。按照相同的逻辑，复杂的模块本身也是一个系统，又可以被继续细分。在模块和层次划分的过程中，只要清晰地定义了模块、层次之间的接口，就不担心各部分无法联合成一个整体。我们已经列举了软件定义的数据中心的模块和层次。下面我们再看看不同的具体实现采用了哪些接口。作为数据中心发展的新阶段，软件定义的数据中心在快速发展，还没有出现一种统一的，或是占主导优势的标准。我们可以从成熟度和开放性两个方面，对这些解决方案做个比较，如表 3-3 所示。

表 3-3   SDDC 方案比较

	成熟度	开放性
VMware	成熟的 API，涵盖了资源管理、状态监控、性能分析等各方面。API 相对稳定，并有清晰的发展路线图	比较开放的接口标准，有成熟的开发社区和生态系统，是企业级厂商选择兼容的首选
OpenStack	软件定义计算的 API 相对成熟和稳定，但是存储、网络、监控、自动化管理等部分 API 比较初级，不适用于生产环境，需要进一步加强	完全开放的接口标准，并且计算与存储服务能够兼容 AWS 的 API
System Center（Microsoft）	成熟的 API	不够开放的标准，有开发社区做支撑
CloudStack	比较成熟的 API，比较新的功能如自动化管理和网络管理由开源社区实现	原本作为单独的产品发布，接口对开发人员不完全开放。后转为由开源社区支持，大部分 API 均已开放。计算与存储服务兼容 AWS 的 API
Amazon AWS	拥有最大的客户群体，最大规模的公有云服务体系架构，最广泛（全面）的服务提供	尽管 AWS 是基于 LAMP 技术栈构建的，但是 AWS 并没有开源它的代码，而是通过提供标准（事实标准）API 接口供用户访问，例如 S3 对象存储接口等

从表 3-3 中的对比我们可以看到，这几个可以用于构建软件定义数据中心的软件集在编程接口（API）的成熟度和开放程度上各有特点。作为针对企业级部署的成熟产品，VMware 和 Microsoft 的产品从接口上看都提供更丰富全面的功能，发展方向也有迹可循。而作为开源解决方案的代表，OpenStack 则更采用了"野蛮生长"的策略。例如，Neutron（原名 Quantum）初始发布的版本简陋得几乎无法使用，但是不到半年，提供的 API 就能够驱动 NVP 等强大的网络控制器。迅速迭代的代价就是用户始终难以预计下一版是否会变动编程接口，一定程度上影响了对 OpenStack 的接受度。

系统集成商和服务提供商对于数据中心发展的看法与传统的数据中心用户略有不同，而且也不统一。这一群体包括一些从设备提供者转型成为系统和服务提供者的参与者，从软件和互联网行业转型成为服务提供者的例子，以及一个特例。IBM 和 HP 这类公司是从制造设备向系统和服务转型的例子。在对待下一代数据中心的发展上，这类公司很自然地倾向于能够充分发挥自己在设备制造和系统集成方面的既有优势，利用现有的技术储备，引导数据中心技术的发展方向。Microsoft 作为一个传统上卖软件的公司，在制定 Azure 的发展路线上也很自然地从 PaaS 入手，并且试图通过"虚拟机代理"技术（VM Agent and Background Info Extension）模糊 PaaS 和 IaaS 之间的界限，从而充分发挥自身在软件平台方面的优势来打造后台由 System Center 支撑，提供 PaaS 服务的数据中心。而 Amazon 的 AWS 则是无心插柳柳成荫的典型，从最初用于服务其自有电商业务的私有数据中心转为开放给公有云用户的软件定义数据中心。

最后还有传统的硬件提供商。Intel 作为最主要的硬件厂商之一，为了应对巨型的、可扩展的、自动管理的未来数据中心的需要，也提出了自己全新架构的硬件——RSA（Rack Scale Architecture）。在软件、系统管理和服务层面，Intel 非常积极地与 OCP、天蝎计划、OpenStack 等组织合作，试图在下一代数据中心中仍然牢牢地占据硬件平台的领导地位。从设计思路上，RSA 并不是为了软件定义的数据中心设计的。恰恰相反，RSA 架构希望能在硬件级别上提供横向扩展（Scale-Out）的能力，避免"被定义"。有趣的是，对 RSA 架构有兴趣的用户会发现，硬件扩展能力更强的情况下，软件定义的计算、存储与网络正好可以在更大的范围内调配资源。

通过概览这些数据中心业务的参与者，我们可以大致梳理一下软件定义的数据中心的现状与发展方向。

- **需求推动，有先行者**：未来数据中心的需求不仅是巨大的，而且是非常迫切的。以至于本来数据中心的用户已经等不及了，必须自己动手建立数据中心了。而传统的系统和服务提供商则显得行动不够迅速。这是有些反常的，但确又是非常合理的。以往用户对数据中心的需求会通过 IDC 的运营商传达给系统和服务提供商，因为后者对于构建和管理数据中心更有经验，相应地能提供性价比最高的服务。然而，新的、由软件定义的数据中心是对资源全新的管理和组织方式，核心技术落在"软件"上。那些传统的系统和服务提供商在这一领域并没有绝对的优势。数据中心的大客户们，例如 Google、Facebook、阿里巴巴本身在软件方面恰恰有强大的研发实力，并且没有人比他们更了解自己对数据中心的需求。于是他们干脆自己建造数据中心就是很自然的事了。

- **新技术不断涌现，发展迅速**：软件定义的数据中心发端于服务器虚拟化技术。从 VMware 在 2006 年发布成熟的面向数据中心的 VMware Server 产品到本书编写期间只有短短的 10 年时间。在这段时间，不仅仅是服务器的虚拟化经历了从全虚拟化，到硬件支持的虚拟化，以至下一代可扩展虚拟化技术的发展。软件定义的存储，软件定义的网络也迅速发展起来，并成为数据中心中实用的技术。在数据中心管理方面，VMware 的 vCloud Director 依然是最成熟的管理软件定义数据中心的工具。但是，以 OpenStack 为代表的开源解决方案也显现出惊人的生命力和发展速度。OpenStack 从 2010 年出现到变成云计算圈子里人尽皆知的明星项目不到 2 年时间。

- **发展空间巨大，标准建立中**：与以往新技术的发展类似，软件定义的数据中心还处于高速发展时期，并没有一个占绝对优势的标准。有几种接口标准都在并行发展，也都收获了自己的一批拥护者。接受这一概念较早的和真正大规模部署软件定义数据中心的用户大多是 VMware 产品的忠实使用者，因为从性能、稳定性、功能的丰富程度各方面，VMware 都略胜一筹。而热衷技术的开发人员则往往倾向于 OpenStack，因为作为一个开源项目，能在上面"折腾"出很多花样来。而原来使用 Windows Server 的用户则比较自然地会考虑采用 Microsoft 的 System Center 解决方案。就像在网络技术高速发展的时期，有许多的网络协议曾经是以太网的竞争对手一样，最终哪家会逐渐胜出还得看市场的选择。

3.2.3 软件定义的计算

虚拟化是软件定义的计算最主要的解决途径。虽然类似的技术早在 IBM S/360 系列的机器中已经出现过，但是真正"平民化"，走入大规模数据中心还是在 VMware 推出基于 x86 架构处理器的全虚拟化（Full-Virtualization）产品之后。随后，还有 Microsoft Hyper-V、Citrix XEN、Redhat KVM（Kernel-based Virtual Machine）、Sun VirtualBox（现在改叫 Oracle VM VirtualBox）、QEMU（Quick EMUlator）等商业或开源解决方案。虚拟化是一种用来掩蔽或抽象化底层物理硬件并在单个或集群化物理机之上并发运行多个操作系统的技术。虚拟机成为计算调度和管理的单位，可以在数据中心，甚至跨数据中心的范围内动态迁移而不用担心服务会中断。

基于虚拟机技术的计算虚拟化（见图 3-25）有三大特点。

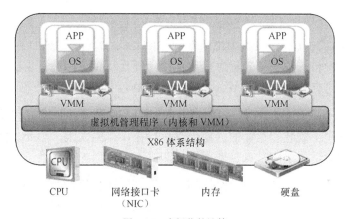

图 3-25　虚拟化的计算

● 支持创建多个虚拟机（VM），每个虚拟机的行为均与物理机相似，各自运行操作系统（可异构）与程序。

● 在虚拟机与底层硬件间有一层称之为虚拟机管理程序，它通常有内核与 VMM（Virtual Machine Manager，虚拟机管理器，又称作 Hypervisor）两大组件。

● 虚拟机可获得标准硬件资源（通过虚拟机管理程序模拟以及提供的硬件接口、服务来实现）。

虚拟机管理程序包含两个关键组件。

● 虚拟机管理程序内核提供与其他操作系统相同的功能，例如进程创建、文件系统管理和进程调度等。它经过专门设计，用于支持多个虚拟机和提供核心功能，例如资源调度、I/O 堆栈等。

● VMM 负责在 CPU 上实际执行命令以及执行二进制转换（BT)。它对硬件进行抽象化，以显示为具有自己的 CPU、内存和 I/O 设备的物理机。每个虚拟机会被分配一个具有一定份额的 CPU、内存和 I/O 设备的 VMM，以成功运行虚拟机。虚拟机开始运行后，控制权将转移到 VMM，随后由 VMM 开始执行来自虚拟机的指令。

虚拟机管理程序可分为两种类型:裸机虚拟机管理程序和托管虚拟机管理程序,如图 3-26 所示。

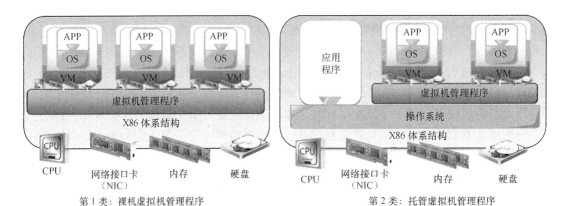

图 3-26　虚拟机管理程序两大类型

● **Native Hypervisor(裸机虚拟机管理程序)**:这类虚拟机管理程序直接安装在 X86 硬件上。裸机虚拟机管理程序可直接访问硬件资源。因此,它比托管虚拟机管理程序的效率更高——这一类型是规模化数据中心中的主要虚拟化形态。

● **Hosted Hypervisor(托管虚拟机管理程序)**:这类虚拟机管理程序是作为应用程序在操作系统上安装和运行的。由于它运行在操作系统上,因此支持最广泛的硬件配置——它更适用于测试人员使用模拟测试不同类型的操作系统平台。

容器计算是软件定义计算虚拟化的新锐势力,它与虚拟机技术的最大区别在于不需要虚拟化整个服务器的硬件栈(Server Hardware Stack),而是在操作系统层面对用户空间进行抽象化,因此我们也称其为 OS-level Virtualization(操作系统级虚拟化),以区别于之前的基于硬件虚拟化的虚拟机技术。基于容器技术的每个用户应用不需要单独加载操作系统内核(见图 3-27),在同样的硬件之上,可以支撑数以百计的容器,但是只能支撑数以十计的虚拟机。

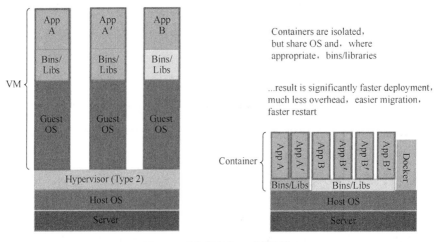

图 3-27　虚拟机架构 vs.容器架构

容器计算最早可以追溯到 UNIX 系统上的 chroot（1979 年），当时只是单纯为单个进程提供可隔离磁盘空间，1982 年这一特性实现在 BSD 操作系统之上。2000 年 FreeBSD v4 推出的 Jails 则是最早的容器计算。在 chroot 基础之上，它又实现了更多面向进程的沙箱功能。例如，隔离的文件系统、用户、网络，每个 jail 有自己的 IP 地址、可定制化软件安装与配置等，这可比 Docker 早了整整 13 年，比 Docker 一度（v0.9 之前）依赖的 LXC（基于 Linux cgroups & namespace）早了 8 年，比 Cloud Foundry 的 Warden 早了 11 年，比 Solaris Containers 早了 4 年，比 Linux OpenVZ（Open Virtuozzo）早了 5 年，比 Linux cgroups 早了 7 年（cgroups 基于谷歌公司 2007 年贡献给 Linux 内核的 Control Groups——其前身是谷歌内部 2006 年的 process container 项目，目的是可以对进程使用的系统资源高度可控）[8]。

容器技术因其具有比虚拟机技术更高的敏捷性、更优的资源利用率而备受初创公司、互联网企业的青睐。但是和任何新兴技术一样，容器技术面临的挑战（弱点）主要有三大方面。

● 安全与隔离：共性内核意味着在同一内核上的任何一个容器被攻破都可能会影响剩余的所有容器！

● 管理复杂性：容器在虚拟机基础上仅在数量上又上了一个数量级，而这些容器之间又可能产生复杂的对应关系，对容器系统的有效管理的需求显然是对现有管理系统的一个巨大挑战。

● 对状态服务、应用的支持：容器技术对无状态（Stateless）、MSA 类型应用的支持可谓完美，可是对于数据库类、ACID 类型服务支持还远未成熟。

表 3-4 中列出了常见的操作系统级容器虚拟化技术及功能比较。

表 3-4　　　　　　　　　　　　常见容器技术方案比较

	年份	FS 隔离	磁盘配额	I/O 配额	内存配额	CPU 配额	网络隔离	Root 隔离	热迁移	虚拟嵌套
Chroot	1982	√？	×	×	×	×	×	×	×	√
Jail	2000	√	√	×	√	√	√	√	√？	√
OpenVZ	2005	√	√	√	√	√	√	√	√	√？
ThinApp	2008	√	√	×	×	×	√	√	√	×
LXC	2008	√	√？	√？	√	√	√	√	×	√
Docker	2013	√	间接	间接	√	√	√	√	×	√
rkt	2015	√	√	√	√	√	√	√	√	√
LXD	2015	√	√？	√？	√	√	√	√	√	√

表 3-4 中 Linux LXD 是基于 LXC 构造的，准确地说是提供了一套优化的容器管理工具集（以及 Linux distro 分发模板系统）；ThinApp 是 VMware 公司的应用虚拟化（Application Virtualization）解决方案，面向 Windows 操作系统应用；rkt（appc）则是 CoreOS 公司联合业界推出的与 Docker 既兼容又对抗的容器虚拟化架构；Docker 在早期阶段也是基于 LXC 之上，不过随后推出了自己的 libcontainer 库，图 3-28 能很好地说明 Docker 的基本架构。

作为容器行业的头羊，Docker 公司对于容器计算寄予了厚望，他们认为未来的互联网架构不再是原有的基于 TCP/IP 协议的四层（物理硬件层、IP 层、TCP/UDP 层、应用层），而是由如图 3-29 所示的四层逻辑实体取代：

● 互联网硬件层；

● 互联网软件（容器）层；

● 互联网应用层；

● 程序员。

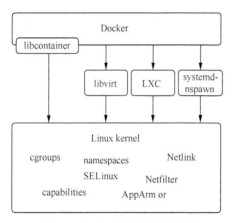
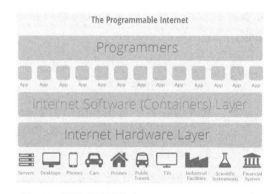

图 3-28　Docker 容器虚拟化功能接口　　　　　图 3-29　可编程互联网（The Programmable Internet）

这样的分层显然极大简化了网络、硬件、系统架构的复杂性，以服务为中心、以软件定义为中心、以应用，特别是微服务架构为中心，以面向程序员为中心，最终的目的是实现更敏捷的开发，更短的交付、上市时间，更高的系统效率以及更好的全面体验。

有理由相信，假以时日，容器的作为会更大，不过在相当长的一段时间内容器更侧重于第三平台的应用，特别是无状态类应用与服务，虚拟机技术更多地满足了第二平台的应用，特别是传统企业级应用。显然，容器与虚拟机技术会各自满足不同类型的应用需求，或业界的巨头们通常会把两者结合起来应用于一些典型业务场景，例如在虚拟机之上运行容器，或者在一个资源管理平台上允许并置容器、虚拟机与逻辑并进行统一调配、管理……

容器计算显然不会是软件定义的计算的最终形态，在 2015—2016 年又出现了两种新的概念（架构）：

● Serverless Computing（无主机计算）；

● Unikernels（统一内核）。

前者以 Amazon 公司的 AWS Lambda 服务为代表，让程序员或云、大数据服务的用户不再纠结于底层基础架构，而专注于业务需求的描述，它有着比容器计算更高的敏捷性，向着按需计算又迈进了一步（见图 3-30）。

后者，Unikernels 则是把容器虚拟化已经简化了的技术栈进一步地精简。

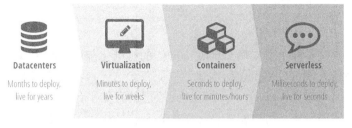

图 3-30　软件定义的计算的演进（1970—2020 年）

如图 3-31 所示，很显然，Unikernels 缩减了操作系统内核的足印（Footprint），也简化了每个容器化应用对底层的依赖关系，由此带来更快的部署、迁移运行速度——这也解释了为什么 Docker 在 2016 年年初收购了初创公司 Unikernels Systems（开源库操作系统 MirageOS 的开发者）。

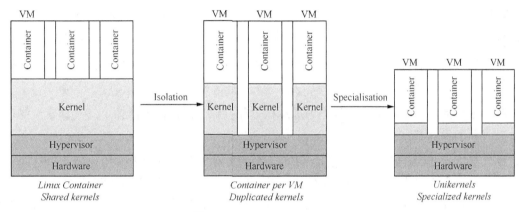

图 3-31　Container→Unikernels

最后，我们回顾并展望软件定义的计算的发展历程，始终是沿着不断追求更高效的系统处理能力、更敏捷的业务需求实现、更高的性价比、更好的用户体验目标前进，而这四点也同样适用于人类社会进步的普世价值追求。

3.2.4　软件定义的存储

软件定义存储源于 VMware 公司于 2012 年提出的软件定义的数据中心（SDDC）。存储作为软件定义的数据中心不可或缺的一部分，其以虚拟化为基础，但又不仅限于虚拟化。存储虚拟化一般只能在专门的硬件设备上应用，很多设备都是经过专门的定做才能够进行存储虚拟化。而软件定义存储则没有设备限制，可以简单地理解为存储的管理程序（类似于软件定义计算中虚拟机管理程序 VMM）。

软件定义存储是对现有操作系统和管理软件的一个结合，能够完整实现我们对存储系统的部署、管理、监控、调整等多种要求，可以给我们的存储系统带来敏捷、高可用、跨数据中心支持等特点。

软件定义存储通常具有如下几大特性：

● 开放性（Open）；

- 简单化（Simplified）；

- 可扩展性（Scalable）。

开放的软件定义存储主要指两个维度：API 的标准化与可编程平台的支持。使用标准的开放的 API，任何人都可以基于此而构建数据服务。这一点不仅有利于大的企业，对于创业公司更加方便，因为它为客户提供一个开放式底层的存储平台可以利用。开放的 API 必然是用来支撑一套可编程架构，可以实现一次编程、多次运行、无处不在的数据服务。此二者结合起来促进开放式开发社区的全局数据和自动化服务的交付。

简单化是所有存储应用与用户追求的目标，包括统一的管理接口与界面、自动化的存储配置与部署，便捷的存储扩展、升级及优化。现代存储系统自 20 世纪中叶诞生以来一直是一个非常专业化的领域，它的复杂性与挑战性令很多人望而止步，但是软件定义存储的出现在逐渐颠覆这一现象，存储变得更容易被管理，更容易满足客户与应用的需求。

可扩展性指的是存储系统中对同构或异构存储解决方案、服务的可接入性，它在一定程度上与系统的开放性类似，允许对存储系统实施动态的升级、扩展，接入第三方存储服务或设备等。

作为软件定义的存储的核心技术，我们先聚焦存储虚拟化，它可以在计算、网络和存储层实施。

- 在计算层，虚拟机管理程序为虚拟机分配存储空间，而屏蔽掉了（不暴露）物理存储的复杂性。

- 数据块（Block）和文件级别（File）的虚拟化是基于网络的虚拟化技术。这两项技术在网络层中嵌入虚拟化存储资源的智能，我们常见的 NFS/CIFS 网络协议正是这些存储虚拟化技术在网络层面的体现。事实上数据块与文件类型的存储从操作系统技术栈角度看通常是在不同层实现的。以 Linux 操作系统为例，如图 3-32 所示，文件系统通常在块设备之上实现（每多一层抽象、虚拟化，效率就会降低一点），这也解释了为什么通常基于块设备的解决方案的效率（数据吞吐率）高于基于文件系统。

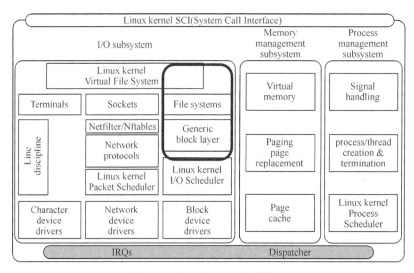

图 3-32　Linux 内核系统调用接口

● 在存储层，虚拟资源调配和自动存储分层一起简化存储管理，并帮助优化存储基础
架构（见图 3-33）。

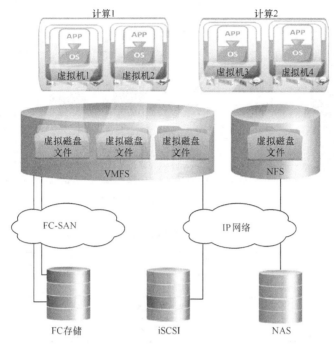

图 3-33　虚拟化的存储

　　下面我们以虚拟机为例介绍一下虚拟化计算、存储与网络如何整合工作。虚拟机通常是
作为一组文件存储在分配给虚拟机管理程序的存储设备上。其中一个名为"虚拟磁盘文件"
的文件表示虚拟机用来存储其数据的虚拟磁盘。虚拟磁盘对于虚拟机显示为本地物理磁盘驱
动器。虚拟磁盘文件的大小表示分配给虚拟磁盘的存储空间。虚拟机管理程序可以访问光纤
通道存储设备或 IP 存储设备，例如 iSCSI 和网络连接存储设备。虚拟机一直察觉不到可用于
虚拟机管理程序的总存储空间和底层存储技术。虚拟机文件可以由虚拟机管理程序的本机文
件系统［也被称为虚拟机文件系统（VMFS）］或网络文件系统（NFS）（如网络连接存储文
件系统）来管理。

　　主流的软件定义存储技术方案通常对数据管理（Control Plane）与数据读写（Data Plane）
实现分离，由统一的管理接口与上层管理软件交互，而在数据交互方面，则可以兼容各种不
同的连接方式。这种方式可以很好地与传统的软硬件环境兼容，从而避免"破坏性"的改造。
如何合理利用各级存储资源，在数据中心的级别上提供分层、缓存也是需要特别考虑的。因
此，软件定义存储中的控制层通常提供如：系统配置、自动化、自服务、管控中心等服务，
而在数据层则暴露给应用不同类型的存储服务，如对象存储、HDFS、文件或块存储。整个
SDS 系统逻辑组件可参考图 3-34。

　　软件定义的存储将抽象的控制层与数据层进行了分离，并提供接口给用户。用户可以使
用接口定义自己的数据控制策略。为什么要将抽象的控制层与数据层分离，并且提供接口给
用户调用？如表 3-5 所示，控制层是指对数据的管理策略，控制层不需要知道数据具体的存
储方式，如块、文件或者对象存储。控制层的时间损耗（延迟）级别是在毫秒级。数据层则

是指具体读写硬件方式，如块、文件或者对象读。时间延迟是在微秒级。

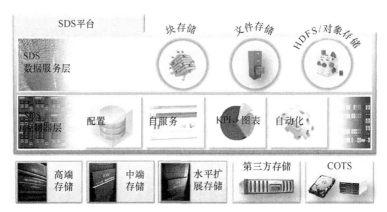

图 3-34 软件定义存储的逻辑组件与分层

表 3-5   存储控制层和数据层

	存储控制层	存储数据层
速度级别	毫秒级	微秒级
例子	数据服务的策略	Block、NAS、Object I/O
表示	数据服务策略	数据服务特性

　　用户在使用存储时，着重关注数据服务的策略，而这些策略与具体的数据存储方式无关。当今的存储虚拟化产品将存储控制和数据层结合，即数据服务的策略紧密依赖于数据存储的方式。事实上，数据存储速度是微秒级，而数据存储控制较慢。当实现数据服务策略时，主要的时间开销在控制层，而传统的存储虚拟化技术不能灵活配置存储控制，因此针对某个服务的变化，响应时间主要是控制开销。再者，用户存储数据时，必须对数据的控制和存储方式都需要足够的了解，这增加了使用存储资源的难度，而且存储资源的可扩展性不高。此外，由于传统的存储虚拟化技术缺少标准的存储数据监控功能，当某个设备出现问题时，用户只能依赖底层的一些存储机制（如日志）进行问题发现和定位。表 3-6 中描述了存储虚拟化与软件定义的存储之间的异同。

表 3-6   存储虚拟化与软件定义的存储

	存储虚拟化	软件定义的存储
Control Plane	抽象	抽象
Data Plane	抽象	不抽象
隔离性要求	高	低
时间开销	高	低
可扩展性	低	高
数据监控	低	高
数据安全	低	高

从软件定义的数据中心角度看，软件定义存储形成了一个统一的虚拟存储池（Unified Virtualized Storage Pool），该存储池提供了标准化接口的存储应用服务，例如典型的企业级 Exchange（邮件）、Hadoop（大数据分析）、VDI（远程桌面、瘦客户端后台）、数据库等存储服务。这些服务的等级、特性、优先级等可以通过软件定义数据中心的 SLA 等策略来规范与定制。图 3-35 形象地展示了软件定义存储与软件定义数据中心的逻辑关系。

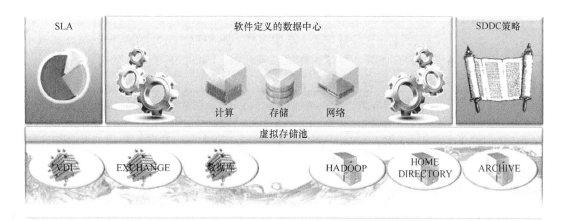

图 3-35　软件定义的数据中心之软件定义的存储

换一个角度，从技术栈视角去看软件定义的存储、网络与计算，结合时下流行的 OpenStack 平台组件，我们可以把一个软件定义的数据中心从功能上分为四层（自下而上，如图 3-36 所示）：

- 基础架构层；
- 云管理层；
- 云服务层；
- 管理界面层。

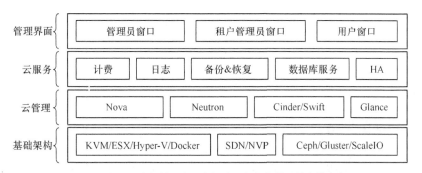

图 3-36　软件定义的数据中心之软件定义的存储（技术栈角度）

基础架构层由典型的计算虚拟化组件（KVM/Docker 等）、网络虚拟化（NVP/OpenFlow/Open vSwitch 等）以及存储虚拟化（Ceph/ScaleIO/VSAN 等）构成；云管理层则可视为对基础架构层的封装、标准化并向上层提供统一可编程与管理接口；云服务层向之上的管理界面提供了标准化服务接口，如计费、日志、数据库服务、数据备份与恢复等服务。

图 3-36 中的软件定义数据中心依旧缺失了另外两块主要的组件：

● Security（安全组件）；

● M&O（Management & Orchestration）管理与编排组件。

随着数据中心系统的规模与复杂度指数级地提高，管理这样一个庞大的系统需要高度的自动化以及与之匹配的安全保障。因此，对硬件与软件的综合管理与编排以及安全管理系统变得越来越重要，例如 VMware 的 vCenter、微软的 System Center、开源 OpenStack 项目都提供了各自的 SDDC M&O 组件。安全组件则通常会以系统安全分析、入侵预防与报警、漏洞检测、事件流分析等功能组件形式与 M&O 系统对接。图 3-37 展示了在软件定义的数据中心中，五大组件（软件定义的计算、存储、网络、安全及 M&O）的逻辑、分层关系。

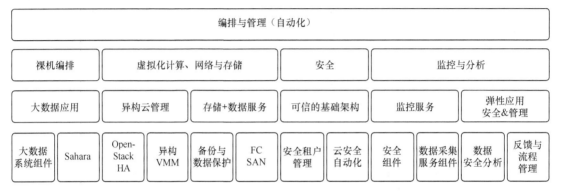

图 3-37　软件定义的数据中心五大组件逻辑架构图

需要指出的是无论是安全还是 M&O，它们整体的发展趋势都是朝着大数据、快数据、流数据的方向发展，相关系统的体系架构也一定是朝着分布式、并行式的云计算架构方向前进，这其中对网络（负责数据的迁移）、计算（负责通过对数据的计算、分析得出信息与智能）以及存储（负责数据最终的存放与管理）具有天然的需求。因此，我们在看待其中任何一个环节、部件或组件的时候，都需要有一个五位一体（见图 3-37）的全局观，这样才能避免片面、孤立或过度微观。

另据 IDC 2015 年提供的报告，未来企业级存储变革的四大关键技术分别是：闪存、软件定义、融合存储和云。闪存与融合存储指的都是硬件层面设备的迭代更新，而软件定义与云则是通过软件化、虚拟化（抽象化）来更好地把硬件接入到云化的软件系统架构内，以更好地服务于用户需求。

3.2.5　软件定义的网络

数据中心作为 IT 资源的集中地，是数据计算、网络传输、存储的中心，为企业和用户的业务需求提供 IT 支持。网络作为提供数据交换的模块，是数据中心中最为核心的基础设施之一，并直接关系到数据中心的性能、规模、可扩展性和管理性。随着云计算、物联网、大数据等众多新技术和应用的空前发展以及智能终端的爆炸式增长，以交换机为代表的传统网络设备为核心的数据中心网络已经很难适应企业和用户对业务和网络快速部署、灵活管理和控制，以及开放协作的需求，网络必须能够像用户应用程序一样可以被定制和编程，也就是软件定义的网络，也叫 SDN（Software Defined Networking，软件定义网络）。

　　SDN 的出现对 IT 产业乃至科技界的各方面产生了巨大的影响，甚至会在一定程度上重新划分当今的 IT 生态利益格局。对网络用户，特别是互联网厂商和电信运营商而言，SDN 意味着网络的优化和高效的管理，可以利用 SDN 提高网络的智能性和管控能力，大幅降低网络建设与运维成本，还可以促进网络运营商真正开放底层网络，大大推动互联网业务应用的优化和创新。对一些初创厂商而言，SDN 是获得快速发展的机遇。一是 SDN 是一个新兴技术，本身就是一个巨大的"金矿"，孕育着巨大的市场机会，对 SDN 的投入能够获得巨大的收益。IDC 表示 2016 年 SDN 市场规模将达到 37 亿美元，而 Infonetics 则相对"保守地"预测在 2017 年将实现 31 亿美元的市场规模。二是 SDN 让传统厂商和初创厂商重新站在同一条起跑线上。初创厂商不受既有产品和利益的约束，轻装上阵，有实现弯道超车的机会。而对传统厂商而言，SDN 则是机遇和挑战并存。一方面，SDN 的兴起为产业注入了新的活力，带来了新的需求和增长点，传统厂商可以抓住 SDN 的机遇扩大市场，增加收入和利润，另一方面，SDN 意味着目前网络设备软硬件一体的架构将被打破，软硬件解耦，网络设备只负责数据的转发，这样会让网络设备愈发标准化、低廉化，网络功能将逐渐由软件实现，设备利润转移到软件领域，传统厂商的传统地盘和利益将会受到威胁。在这种背景下，传统厂商对 SDN 的态度各不相同，有的是处于观望甚至是抵制的态度，有的则是积极探索 SDN 相关技术和产品，利用自己的江湖地位制定标准，掌握话语权，并准备在合适的时候收购一些初创厂商，继续维护自己的领地。

　　同软件定义的存储一样，在软件定义的网络中，首先要实现管理接口与数据读写分离。由软件定义的不仅仅是网络的拓扑结构（Network Topology），还包含层叠的结构（Layered Architecture）。前者可以利用开放的网络管理接口，例如 OpenFlow 来完成；后者则可能是基于 VxLAN 的层叠化虚拟网络。

　　SDN 可以用如下所示的逻辑架构来定义，一个 SDN 网络中包含三个架构层级（见图 3-38）：

- 数据平面（Data Plane）；
- 控制平面（Control Plane）；
- 应用层（Application Plane）。

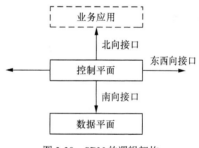

图 3-38　SDN 的逻辑架构

　　数据平面主要由网络设备（Network Device），即支持南向协议的 SDN 交换机组成。这些交换机可以是物理交换机或者虚拟交换机，它们保留了传统网络设备数据转发的能力，负责基于流表的数据处理、转发和状态收集。在当前 SDN 方法中，供应商只是把应用和控制器作为单独产品提供。例如，Nicira/VMware 将其应用和控制器打包到了一个单独的专属应用堆栈中。思科则通过把控制器嵌入 IOS 软件的方式把控制器打包到了 OnePK 产品中。

　　控制平面主要包含控制器及网络操作系统（Network Operation System，NOS），负责处理数据平面资源的编排、维护网络拓扑、状态信息等。控制器是一个平台，该平台向下可以直接使用 OpenFlow 协议或其他南向接口与数据平面会话；向上，为应用层软件提供开放接口，用于应用程序检测网络状态、下发控制策略。大多数的 SDN 控制器都提供了图形界面，这样可以将整个网络以可视化的效果展示给管理员。

顶层的应用层由众多应用软件构成，这些软件能够根据控制器提供的网络信息执行特定控制算法，并将结果通过控制器转化为流量控制命令，下发到基础设施层的实际设备中。事实上，应用层是 SDN 最吸引人的地方，原因是 SDN 实现了应用和控制的分离，开发人员可以基于控制器提供的 API 来自定义网络，自身只需专注于业务的需求而不需要像传统方式那样从最底层的网络设备开始来部署应用，这大大简化了应用开发的过程，而且，大部分 SDN 控制器向上提供的 API 都是标准化、统一化的，这使得应用程序不用修改就可以自由在多个网络平台移植。

SDN 网络控制器与网络设备之间通过专门的控制面和数据面接口连接，这一系列接口是支持 SDN 技术实现的关键，我们在下文中分别对三大类接口结构简述。

SDN 北向接口：北向接口是 SDN 控制器和应用程序、管理系统和协调软件之间的应用编程接口，通过控制器向上层业务应用开放的接口，业务应用能够便利地调用底层的网络资源和能力。通过北向接口，网络业务的开发者能以软件编程的形式调用各种网络资源；同时上层的网络资源管理系统可以通过控制器的北向接口全局把控整个网络的资源状态，并对资源进行统一调度。比如 OpenStack 项目中的 Neutron（Quantum）API 就是一个典型的北向接口，通过与多种 SDN 控制器集成对外开放，租户或者应用程序可以利用这组接口来自定义网络、子网、路由、QoS、VLAN 等，并且可以通过这些接口来查看当前网络的状况。

当前的北向接口并没有完全的标准，更多的是跟平台相关。SDN 组织正致力定义统一规范的北向接口，比如 ONF。ONF 执行总监 Dan Pitt 曾经指出，实在不行就开发一个标准北向 API。但通过一定规范来控制其潜在用途，供网络运营商、厂商和开发商使用。

北向接口的设计对 SDN 的应用有着至关重要的作用，原因是这些接口是为应用程序直接调用的，应用程序的多样性和复杂性对北向接口的合理性、便捷性和规范性有着直接的要求，这直接关系到 SDN 是否能获得广泛应用。

南向接口：南向 API 或协议是工作在两个最底层（交换 ASIC 或虚拟机）和中间层（控制器）之间的一组 API 和协议。它主要用于通信，允许控制器在硬件上安装控制平面决策从而控制数据平面，包括链路发现、拓扑管理、策略制定、表项下发等。其中链路发现和拓扑管理主要是控制其利用南向接口的上行通道对底层交换设备上报信息进行统一监控和统计，策略制定和表项下发则是控制器利用南向接口的下行通道对网络设备进行统一控制。

OpenFlow 是最为典型的南向协议。OpenFlow 定义了非常全面和系统的标准来控制网络，因而是目前最具发展前景的南向协议，也是获得支持多的网络协议，甚至有人将 OpenFlow 认为就是 SDN。本章将会在后面部分对 OpenFlow 进行更详细的介绍。

还有其他一些南向通信实现方式正在研究中，比如 VXLAN。VXLAN 规范记录了终端服务器或虚拟机的详细框架，并把终端站地图定义为网络。VXLAN 的关键假设是交换网络（交换机、路由器）不需要指令程序，而是从 SDN 控制器中提取。VXLAN 对 SDN 的定义是通过控制虚拟机以及用 SDN 控制器定义基于这些虚拟机通信的域和流量而实现的，并不是对以太网交换机进行编程。

东西向接口：SDN 发展中面临的一个问题就是控制平面的扩展性问题，也就是多个设备的控制平面之间如何协同工作，这涉及 SDN 中控制平面的东西向接口的定义问题。如果没有定义东西向接口，那么 SDN 充其量只是一个数据设备内部的优化技术，不同 SDN 设备之间还是要还原为 IP 路由协议进行互联，其对网络架构创新的影响力就十分有限。如果能够定义标准的控制平面的东西向接口，就可以实现 SDN 设备"组大网"，使得 SDN 技术走出 IDC 内部和数据设备内部，成为一种有革命性影响的网络架构。目前对于 SDN 东西向接口的研究还刚刚起步，IETF 和 ITU 均未涉及这个研究领域。通常 SDN 控制器通过控制器集群技术来解决这个问题，比如 Hazelcast 技术。控制器集群能提供负载均衡，故障转移，提高控制器的可靠性。

SDN 的出现打破了传统网络设备制造商独立而封闭的控制面结构体系，将改变网络设备形态和网络运营商的工作模式，对网络的应用和发展将产生直接影响。从技术层面和应用层面来看，SDN 的特点主要体现在以下几个方面。

- 数据平面与控制平面的分离，在控制面对网络集中控制。通过控制面功能的集中以及数据面和控制面之间的接口规范，实现对不同厂商的设备进行统一、灵活、高效的管理和维护。数据面和控制面的分离，并且支持集中控制，就是把原来 IP 网络设备上的路由控制平面，集中到一个控制器上，网络设备根据控制器下发的控制表项进行转发，自身不具备太多智能性。

- 网络接口开放。网络开放是 SDN 技术的本质特征，是目前 SDN 主要价值的体现。SDN 通过北向接口开放给应用程序，应用和业务可以通过调用 API 获取网络的能力，实现业务和网络的精密融合；通过南向接口的开放，实现网络控制层面和数据层面的分离，使得不同厂商的设备可以兼容；通过对东西向接口的开放，可以实现控制平面的扩展，使多个控制器协同工作，提高控制器的可用性。

- 实现网络的虚拟化。利用以网络叠加技术为代表的网络封装和隧道协议，让逻辑网络摆脱物理网络隔离，实现物理网络对上层应用的透明化，逻辑网络和物理网络分离后，逻辑网络可以根据业务需要进行配置、迁移，不再受具体设备物理位置的限制。同时，逻辑网络还支持多租户共享，支持租户网络的定制需求。目前，网络虚拟化主要用于数据中心。以近年来数据中心内的虚拟网络设备为代表：vSwitch、vRouter、vFirewall 等产品都是在通用服务器虚拟机平台上，通过软件的方式，模拟实现传统设备功能，从而实现灵活的设备能力以带来便捷的部署和管理。网络虚拟化将传输、计算、存储等能力融合，在集中式控制的网络环境下，有效调配网络资源，支持业务目标的实现和用户需求，提供更高的网络效率和良好的用户体验。

- 支持业务的快速部署，简化业务配置流程。传统网络由于网络和业务割裂，大部分网络的配置是通过命令行或者网络管理员手工配置的，由于本身是一个静态的网络，当遇到需要网络及时做出调整的动态业务时，就显得非常低效，甚至无法实施。SDN 的集中控制和可编程能力使得整个网络可在逻辑上被视作一台设备进行运行和维护，无需对物理设备进行现场物理分散配置，开放的 API 使得用户业务可以利用编排工作流实现业务部署和业务调整的自动化实施，这些可以让用户业务的部署和调整摆脱手工分散配置的约束，降低设备配置风险，提高网络部署的敏捷性。

- 更好地支持用户个性化定制业务的实现，为网络运营商提供便捷的业务创新平台。SDN 的核心是软件定义，其本质是网络对业务的快速灵活响应和快速业务创新。

网络虚拟化包括物理网络和"虚拟机（VM）"网络的虚拟化。物理网络可能包含网络适配器、交换机、路由器、网桥、中继器和集线器。物理网络提供以下连接：

- 运行虚拟机管理程序的物理服务器之间的连接；
- 物理服务器与客户端之间的连接；
- 物理服务器与存储系统之间的连接。

虚拟机网络驻留在物理服务器中。它包括称为"虚拟交换机"的逻辑交换机，其功能与物理交换机类似。虚拟机网络可实现物理服务器中虚拟机之间的通信。例如，某个运行业务应用程序的虚拟机可能需要通过防火墙服务器对其流量进行筛选，而该服务器可能是同一物理服务器中的另一个虚拟机。通过虚拟机网络对这些虚拟机进行内部连接是非常有益的。通过物理网络连接它们将增加虚拟机流量的延迟，因为流量需要经过外部物理网络。

虚拟机管理程序内核连接到虚拟机网络（见图 3-39）。虚拟机管理程序内核使用虚拟机网络与管理服务器和存储系统通信。管理服务器可以是在物理服务器中托管的虚拟机。对于驻留在不同物理服务器中的两个虚拟机之间的通信以及虚拟机与其客户端之间的通信，虚拟机流量必须经过虚拟机网络和物理网络。此外，在虚拟机与物理网络之间传输还需要虚拟机管理程序流量。因此，必须将虚拟机网络连接到物理网络。

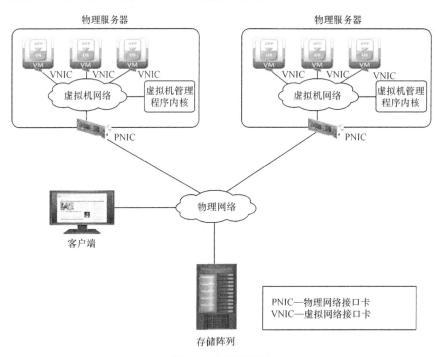

图 3-39　网络虚拟化

与传统数据中心（CDC）内的联网类似，虚拟数据中心（VDC）内的联网也需要使用基本构造组件。VDC 网络基础架构同时包含物理组件和虚拟组件（见表 3-7）。这些组件相互连接以传输网络数据。

表 3-7 网络虚拟化

组件	描述
虚拟网络接口卡	将虚拟机连接到虚拟机网络 与虚拟机网络之间双向传输虚拟机流量
虚拟 HBA（Host-Bus Adapter）	使虚拟机可以访问为其分配的光纤通道原始设备映射磁盘/LUN（Logic Unit Number）
虚拟交换机	构成虚拟机网络的以太网交换机 提供与虚拟网络接口卡的连接并转发虚拟机流量 提供与虚拟机管理程序内核的连接并定向虚拟机管理程序流量：管理、存储、虚拟机迁移
物理适配器：网络接口卡（NIC）、HBA、聚合网络适配器	将物理服务器连接到物理网络 与物理网络之间双向转发虚拟机流量和虚拟机管理程序流量
物理交换机、路由器	构成支持以太网/光纤通道/iSCSI/FCoE 的物理网络 提供以下连接：物理服务器之间的连接、物理服务器与存储系统之间的连接，以及物理服务器与客户端之间的连接

网络组件（如虚拟网络接口卡、虚拟 HBA 和虚拟交换机）是使用虚拟机管理程序在物理服务器中创建的。通过虚拟网络接口卡，虚拟机可以连接到虚拟机网络。它们向/从虚拟机网络发送/接收虚拟机流量。使用虚拟 HBA，虚拟机可以访问为其分配的光纤通道原始设备映射磁盘/LUN。

虚拟交换机用于构成虚拟机网络并支持以太网协议。它们提供与虚拟网络接口卡的连接并转发虚拟机流量。此外，它们还定向与虚拟机管理程序内核之间双向传输的管理流量、存储流量和虚拟机迁移流量。

物理适配器［如网络接口卡（NIC）、主机总线适配器（HBA）和聚合网络适配器（CNA）］使物理服务器可以连接到物理网络。它们与物理网络之间双向转发虚拟机流量和虚拟机管理程序流量。

物理网络包含物理交换机和路由器。物理交换机和路由器提供以下连接：物理服务器之间的连接、物理服务器与存储系统之间的连接，以及物理服务器与客户端之间的连接。根据支持的网络技术和协议，这些交换机可定向以太网、光纤通道、iSCSI 或 FCoE 的流量。

目前在 SDN 的实现方案中，主要存在两种，一种是强调以网络为中心（Network-Dominant），主要是利用标准协议 OpenFlow 来实现对网络设备的控制，可以看成是对传统网络设备（交换机、路由器等）的改造和升级；另一种是以主机为中心（Host Dominant），以网络叠加技术（Network Overlay）来实现网络虚拟化，应用场景主要是数据中心。

我们在这里对这两种 SDN 实现方案分别做个简单描述。

（1）以网络为中心的 SDN。

以网络为中心的 SDN 的技术核心是 OpenFlow 协议，OpenFlow 技术最早由斯坦福大学于 2008 年提出，它是一种通信协议，用来提供对网络设备诸如交换机和路由器的数据转发平面（Data Forwarding Plane）的访问控制。OpenFlow 旨在基于现有的 TCP/IP 技术条件，以创新的网络互联理念解决当前架构在面对新的网络业务和服务时所产生的各种瓶颈。

OpenFlow 的核心思想很简单，就是将原本完全由交换机/路由器控制的数据包转发过程，转化为由控制服务器（Controller）和 OpenFlow 交换机（OpenFlow Switch）分别完成的独立过程。也就是说，使用 OpenFlow 技术的网络设备能够分布式部署、集中式管控，使网络具有软件可定义的形态，可对其进行定制，快速建立和实现新的功能与特征。

基于 OpenFlow 技术的 SDN 架构主要包括基础设施层（Infrastructure Layer）、控制层（Control Layer）和应用层（Application Layer），如图 3-40 所示。基础设施层代表网络的底层转发设备，包含了特定的转发面抽象。控制层集中维护网络状态，并通过南向接口（控制和数据平面接口，如 OpenFlow）获取底层网络设备信息，同时为应用层中的各种商业应用提供可扩展的北向接口。

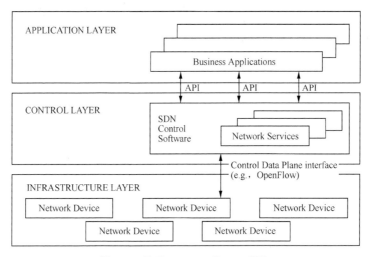

图 3-40　基于 OpenFlow 的 SDN 架构

网络智能在逻辑上被集中在基于软件方式的 SDN 控制器中，它维护着网络的全局视图。因此，对于应用来说，网络就类似于一个单一的、逻辑上的交换机。利用 SDN，企业和运营商能够从一个单一的逻辑节点获得独立于设备供应商的对整个网络的控制，从而大大简化网络设计和操作。由于不再需要理解和处理各种不同的协议标准，而只是单纯地接收来自 SDN 控制器的指令，网络设备自身也同时能够得到极大的简化。

网络管理员能够以编程方式来自动化配置网络抽象，而不用手工配置数目众多的分散的网络设备。另外，通过利用 SDN 控制器的集中式智能，IT 部门可以实时改变网络行为，可以在数小时或者数天之内部署新的应用和网络服务，而不是像现在一样需要数周或者几个月的时间。通过将网络状态集中到控制层，SDN 利用动态和自动的编程方式为网络管理者提供了灵活的配置、管理、保护和优化网络资源的方式。而且，管理员可以自己编写这些程序，而不用等待新功能被嵌入到供应商的设备中和网络的封闭软件环境之中。

除了提供对网络的抽象之外，SDN 架构还支持 API 接口来实现那些通用网络服务，包括路由、多播、访问控制、带宽管理、流量规划、QoS、处理器和存储资源优化、能源使用，以及所有形式的策略管理和商业需求定制。例如，SDN 架构可以很容易在校园的有线和无线网中定义和实施一致的管理策略。

同样，SDN 也使得通过智能编排和配置系统（Intelligent Orchestration and Provisioning

Systems）来管理整个网络变得可能。ONF（Open Network Foundation）正在研究如何通过开放 API 接口来促进多供应商管理方式。在这种方式中，用户可以实现资源按需分配、自助服务管理、虚拟网络构建以及安全的云服务。

（2）以主机为中心的 SDN。

以主机为中心的 SDN 实现方案是为了满足云计算时代的数据中心对网络服务的交付能力要求而设计的。实际上，在所有的网络环境中，数据中心是最早遭遇到网络束缚的地方。数据中心作为互联网内容和企业 IT 的仓储基地，是信息存储的源头。为了满足日益增长的网络服务需求，特别是互联网业务的爆发式需求，数据中心逐渐向大型化、自动化、虚拟化、多租户等方向发展。传统的网络架构处于静态的运作模式，在网络性能和灵活性等诸多方面遭遇到挑战。数据中心为了适应这种变化只能疲于奔命，不断对物理网络设施升级改造，增加 IT 设施投资来提高服务水平，这使得网络环境更加复杂，更难控制。各种异构的、不同协议的网络设备之间的兼容性和互通性令人望而生畏；不同设置间分散的控制方法让网络的部署更困难，同时，这也给数据中心增加了巨大的经济成本和时间成本压力。在这种背景下，数据中心对 SDN 技术有最直接的需求，这也是 SDN 技术发展的最直接动力。

以主机为中心的 SDN 是以主机为中心，将控制平面和数据平面分离，将设备或服务的控制功能从其实际执行中抽离出来，为现有的网络添加编程能力和定制能力，使网络有弹性，易管理而且有对外开放能力；数据平面则不改变现有的物理网络设置，利用网络虚拟化技术实现逻辑网络。

● 在控制层面上，以主机为中心的 SDN 实现方案提供了集中化的控制器，集中了传统交换设备中分散的控制能力。除了完成 SDN 控制器的南向、北向及东西向的功能，通常还作为数据中心的一个模块或者是一个单独的组件，支持和其他的多种管理软件的集成，比如资源管理、流程管理、安全管理软件等，从而将网络资源更好地整合到整个 IT 运营中。

● 在数据平面，主要以网络叠加（Network Overlay）技术为基础，以网络虚拟化为核心。这种方式不改变现有的网络，但是在服务器 Hypervisor 层面增加一层虚拟的接入交换层来提供虚拟机间快速的二层互通隧道。通过在共享的底层物理网络基础上创建逻辑上彼此隔离的虚拟网络，底层的物理网络对租户透明，使租户感觉自己是在独享物理网络。网络叠加技术使数据中心的网络从二层网络的限制中解放了出来，只要 IP 能到达的地方，虚拟机就能够部署、迁移，网络服务就能够交付。

网络叠加技术指的是一种在网络架构上叠加的虚拟化技术模式，其大体框架是对基础网络不进行大规模修改的条件下，实现应用在网络上的承载，并能与其他网络业务分离。其实这种模式是以对传统技术的优化而形成的。早期的就有支持 IP 之上的二层 Overlay 技术，如 RFC 3378（Ethernet in IP）。并且基于 Ethernet over GRE 的技术，H3C 与 Cisco 都在物理网络基础上发展了各自的私有二层 Overlay 技术——EVI（Ethernet Virtual Interconnection）与 OTV（Overlay Transport Virtualization）。EVI 与 OTV 都主要用于解决数据中心之间的二层互联与业务扩展问题，并且对于承载网络的基本要求是 IP 可达，部署上简单且扩展方便。

在技术上，网络叠加技术可以解决目前数据中心面临的三个主要问题。

- 解决了虚拟机迁移范围受网络架构限制的问题。网络叠加是一种封装在 IP 报文之上的新的数据格式，因此，这种数据可以通过路由的方式在网络中分发，而路由网络本身并无特殊网络结构限制，具备大规模扩展能力，并且对设备本身无特殊要求，以高性能路由转发为佳，且路由网络本身具备很强的故障自愈能力、负载均衡能力。采用网络叠加技术后，企业部署的现有网络便可用于支撑新的云计算业务，改造难度极低（除性能可能是考量因素外，技术上对于承载网络并无新的要求）。

- 解决了虚拟机规模受网络规格限制的问题。虚拟机数据封装在 IP 数据包中后，对网络只表现为封装后的网络参数，即隧道端点的地址，因此，对于承载网络（特别是接入交换机），MAC 地址规格需求极大降低，最低规格也就是几十个（每个端口一台物理服务器的隧道端点 MAC）。当然，对于核心网关处的设备表项（MAC/ARP）要求依然极高，当前的解决方案仍然是采用分散方式，通过多个核心网关设备来分散表项的处理压力。

- 解决了网络隔离/分离能力限制的问题。针对 VLAN 数量 4,096 以内的限制，在网络叠加技术中引入了类似 12 比特 VLAN ID 的用户标识，支持千万级以上的用户标识，并且在 Overlay 中沿袭了云计算"租户"的概念，称之为 Tenant ID（租户标识），用 24 或 64 比特表示。

在网络叠加技术领域，IETF 目前主要有三大类技术路线（见表 3-8）：

- VXLAN（Virtual eXtensible LAN）；

- NVGRE（Network Virtualization using Generic Routing Encapsulation）；

- STT（Stateless Transport Tunneling）。

以上三种二层网络叠加技术，大体思路均是将以太网报文承载到某种隧道层面，差异性在于选择和构造隧道的不同，而底层均是 IP 转发。VXLAN 和 STT 对于现网设备对流量均衡要求较低，即负载链路负载分担适应性好，一般的网络设备都能对 L2-L4 的数据内容参数进行链路聚合或等价路由的流量均衡，而 NVGRE 则需要网络设备对 GRE 扩展头感知并对 flow ID 进行 HASH，需要硬件升级；STT 对于 TCP 有较大修改，隧道模式接近 UDP 性质，隧道构造技术属于革新性，且复杂度较高，而 VXLAN 则利用了现有通用的 UDP 传输，成熟性极高。总体比较，VXLAN 技术相对另外两项具有一定优势。

表 3-8   IETF 三种 Overlay 技术比较

技术路线	主要支持者	支持方式	网络虚拟化方式	数据新增包头长度	链路 HASH 能力
VXLAN	Cisco,VMware Citrix, RedHat, Broadcom	L2 over UDP	VXLAN 报头 24bit VNI	50 Bytes（+原数据）	现有网络可进行 L2-L4 HSAH
NVGRE	HP,MS, DELL,Intel Emulex, Broadcom	L2 over GRE	NVGRE 报头 24bit VSI	42 Bytes（+原数据）	GRE 头的 HASH，需要网络升级
STT	VMware（Nicira）	L2oTCP（无状态 TCP，即 L2 在类似 TCP 的传输层）	STT 报头 64bit Context ID	58~76 Bytes（+原数据）	现有网络可进行 L2-L4 HSAH

软件定义的网络将网络的边缘从硬件交换机推进到了服务器里面,将服务器和虚拟机的所有部署、管理的职能从原来的系统管理员+网络管理员的模式变成了纯系统管理员的模式,让服务器的业务部署变得简单,不再依赖于形态和功能各异的硬件交换机,一切归于软件控制,可以实现自动化部署。这就是网络虚拟化在数据中心中最大的价值所在,也是为什么大家明知商品现货服务器的性能远远比不上专用硬件交换机但是还是使用网络虚拟化技术的根本原因。甚至可以说 SDN 概念当年的提出,很大程度上是为了解决数据中心里面虚拟机部署复杂的问题。云计算是 SDN 发展的第一推动力,而 SDN 为网络虚拟化、软件定义和云计算提供了强有力的自动化手段。

网络叠加技术作为软件定义网络在数据平面的实现手段,解决了虚拟机迁移范围受到网络架构限制,解决了虚拟机规模受网络规格限制,解决了网络隔离/分离能力限制。同时,各种支持网络叠加的协议,技术正不断演进,VXLAN 作为一种典型的叠加协议,最具有代表性,Linux 内核 3.7 已经加入了对 VXLAN 协议的支持。另外,除了本节介绍的 VXLAN、NVGRE、STT 草案,一个由 IETF 工作组提交的网络虚拟化叠加 (NVO3) 草案也在讨论之中;另一方面,各大硬件厂商也都在积极参与标准的制定和研发支持网络叠加协议的网络产品,这些都在推动着 SDN 技术的进步。

3.2.6 资源管理、高可用与自动化

当服务器、存储和网络已经被抽象成虚拟机(含容器)、虚拟存储对象(块设备、文件系统、对象存储)、虚拟网络,这些虚拟化资源从数量上和表现形式上都与硬件有了明显的区别。这个时候,数据中心至多可以被称为"软件抽象"的,但还不是软件定义的。因为各种资源现在还无法建立起有效的联系。要统一管理虚拟化之后的资源,不仅仅是将状态信息汇总、显示在同一个界面,更进一步的,需要能够用一套统一的接口,集中管理这些资源。例如 VMware 的 vCenter 和 vCloud Director 系列产品或 Amazon AWS 的 Management Console 能够让用户对其数据中心中或云计算基础架构中的计算、存储、网络等资源进行集中管理,并能提供访问权限控制、数据备份、高可靠性等额外的功能支持。

软件定义的数据中心中所有资源都作为一个整体,根据用户的服务请求来提供可靠、安全、灵活、弹性以及自助控制(自动化)的管理。表 3-9 中列出了以上各项指标的评估标准与实现策略。

表 3-9   SDDC 资源管理评价指标与实现策略

指标	说明	标准	策略
可靠	数据中心的基础设施要不中断服务,包括硬件的正确性、性能等。数据中心的数据访问要保证正确性、可用性(完整性)	服务的连续性(基本不中断)、响应时间(符合 SLA)、服务完成的结果(正确)、支持多租户	HA(高可用性群集)、Checkpoint/Recovery(快照和恢复)、Multi-tenancy(多租户)
安全	数据中心的基础设施要保证服务的隔离性,不受攻击的影响;数据不发生泄露、错误或者丢失等	基础设施访问控制强,数据存取访问控制强,且不泄露	架构安全、数据访问安全、数据隐私保护
灵活	数据中心的基础设施根据服务的要求灵活调整,并且调度好数据的迁移、存取、备份等	基础设施可以动态分配和协调,数据具有良好的迁移、存储、备份能力	精简配置(Thin Provisioning)、在线迁移(Live Migration)、负载均衡(Workload Balancing)

续表

指标	说明	标准	策略
弹性	数据中心的基础设施可以动态扩展，并且根据服务的需求数据可以海量存储和计算	基础设施可动态扩展，数据可海量存储和计算	海量数据的存储与计算（Big Data Storage and Computing）、实时扩展性（Instant Scalability）
自动化	数据中心的基础设施可以自动接入并管理，控制与数据管理分离，可自动化定制数据计算和保护策略，而数据的存储可以跨平台	硬件资源自动接入，卸载和监控，数据计算、保护、存储透明	监控（Monitoring）、审计（Reconciliation）、资源感知（Auto-Discovery）

我们在这里简要论述一下表中列出的资源管理的策略。

- **资源的感知（Resource Auto Discovery）**：当某个物理设备接入软件定义的数据中心，需要被数据中心感知。资源感知的原理是采用物理资源服务器与设备驱动交互的方式。当某个物理资源加载或者卸载时，分为以下几步：（1）设备驱动将指令、设备信息以及策略信息通过高速消息总线传给资源服务器；（2）资源服务器检查指令（加载/卸载），并将设备信息以及策略信息添加或删除；（3）资源服务器定期轮询设备的资源使用情况；（4）资源管理器提供 API 供上层调用该设备。

- **监控（Monitoring ＆ Management）**：监控包括资源监控、安全监控、性能监控以及数据监控等。资源监控是指对所管理的硬件资源进行监控，包括计算、网络、存储。监控的内容包含了几乎服务所关心的重要流程：（1）消息管理；（2）访问管理；（3）分配管理；（4）用户管理；（5）业务管理；（6）故障管理等。由于不同的软件定义中心所采用的方法和模块工具不尽相同，以 OpenStack 为例，资源管理监控模块为 Horizon。Horizon 是一个基于 Web 接口的监控模块，它连接了计算管理模块 Nova、存储管理模块 Cinder、网络模块 Quantum，以及访问控制模块 KeyStone，提供了 API 接口供用户监控资源时使用。这样客户可以基于这些 API 对资源进行监控。

- **审计（Reconciliation）**：审计是在资源监控基础上，对资源和数据的使用状况及其状态进行汇总和记录，并产生报表，以供用户日后进行故障排除以及动态性能调整时使用。常见的审计对象为数据中心架构和数据信息。数据审计的方法有：（1）数据的有效性（Data Veracity），数据产生的类型和质量及其产生的数据流依赖关系；（2）数据风险，根据数据管理的函数或结构类型，对数据的操作进行分析；（3）数据访问及重用，对数据访问进行记录，并分析可重用数据。架构的审计方法有：（1）系统日志，记录系统运行日志；（2）环境配置，记录环境配置信息；（3）访问控制，对用户登录和对资源使用等进行访问控制。

- **高可用性群集（HA）**：高可用性群集方法原先主要为防止服务器设备的故障（如网络、存储连接断开），在数据中心里增加一个 stand-by 的备用节点，当主用节点突然出现故障，可使用备用节点保证数据服务的连续性。在正常服务处理客户请求时，仅有一个服务器处于激活状态。而高可用性集群实现方法可以不同。例如，根据存储设备共享不同，可以分为 3 种。（1）使用镜像存储的集群。在集群中创建镜像存储，每个节点不仅写其对应的存储，而且还写其他节点上的镜像存储。（2）不共享的集群，在任意时刻，仅有一个节点拥有存储。当前节点出现故障时，另一个节点开始使用存储。典型的例子包括 IBM High Availability Cluster Multiprocessing（HACMP）以及 Microsoft Cluster Server（MSCS）。（3）共享存储。所有的节点都访问相同的存储，建立锁机制来保护竞争条件以及防止数据损坏。典型的例子包括 IBM Mainframe Sysplex Techology 以及 Oracle Real Application Cluster。

- **快照&恢复（Checkpoint & Recovery）**：软件定义的数据中心利用虚拟化的资源提供服务。而快照（Snapshot）信息可以帮助记录节点的状态。当节点发生故障时，可以利用先前保存的快照，选择回退点（Checkpoint）来恢复到之前的正确状态。保存快照的对象既可以是计算节点，也可以是网络设备或存储节点。由于在软件定义的数据中心，所有的对象都是虚拟对象，因此大部分的对象快照可以是虚拟机快照（计算虚拟机、存储虚拟机、网络设备虚拟机）。设定快照的间隔时间，连续保存快照。当发生错误时，选择合适的快照进行恢复。常见的虚拟机平台 Xen、KVM、VMware 都有快照功能。而选择合适的回退点是一个较难的问题，选择的回退点不能离故障点远，又要保证恢复后状态正确。

- **安全保护及数据隐私（Security & Privacy）**：计算节点的安全保护包括系统安全和软件安全，进一步又分为漏洞攻击防御和恶意代码阻止；网络安全包括网络协议安全性，如 SSL 密钥保护、网络包重放攻击防御（Replay Attack）、拒绝服务攻击防御（DDos）等。在软件定义的网络中，控制节点定义的规则及策略的完整性保护是一个新问题；存储安全包括存储系统的安全、连接安全以及数据安全。在软件定义的数据中心，用户的数据都存放在云端，如何保证用户数据的隐私也是一个重要的课题。越来越多的厂商开始关注这个问题，然而目前还没有一个全面的解决办法。已有的方法包括数字水印、数据模糊（加噪音）、数据加密等。

- **负载均衡（Load Balancing）**：目前常见的有三种负载均衡策略：（1）循环轮替（Round-Robin）DNS，把同一个域名对应不同的 IP，客户端将实现 IP 轮换，当访问某个 DNS 时，选择排在第一位的 IP 进行访问；（2）软件负载平衡，如 Apache/Nginx、LVS（Linux Virtual Server）等；（3）弹性负载平衡（Elastic Load Balancing，ELB），其特点是可以跨区域的负载平衡（例如，美国的东西海岸、中国的北方/南方）。

- **精简配置（Thin Provisioning）**：精简配置主要用于软件定义数据中心的存储资源分配。利用虚拟化、容器等技术，对用户服务所需要的存储物理资源分配时，提供刚好满足用户服务所需的存储资源，而实际分配的资源等于用户服务实际使用的资源。例如在给用户服务需要 150GB 存储，而当前实际使用 10GB，精简配置给用户的存储视图是 150GB，但实际存储资源配给为 10GB。精简配置的优势是按需动态分配资源，可以最大化利用存储资源。特别是软件定义数据中心集中管理存储资源时，精简配置可以帮助管理者有效管理有限的资源且提供良好的资源扩展性。目前的一些虚拟化平台如 VMware 的 vsphere 已经提供了相关的技术实现。

- **动态迁移（Live Migration）**：动态迁移主要用于软件定义数据中心的计算资源和存储资源。动态迁移的对象包括虚拟机以及存储的数据，一般用于性能或安全性考虑，例如负载均衡、灾备等。动态迁移已经被一些常见的虚拟化平台使用，包括 VMware 的 vMotion、KVM 的 Live migration。动态迁移可以分为两种技术：前拷贝（Pre-Copy）

和后拷贝（Post-Copy）。前拷贝技术原理是将虚拟机或者数据当前的快照全部从源端拷贝到目的端，再利用 COW（Copy-On-Write）技术将更新的数据拷贝到目的端。后拷贝技术原理是将虚拟机或者数据主要部分（保证服务正常运行）先从源端拷贝到目的端，在目的端使用数据时，对未传递的数据向源端索要。前拷贝的优势是速度较快，但在一开始快照传输时对服务暂停操作时间较长；而后拷贝的优势是一开始主要数据传输对服务暂停操作时间较短，但整体的速度较慢，因为后续使用数据时要向源端索要缺失的数据。

比资源管理更贴近最终用户的是一系列的服务，如图 3-24 软件定义数据中心分层模型所示，可以是普通的邮件服务、文件服务、数据库服务，也可能是针对大数据分析的 Hadoop 集群等服务。对于配置这些服务来说，软件定义数据中心的独特优势是自动化。例如 VMware 的 vCAC（vCloud Automation Center）就可以按照管理员预先设定的步骤，自动部署几乎任何传统服务，从数据库到文件服务器。绝大多数部署的细节都是预先定义的，管理员只需要调整几个参数就能完成配置。即使有个别特殊的服务（例如用户自己开发的服务），没有事先定义的部署流程，也可以通过图形化的工具来编辑工作流程，并且反复使用。

从底层硬件到提供服务给用户，资源经过了分割（虚拟化）、重组（资源池）、再分配（服务）的过程，看似增加了许多额外的层次。从这个角度看，"软件定义"不是免费的。但层次化的设计，有利于各种技术并行发展和协同工作。这与网络协议的发展非常类似。TCP/IP 协议簇正是因为清晰地定义了各协议层次的职责和互相的接口，才能够使参与的各方都能协同发展。研究以太网的可以关注提高传输速度和链路状态的维护，研究 IP 层的则可以只关心与 IP 路由相关的问题。让专家去解决他们领域内的专业问题，无疑是效率最高的。

软件定义的数据中心的每一个层次都涉及许多关键技术。有些技术由来已久，但是被重新定义和发展了的，例如软件定义的计算、统一的资源管理、安全计算和高可靠等；有些技术则是全新的，并仍在迅速发展，例如软件定义的存储、软件定义的网络、自动化的流程控制。这些技术是软件定义数据中心赖以运转的关键，也是软件定义数据中心的核心优势。

高可用性（Availability）指的是一个系统在约定的时间段内能够为用户提供服务满足或超过约定的服务级别，如访问接入、任务调度、任务执行、结果反馈、状态查询等。而服务级别通常表述为系统不可用的时间低于某个阈值（Threshold）。如果任何一个关键环节出错或停止响应，则称目前系统状态为不可用。通常将系统处于不可用状态的时间称为停机时间（宕机时间）。可用性的量化衡量：可用性通常表述为系统可用时间占衡量时间段的百分比，通常可以采用一年或一个月作为衡量时间段，具体选择取决于服务合约、计量收费等实际需求。表 3-10 中给出了不同的可用性指标（由表可见，宣称达到 7 个 9 甚至 11 个 9 的系统，每年的宕机时间低到 3s～0.3ms，殊为惊人，业界通常将 5 个 9 以上的系统称为零宕机时间系统）。

表 3-10　　　　　　　　系统可用性与停机时间对照

可用性	停机时间/年	停机时间/月	停机时间/日
90%	36.5 天	72 小时	16.8 小时
95%	18.25 天	36 小时	8.4 小时

续表

可用性	停机时间/年	停机时间/月	停机时间/日
99%（2 个 9）	3.65 天	7.2 小时	1.68 小时
99.9%（3 个 9）	8.76 小时	43.8 分钟	10.1 分钟
99.99%（4 个 9）	52.6 分钟	4.3 分钟	1.0 分钟
99.999%（5 个 9）	5.26 分钟	25.9 秒	6.05 秒
99.9999%（6 个 9）	31.5 秒	2.59 秒	0.605 秒
…	…		
99.999999999%	0.3 毫秒	25 微秒	<1 微秒

零宕机时间（Zero-Down-Time）系统设计意味着一个系统的平均失效间隔时间（Mean Time Between Failure，MTBF）大大超过了系统的维护周期（宕机时间）。在这样的系统中，平均失效间隔时间通过合理的建模与模拟执行计算得到。零停机时间通常需要大规模的组件冗余，在软件、硬件、工程领域屡见不鲜。例如，我们熟知的全球卫星定位系统（GPS）通常使用 5 个或以上的卫星来实现定位、时间与系统冗余就是一个典型的例子。类似的还有悬索桥（Suspension Bridge）的多根竖索就是典型的高冗余设计。

高可用性系统通常致力于最小化两个指标：系统停机时间（Down-Time）与数据丢失（Data-Loss）。高可用性系统至少需要保证在单个节点失败/停机的情况下，能够保持足够小的停机时间和数据丢失；同时在下一个可能的单节点失败出现之前，利用热备（Hot Standby）节点修复集群，将系统恢复到高可用性状态。

单点失效或单点瓶颈（Single Point of Failure 或 Single-Point-Bottleneck，SPoF），即系统中任何一个独立的硬件或软件出现问题后，就会导致不可控的系统停机或者数据丢失。高可用性系统一个关键的职责就是要避免出现单点失效。为此，系统中的所有组件都要保证足够的冗余率，包括存储、网络、服务器、电源供应、应用程序等。更复杂的情况下，系统可能会出现多点失效，即系统中出现超过两个节点同时失效（失效时间段重叠，且互相独立）。很多高可用性系统在这种情况下无法幸存；当问题出现的时候，通常避免数据丢失具有更高的优先级，相对于系统停机时间而言。

为了达到 99%甚至更高的可用性，高可用性系统需要一个快速的错误检测机制，以及保证相对很短的恢复时间（Recovery Time Objective，RTO）。当然尽量长的平均失效间隔时间（MTBF）对保证高可用性也是至关重要的。简而言之，尽量减少出错的次数，出错后快速检测，检测到后尽快修复。

最常见的高可用性集群是两节点的集群，包括主节点与冗余节点各一个，也就是 100%的冗余率，这也是集群构建的最小规模。主节点与冗余节点可以是单活（Active-Passive），也可以是双活（Active-Active）的，取决于应用程序的特性与性能需求。也有其他很多的集群采用了多节点的设计，有时达到几十甚至上百个节点的规模；多节点的集群设计起来相对复杂。常见的高可用性集群配置大致有以下几种。

● **单活（Active-Passive）**：冗余节点平时处于备用状态，并不对外提供服务。一旦主节点发生故障，冗余节点在最短的时间内上线并接管余下的任务。这种配置需要较高的设备冗余率，通常见于两节点集群。常见的备用方式有热备（Hot Standby）和冷备（Cold Standby）两种。以 Hadoop 系统的 NameNode 为例，采用的就是典型的 Active-Passive 策略，两个 NameNode，主节点为 Active，备用节点 Hot Standby。

● **双活或多活（Active-Active）**：负载被复制或分发到所有的节点上；所有的节点都是活跃节点（或主节点）。对于完全复制的模式来说需要的节点相对较少，当运行结果出现不一致时可以采用多数投票生出原则（Vote Logic）。任何一个节点的失效都不会引起性能下降。此种模式也兼顾了负载均衡的考虑，当某个节点失效的时候，任务会被重新分配到其他活跃节点上。节点失效可能会带来一定的系统性能损失，具体比例则取决于宕机节点的数量，但不会引起全面宕机。以存储系统为例，EMC 的 VPLEX 与 NetApp MetroCluster 都实现的是 Active-Active 高可用性。VPLEX 甚至支持了三种不同模式：数据中心内的跨存储设备、跨数据中心同步以及跨数据中心异步的双活/多活、高可用与数据移动。

● **单节点冗余（N+1）**：类似于单活机制，提供一个处于备用状态的冗余节点。不同的是，主节点可能有多个；一旦某个主节点发生故障，冗余节点马上上线替换。这种模式多用于某些服务本来就需要多实例运行的用户系统。前面的单活模式实际上是这种模式的一种特例。

● **多节点冗余（N+M）**：作为对单节点冗余机制的一种扩展，提供多个处于备用状态的冗余节点。这种模式适用于包含多种（多实例运行的）服务的用户系统。具体的冗余节点数取决于成本与系统可用性的权衡。

理论上还有其他一些设计模式，例如双活或多活与单/多节点冗余的结合，基于冗余率与性能保障的双重考虑。然而正如前文提到过的，增加冗余组件以及采用更复杂的系统设计，对整体的可用性来说未必是个好消息，某些时候负面效应甚至是主导的。因此在高可靠性系统设计的时候，还是要多遵循简单性原则。

云计算本质上是提供服务的多个模块的 API 互相连接的程序和平台的组合。在软件定义的云计算中心中，计算、网络、存储的实现都演化为面向服务（一切即服务）的模型，各个模块的集中控制器向外提供 API，使模块具备了可编程能力，而且控制器使得各个模块具备了中央控制的功能，使得自动化的工作流能够集中部署，集中控制。而且，随着各个模块的控制器的控制接口向开放性、灵活性和标准化方向发展，自动化工作流也会朝标准化方向发展，使工作流能够实现跨平台，跨厂商使用。以软件定义的存储解决方案 Ceph 与 ViPR/CoprHD 为例，两者都是以标准化的方式允许第三方存储系统接入，从而为用户提供一个统一的 SDS 管理平台。

通过对数据中心的硬件、软件和流程协调和组合，建立自定义的工作流程，跨越多个模块帮助自动完成 IT 系统管理流程，以提高 IT 运营水平。数据中心的自动化消除了绝大多数手工操作流程，帮助 IT 操作和 IT 服务管理队伍提供从设计到运行与维护的服务（见图 3-41）。

数据中心的自动化（工作流）可以实现跨多模块，多服务来部署和实施，在当前的数据中心中，可以对计算、网络、存储、安全以及 M&O 等方面实施自动化。

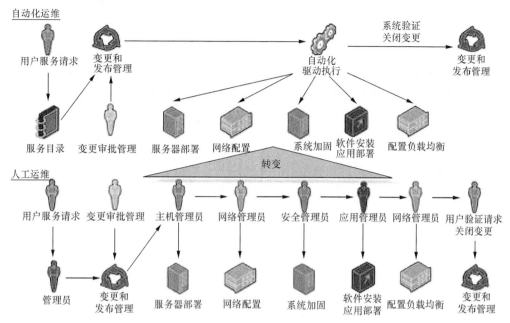

图 3-41 数据中心的自动化运维

- **软件安装**：软件安装集中管理服务器操作系统介质和安装脚本，批量安装多种操作系统，包括 Windows、Linux、Solaris、AIX、ESX 等。其可实现跨越操作系统的统一服务器管理，为物理、虚拟和公共云基础设施提供统一的支持，其中包括裸机安装、应用程序部署和系统配置的即开即用能力。借助软件打包和 OS 安装管理功能，IT 团队能够实现服务部署任务标准化，并提高一致性，缩短供给周期。

- **补丁管理**：补丁管理集中管理服务器补丁介质，对当前的补丁列表进行分析，提供需安装的补丁建议，并批量下发补丁。

- **配置自动化**：配置自动化一般具有变更检测和配置合规检查的功能。用户可以创建配置基线，利用它来对服务器进行比较。配置基线是管理员规定的适用于特定环境的正确配置与设置信息。一台服务器可以有多个配置基线。用户指定配置基线之后，可以利用这个配置基线来比较服务器之间的区别，并查看比较结果。比较结果将给出每个服务器所安装的组件以及两个服务器之间的区别。

- **系统配置与拓扑发现**：在各种操作系统批量地、自动化地进行参数调整。例如，网络策略配置，可自动地批量下发路由表和防火墙策略。数据中心自动化可实现自动发现和采集网络设备的配置，比如设备类型、设备型号、硬件信息、操作系统版本、startup config、running config、VLAN 等，以及跟踪它们的变化。

- **操作审计**：自动记录所有对网络设备的变更，并提供回退机制。

- **自动巡检**：可自动收集各种软硬件信息并生成报表，包括服务器的制造商、型号、BIOS、板卡、存储、操作系统版本、软件列表、补丁列表、安全设置、网络的型号、模块、版本、启动配置、运行配置等。

- **虚拟机、容器操作**：可以自动化虚拟机的创建、配置、删除、迁移等。

- **巡检和合规检查**：可通过内置的合规性检查策略，针对 CIS、DISA、NSA，对系统、设备等进行自动化的合规检查，并给出检查报告。同时用户也可以定义自己的合规策略。

通过数据中心自动化的技术，我们把管理物理基础架构与应用程序这些烦琐的工作以分层的方式封装到 IaaS 与 PaaS 系统中，从而能够专注于创新和为企业提供价值。

在本章的最后，我们来回顾一下云与大数据时代 IT 体系架构的主要趋势、特点及核心组件。

- **主要趋势**：软件定义的数据中心、基于服务的架构（SoA、API-driven）。

- **主要特点**：

  - 自动化（流程与资源管理）；

  - 高可用性；

  - 弹性+敏捷性；

  - 精细化管理（监控、计费、多租户支持等）。

- **核心组件**（如图 3-42 所示）：

图 3-42　SDDC 的分层服务架构与核心组件 [10]

- 软件定义的计算；

- 软件定义的存储；

- 软件定义的网络；

■ SDDC 安全；

■ SDDC M&O（管理与编排）。

5 大核心组件与图 3-42（以及图 3-37）中所示的技术栈各层存在着如下对应关系。

- **IaaS**：接入计算、存储、网络硬件设备，并经过虚拟化、抽象化把软件、可编程接口向上提供。

- **PaaS（平台管理层+云服务层）**：对上层（应用、用户）提供各种弹性服务接口；对下层（基础设施）实施自动部署与运维。

- **应用层**：调用底层提供的服务、编程接口，提供面向各级管理员与用户的管理中心（Control Center、Management Console）。

在后续的章节中，我们会就如何构建可扩展的、服务驱动的大数据与云平台展开论述。

第 3 章参考文献

1．RFC Index，http：//www.ietf.org/download/rfc-index.txt

2．Intel and AMD：The Juggernaut vs. The Squid，http：//www.forbes.com/sites/rogerkay/2014/11/25/intel-and-amd-the-juggernaut-vs-the-squid/#1e9a89b1a1ba

3．The Next Platform – Why Intel Might Buy FPGA Maker Altera，http：//www.nextplatform.com/2015/03/30/why-intel-might-buy-fpga-maker-altera/

4．Beyond Silicon：IBM unveils world's first 7nm chip，http：//arstechnica.co.uk/gadgets/2015/07/ibm-unveils-industrys-first-7nm-chip-moving-beyond-silicon/

5．Openflow by Josef Ungerman, CCIE #6167

6．A Reconfigurable Fabric for Accelerating Large-Scale DataCenter Services by Andrew Putnam and others from Microsoft（2014 IEEE）

7．An SoC-based Hardware Accelerator for Data Domain by EMC Labs China （2015-12） – Kun Wang, Frank Zhao and Ricky Sun

8．The History of Linux Containers from chroot to the Future，https://dzone.com/articles/evolution-of-linux-containers-future

9．Killing the Storage Unicorn: Purpose-built ScaleIO Spanks Multi-Purpose Ceph on Performance by Randy Bias，http://www.cloudscaling.com/blog/cloud-computing/ killing-the-storage-unicorn-purpose-built-scaleio-spanks-multi-purpose-ceph-on-performance/?utm_source=feedburner&utm_medium=feed&utm_campaign=Feed%3A+neoTactics+%28Cloudscaling%29

10．EMC Office of CTO – Advanced R&D Project: Triangulum Phase-3 Review （2014）

云计算与大数据进阶

在进入本章正文之前让我们先回顾一下云与大数据系统的基本设计原则，总结起来有如下几条。

- **基础架构**：更多采用 COTS 硬件（如 PC 架构）而很少使用定制化高端（如小型机）硬件。

- **扩展性**：追求动态扩展、水平扩展，而非静态扩展、垂直扩展。

- **可用性**：追求弹性而非零故障（决定于 COTS 硬件）。

- **高性能**：通过分解（Decomposition）与分布（Distribution）而非压迫（Stress）来实现。

- **可用性**：更多关注 MTTR（Mean-Time-To-Recovery，平均故障回复时间）而非 MTBF（Mean-Time-Between-Failure，平均故障间隔时间），这一点也是由于使用了 COTS 硬件后做出的改变。

- **容量规划**：相对于第二平台架构设计中的最差情形规划（即最大负载规划——导致大量资源浪费），第三平台（云&大数据）的规划精细度要高得多，多采用细颗粒度（Finer Granularity）。

- **期望失败（Expect Failure）**：部分系统组件的失败是可以容忍的，以此来换取整个系统的持续在线。

基于这些基本设计"原则"，我们来逐一分析以下几个专题。

- 可扩展系统构建。

- 开源开发与商业模式。

- 从服务驱动的体系架构到微服务。

4.1　可扩展系统构建

构建可扩展系统的目的是实现可扩展的应用与服务。我们首先了解一下可扩展应用与服务的九不原则。

- **不要完全依赖本地资源**：数据必须实现云（网络）存储，Hadoop HDFS 就是一个很好的例子，三份数据拷贝（同机架不同主机两份、跨机架第三份）以保证高可用性。

- **服务尽量避免强依赖性**：服务的强依赖性指的是当 B 服务依赖于 A，而 A 下线后直接导致 B 服务的下线。在第三平台的架构设计中我们应把 B 服务设计为当 A 不可用时，采用其他渠道继续提供服务，例如从 CDN 或缓存区中保存的数据继续提供服务，以此来提高用户体验（同时在后台通知 DevOps 团队修复故障服务）。

- **CDN 无用论**：Content-Delivery-Network（内容分发加速网络）的最大价值在于降低服务器、网络压力以及提升用户体验。除非自建 CDN 网络，否则利用现有 CDN 服务提供商网络不失为上策（规模经济效应）。

- **缓存无用论**：Caching 是提供系统整体效能加速的另一把双刃剑，好的设计原则会让系统事半功倍，坏的实现则可能让用户总是得到过期的数据。在下文中我们会介绍正确使用缓存的方法。

- **Scale-up 而非 Scale-out**：Scale-up 的最大问题是因为系统升级而造成系统下线，另外一个问题是基于 Scale-up 而设计的系统的瓶颈显而易见，因此扩展性堪忧。

- **SPOF 是可以容忍的**：Single-Point-of-Failure 即单点故障。在可扩展系统构建中应避免任何可能的单点故障，从存储、网络、计算的 IaaS 层一直到应用层应当尽可能全部实现 HA（高可用性）。

- **无状态与解耦合无关紧要**：无状态是架构与服务解耦的先决条件，典型的有状态服务是传统的数据库服务，每一笔交易会有多次操作，前后之间存在状态依赖性，以实现数据的一致性。而无状态服务则没有这种强一致性、依赖性要求，因此可以更容易实现分布式处理、并行处理。无状态+解耦合也是微服务架构的核心理念——构建云或大数据服务的主要原则。

- **只要关系型数据库即可**：与这个观点对应的另一个极端是 RDBMS 彻底无用论。此二者都是非此即彼，尤其在大数据时代，RDBMS 独立难支，但是没有 RDBMS 也是有失偏颇的。除了少数非常专一的应用与服务只需要某种单一数据库，例如键值型 NoSQL，多数系统需要两种或多种数据库来丰富数据处理能力。

- **数据复制（Data Replication）无用论**：这一点呼应第一条，可扩展应用及基础架构中所解决的最核心的问题是数据的高可用性、可扩展性，两者主要是通过数据复制来实现，例如数据库系统中的读复制（Data Replica）以及分片（Sharding）处理技术等。

衡量一个系统的可扩展性，通常可以从如下五个维度来考察。

- **负载**：负载可扩展性是我们对分布式系统能力最主要的衡量指标，它主要关注系统随着负载增减的可伸缩性（弹性）。在第一、第二平台时代，我们以垂直扩展（Scale-Up）为主要方式，在第三平台时代则主要是水平扩展（Scale-Out）。

- **功能**：系统实现并提供新的功能的代价与便捷性。

- **跨区域**：系统支持广泛区域用户与负载的能力，例如，从一个区域的数据中心延展到另一个或多个区域的数据中心以更好就近支持本地负载的能力。

- **管理**：系统管理的安全性与便捷性，以及支持新客户的能力，例如，对多租户环境的支持，如何实现在同一物理架构上的良好的数据安全性与一致性的支持等。

● **异构**：异构可扩展性主要是指对不同硬件配置的支持性，包括系统硬件升级，对不同供应商硬件的无缝继承等。

如果从数学（算法）角度去衡量可扩展系统，我们通常采用时间复杂度（Time Complexity）Big-O Notation 来表述。如果一个系统对资源（计算、网络、存储等）的需求与输入（服务的节点、用户数等）的关系符合 $O(\log N)$，则我们认为该系统具有可扩展性。反之如果是 $O(N^2)$ 或更高阶的关系，则该系统不具有可扩展性。

在网络领域，如路由协议，当路由器节点增加时，路由列表长度（内存资源）与路由节点之间的关系是 $O(\log N)$ 时，即随着路由节点的增长，路由列表增长趋缓（增长曲线趋平），则该路由协议具有可扩展性。

以点对点（P2P）文件分享网络（服务）的发展为例，最早的内容分享系统 Napster 的设计架构是一台中央索引服务器（Central Index Server）负责收集每个加入节点的可分享文件列表，这样的设计导致系统存在单一故障点（SPOF），也容易被黑客攻击或招惹法律诉讼。有鉴于 Napster 最终的法律诉讼败诉，随后出现的 Gnutella 借鉴了 Napster 的 SPOF 问题，推出了纯分布式（Fully-decentralized）点对点文件分享服务。在早期阶段 Gnutella 的在线文件查询设计采用洪泛查询（Flooding-Query）模式，即一个节点发出的文件搜索请求会分发给网络内所有其他节点，从而导致在整个网络规模超过一定规模后多数查询会因超时而失败（这种扩展性改革虽然避免了 SPOF，不过系统效率却降低了）。后来 Gnutella 采用了 DHT（Dynamic Hash-Table 即分布式哈希表，它的设计原则是网络中每个节点只需要与另外的 $\log N$ 个节点互动来生成 DHT 哈希表中的键值，因此系统可扩展到容纳数以百万计节点）方案才解决了文件查询可扩展性的问题。当然，在纯分布式 P2P 系统中，DHT 所面临的问题是查询关键字只支持完全匹配，不能支持模糊、模式查询。这一问题在混合式 P2P 系统得到了解决。例如，Skype 音视频服务系统，采用的是两级用户架构，超级节点+普通节点，其中超级节点负责建立查询索引与普通节点间路由，普通节点则是最终的用户终端。图 4-1 展示的是 Skype 的混合架构。混合 P2P 架构在实践中既解决了可扩展性不足（存在 SPOF）的问题，也解决了纯分布式系统的信息索引与查询困难问题。

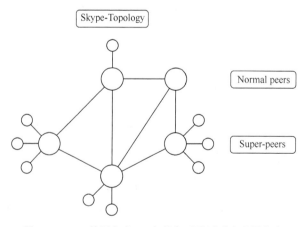

图 4-1　Skype 的混合式 P2P 架构[1]：超级节点与普通节点

一套完整的云应用、服务架构通常可以分为如下五层（见图 4-2）：

- 负载均衡层（Load Balancing）；

- 应用服务层（Application Server）；

- 缓存服务层（Caching Server）；

- 数据库服务层（Database Server）；

- 云存储层（Cloud Storage）。

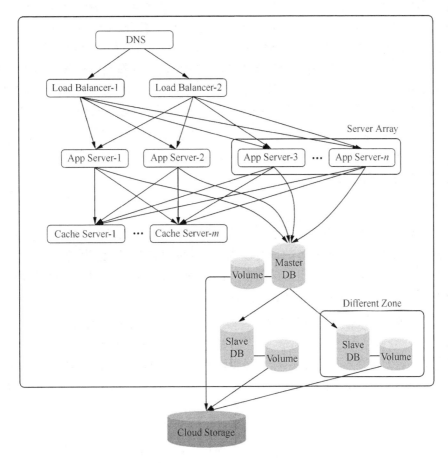

图 4-2 云应用的五层架构 [2]

（1）负载均衡。

负载均衡层（Load-Balancing Layer，LB Layer）的实现是 5 层架构中最早面对用户的，也是相对最容易实现的。通常为了避免 SPOF，至少设置两台 LB 服务器（通常在两台物理主机之上，以避免单机硬件故障导致 SPOF）。整个扩展设置过程通常可以完全自动化，例如通过 DNS API 来配置新增或删除 LB 节点。最常见的 LB 解决方案有 HAProxy 或 Nginx，它们通常可以支持跨云平台的负载均衡（即服务器及其他层跨云，当然这种架构的设计与实现复杂度会急剧增高。前面我们提到过的 Cloud Bursting 就是典型的跨云基础架构模式）。智能的 LB 层实现能做到根据应用服务器层的健康状态、负载状态来动态引流，以确保系统真正实现均衡的负载。

云服务提供商通常会提供现成的 LB 服务，例如 AWS 的 ELB（Elastic Load-Balancer）、RackSpace 的 CLB（Cloud Load-Balancer），还有 VMware vCloud Air Gateway Services 都提供强大的 LB 服务。

（2）应用服务。

负载均衡层之下就是应用服务器层，它负责处理 LB 转发的用户请求并返回相应的数据集。通常数据集分为静态数据与动态数据。前者大抵可以在缓存层保留以降低应用服务器及数据库服务器的负载（见图 4-2）并加速客户端获得返回数据，后者通常需要底层的数据库层配合来动态生成所需数据集。本层的扩展实现通常通过对现有服务器的负载进行监控（主要是 CPU，其次为内存、网络、存储空间），并根据需要进行横向或纵向扩展。横向扩展（Scale-out）通常是上线同构的服务器（物理机或虚拟机），以降低现有服务器或服务器集群负载；纵向扩展（Scale-up）则是对 CPU、内存、网络、存储空间进行升级。横向扩展通常不需要系统下线，但是纵向扩展则要求被升级的主机（可能是虚拟机或容器）重启。

应用服务层因为涉及应用服务逻辑，当多台服务器协同工作时，还需要确保它们之上运行的服务的一致性。这个 DevOps 问题通常是作为 PaaS 层一部分任务或是数据中心中的 M&O 组件来实现一致化的应用升级、部署等。

（3）缓存。

缓存层既可能存在于应用服务器层与数据库服务器层之间，也可能在应用服务器层之上。前者可以被用来降低数据库服务器的重复计算与网络负载。后者则被用来降低应用服务器负载与网络带宽消耗。缓存技术应用的范围极广，从 Web 服务器、中间件、数据库都大量使用缓存以降低不必要的重复计算，进而提高系统综合性能。

缓存层的扩展性实现在避免出现 SPOF 基础之上（单个节点的缓存服务器或与应用服务器共享节点的方式在生产环境中都是不可取的），主要是如何实现多缓存节点间的负载均衡。最常见的分布式简单缓存实现是 memcached（全球最繁忙的 20 个网站中，有 18 个使用了 memcached[3]），在多台 memcached 服务器间形成了一张哈希表，当有新的缓存节点加入或老的节点被删除（或下线）时，现有节点并不需要全大规模改动来生成新的哈希表（这一算法也称作 Consistent Hashing Algorithm，一致性哈希算法 [4]）。对于哈希表中数据的替换与更新，Memcached 采用的是 TTL（Time-To-Live）与 LRU（Least-Recently-Used）模式。对于更复杂的高扩展性缓存系统设计，属于 NoSQL 类的 CouchBase 数据库提供了更为健全的企业级缓存功能实现，例如 Data Persistence（数据常存）、Auto-Reblanacing（自动负载均衡）、多租户支持等。

4.1.1 可扩展数据库

数据库层的扩展是典型云应用五层架构中的第四层，也是最复杂的一层（有人认为可扩展存储系统更为复杂，笔者以为，取决于业务应用模式。对于存在复杂交易处理类型的应用，其数据库层实现的挑战显然更高；而对于单纯的海量数据简单事件处理型应用，数据库层甚至不需要存在，而云存储层的实现则更为复杂）。

数据库扩展大体有如下四类解决方案：

- Scale-Up；

● Master-Slaves（一主多仆）读代理模式；

● Master-Master 模式；

● Sharding 模式。

（1）Scale-Up：垂直扩展。

垂直扩展法除了通过升级硬件配置让数据库系统的吞吐率更高,在软件层面上主要是优化表结构, 例如合理使用索引, 避免多表间关联查询（如多表 join）。此类方法被看作第二平台应用中的典型"扩展"模式。在第三平台云应用当中, 这种做法显然不能实现足够高的可扩展性。

（2）主仆读代理模式。

数据库层的水平可扩展（Scale-Out）方法有多种, 其中最基础（简洁）的是 Master-Slave（主-仆）模式, 如图 4-3 所示。通常是由一个 Master 节点负责读写操作, 而由一个或多个 Slave 节点负责只读操作。这样的设计相当于数倍提高数据的读性能（而写性能因为 Master 节点的负载相对下降而相应提高）。我们知道大多数数据库系统的读操作数量远远超过写操作（如更改、删除、添加）, 因此对读操作的加速能有效解决这类系统的效能瓶颈[5]。

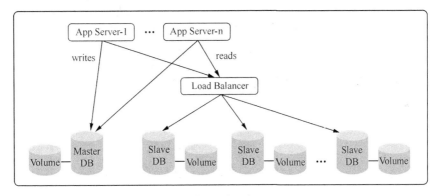

图 4-3 数据库扩展实现之 Read-Proxy

主-仆数据库设计的一个要点是只有单一节点执行写操作, 这样的设计可以避免出现多点写数据而造成的数据同步、复制的复杂性。当然, Master 节点依然需要负责把更新的数据集同步、复制到所有的只读节点上去。因此, 在主-仆节点间通常需要高带宽、低延迟以避免出现数据复制不够及时而造成的数据读写非一致性。

通常, 在主-仆数据库架构中我们需要加入负载均衡组件来确保应用服务器层能充分利用 Slave 节点提升读操作效率。需要指出的是, 这一层的负载均衡操作通常工作在 TCP/UDP 层, 并且多为定制数据库操作通信协议, 而非应用层之上的 LB 层的标准 HTTP/S 协议。

（3）Master-Master 模式。

前面的 Master-Slave 模式解决了系统读可扩展问题, 那么有没有可以解决写操作可扩展性的方法呢？答案是确切的, 有。但是复杂度会高很多。回顾在之前的章节中我们讨论过的 CAP 理论, 强一致性的数据库系统（ACID 系统）强调 CAP 中的数据一致性（Consistency）, 而多节点同时支持并发读写操作极易造成节点间出现数据非一致性。因此, 这样的系统最大的挑战是如何保证各节点间采用何种架构设计来实现数据一致性。

以图 4-4 为例，MySQL 数据库支持多个 Master 节点模式，它们之间的数据同步方式是环状复制（Circular Replication）。也就是说，在三个数据库服务器集群中，第一集群中的 Master 节点向第二集群的对应节点（Slave）同步数据，第二集群的该节点再以 Master 节点的身份向第三集群 Slave 节点传输同步数据，最后是第三集群的该节点向第一集群的同一节点同步数据。这样设计的主要原因是避免发生 time-order conflict（时序冲突），也就是说当两个或更多的节点同时向另外一个节点发送更新数据集时，当数据集存在 overlapping（交集）时，极易造成最终的数据不一致。

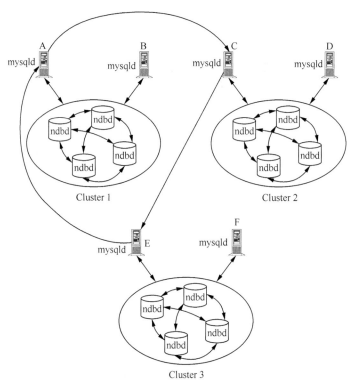

图 4-4　MySQL 数据库的多主节点间的环状数据复制（同步）

避免在多 Master 节点数据库系统中发生数据一致性冲突的解决方案无外乎 4 条。

- 彻底避免多节点写操作（这样又回到了 Master-Slaves 模式）。

- 在应用层逻辑上严格区分不同 Master 节点的写入区域，确保之间无交集（例如，不出现同时间内更改同一行的操作）。

- 保证不同 Master 节点在不重叠的时间段内对同一区域进行操作。

- 同步复制（Synchronous Replication），所有的节点上会同时进行写操作，并且当所有节点都成功完成后，整个操作才会返回。这种模式显然对于网络带宽的要求极高，并且为了满足数据的一致性（C），而牺牲了可用性（Availability）[6]。

以图 4-5 中的分布式数据库为例，我们可以如下设计数据库 CS 中的表以确保在旧金山（SF）、纽约（NY）和达拉斯（DL）的 Master 节点可以同时完成写操作并且不会出现冲突（见表 4-1）。

表 4-1   三个 **Master** 数据库节点如何避免写入区域重叠

参数	Master SF	Master NY	Master DL
起始 Id （如主键）	1	2	3
Increment by	10	10	10
可能数值	1,11,21,31,41…	2,12,22,32…	3,13,23,33…

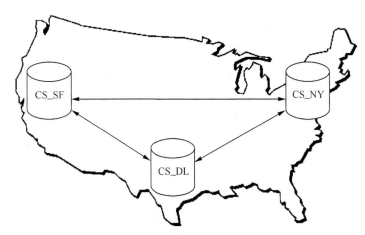

图 4-5　三个数据库节点（集群）间的同步

（4）分区（Partitioning）模式。

数据库分区通常有如下两种模式：

● 　水平分区（Horizontal Partitioning）；

● 　垂直分区（Vertical Partitioning）。

水平分区又常被称作 Sharding（分表），是谷歌公司的工程师最早在 BigTable 项目中使用的技术。简单而言，Sharding 的主旨就是按照一定的规则把一张表中的行水平切分放置到多个表中，而这些新表被水平地放置到不同的物理节点上，以此实现高 I/O。

垂直分区则是按照列来切分一张表，分区后的每张表通常列数较少。值得指出的是，垂直分区有些类似于数据库正则化操作（Normalization），但不同的是，即便是已经正则化的表，依然可以在其上进行垂直分区以实现水平扩展来提高系统综合性能。因此我们通常也把垂直分区叫作 Row Splitting（行分操作）。

数据库分区一般遵循简单的逻辑规则，总结如下四条：

● 　范围分区（Range Partitioning）；

● 　列表分区（List Partitioning）；

● 　哈希分区（Hash Partitioning）；

● 　组合分区（Composite Partitioning）。

范围分区比较容易理解。例如电商数据库中按照商品的销售价格范围来分区，0～10 元，10～25 元，25～50 元，50～100 元，100～250 元，250～500 元，500～1,000 元，1,000 元以上，可以把原表中的商品以价格为 key 分成 8 张表。

列表分区也非常简便。例如在微信数据库后台，如果按照注册用户所在省或直辖市信息（该数据既可以通过注册信息来提取，也可以通过对注册 IP 地址来自动分析获取）分表，可以分成北京、上海、广东等几十张表。

哈希分区通常是对某个表中的主键进行哈希（或取余）运算后来对表进行分区，参考图 4-6 中的三张表，users、group messages 与 photo albums 都采用了哈希运算后水平分为 n 张表（第四张表 events 则采用的是典型的范围分区方式）。

组合分区则是以上 3 种方法的组合而成的复合分表方法。

图 4-6 展示了垂直分区与水平分区如何协同工作。应用服务器访问的数据库 Single 先是被垂直分区，每个表形成了一个独立的数据库逻辑节点，每个节点之上又可以继续水平分区形成多个细分逻辑节点。这样二层（甚至更多层）分区可以对数据库层系统实现充分的水平扩展以获取更高的系统并发性能。

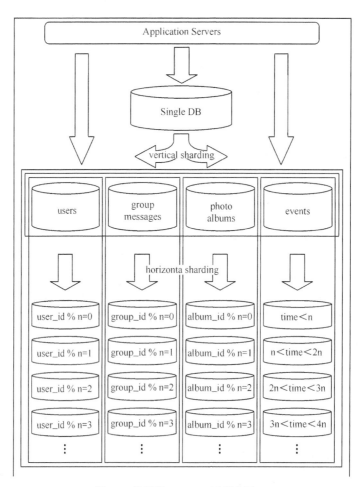

图 4-6　数据库 sharding（水平分区）

分区之后，数据库系统的物理与逻辑构造会因高度分布性而变得复杂，但是在 SQL 及编程访问 API 角度看并没有（也不应该）产生任何变化。这样就保证了系统在内核经过分区操作后的向后兼容性。在实现方法上，应用层所看到的数据库依然可以是一个完整的数据库及表，但是这只是逻辑上的概念（例如：view），数据库系统内核要负责实现对分区节点的并发访问。

分区的实现方法较之前的 Master-Slave 或 Master-Master 模式具有一个明显的优势就是不同层之间交互的复杂度大大降低。在 Master-Slave/Master 模式中，应用层通常需要有明确的逻辑判断来确保写与读面向哪个节点，而在分区实现方法中则对应用层逻辑可以完全透明。

4.1.2 可扩展存储系统

存储作为数据中心的重要组成部分之一，由于相关硬件组件与存储操作系统的多样性和复杂性，如何在保证存储稳定、安全、可靠的同时，实现灵活扩展和自服务，一直是困扰数据中心全面云化的难题。

如图 4-7 所示，常见的存储系统通常可分为直连存储系统（DAS）、网络连接存储系统（NAS）与存储网络系统（SAN）三大类。

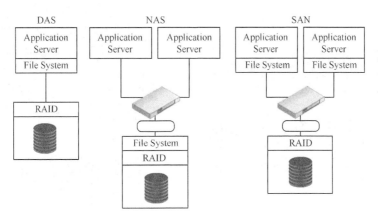

图 4-7　存储系统的三大类

针对这三类存储系统去实现扩展的方式各不相同，我们在下文中分别讨论一下如何对它们实现可扩展性。

（1）DAS 系统的扩展性。

DAS 系统的扩展性通常通过软件的方式来实现，确切地说是应用逻辑在控制数据的分布式存储访问。最典型的例子是 Hadoop HDFS，Hadoop 类系统并不追求硬件的低故障率，甚至在每个节点上（计算+存储一体化）的硬盘接口连 RAID 硬件都不需要［见图 4-8，因为在软件逻辑层面，HDFS 系统负责在出现硬盘故障（或增加新的节点）时对数据进行自动重新平衡（具体的讨论可参考揭秘大数据一章）］。

类似的 DCA（Digital Computing Appliance）或 HCI（Hyper-Converged Infrastructure，超融合架构）解决方案中也主要是通过软件系统来实现基于 DAS 的可扩展存储系统，最典型的两个例子是 VMware 的 Virtual SAN 与 EMC 的 ScaleIO。

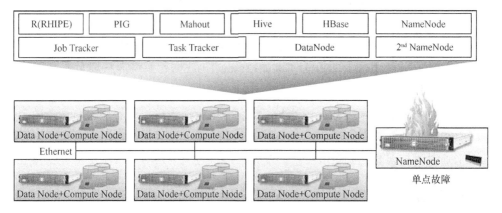

图 4-8　Hadoop 原生系统架构（DAS 存储架构）

　　Virtual SAN 与 ScaleIO 都是在 DAS 硬件架构上提供的可扩展的软件定义存储服务，无独有偶，它们的存储服务接口都是块存储（Block）。不同的是，Virtual SAN 与 VMware 的虚拟化平台 vSphere 高度绑定（内置于 vSphere 内核中），而且它的扩展性只能支持到 64 台主机（在 Virtual SAN 的早期版本只能支持到 32 节点）。图 4-9 是 Virtual SAN 的逻辑架构示意图。

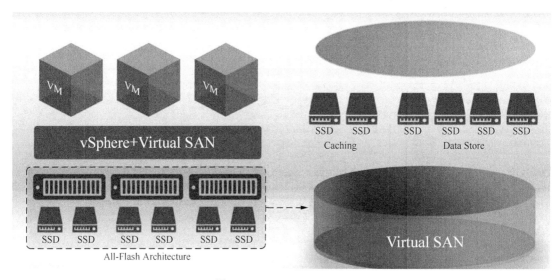

图 4-9　VMware Virtual SAN

　　ScaleIO 的特点则是几乎可以在任何 Linux 类型操作系统或虚拟化平台上运行，而且它的水平可扩展性达到了上千节点，在性能上系统吞吐率（IOPS）随节点数增加呈线性增长。在下一章，我们会对 ScaleIO 系统深入剖析。

　　（2）NAS 系统的扩展性。

　　NAS 系统是基于 IP 协议的高性能文件共享存储系统。专用的 NAS 存储设备通常由 NAS 机头与底层存储阵列构成，如图 4-10 所示。NAS 机头（或者称作控制器）主要提供与客户端网络连接、NAS 管理功能。例如，可将文件级请求转换为数据块存储请求，以及将数据块级提供的数据进一步转换为文件数据。存储阵列则可以独立于 NAS 机头，并可与其他主机共享（例如服务其他存储接口类型）。

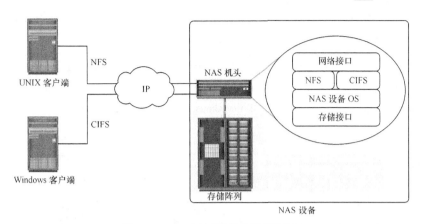

图 4-10 NAS 存储系统构成组件示意图

NAS 系统扩展最典型的例子是 EMC 公司的 Isilon 产品，除了为业界所熟知的 OneFS 文件系统，在一个逻辑文件系统内可以管理超过 50PB 的巨大容量以及支持高达 375 万的 IOPS，它对 Hadoop 系统的优化也值得业界借鉴。Isilon 对 Hadoop 系统的优化主要集中在两点上（见图 4-11）。

● 把计算与存储节点分离（解耦），这样计算能力（MapReduce）与存储能力（HDFS over Isilon 节点）可以独立地根据需要自由扩展，并且通过强化 NameNode 来避免 SPOF。

● 相比于原生的 Hadoop 默认的 3 倍镜像（3 份拷贝），在 OneFS 之上只需要 1.3 倍镜像 [7]。因此 Isilon 系统反而实现了比基于 COTS 搭建的 Hadoop 系统更高的 ROI。

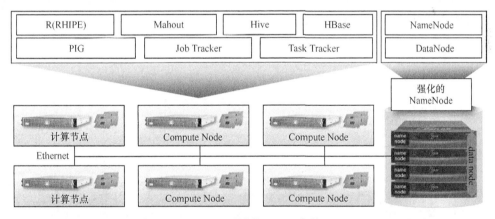

图 4-11 EMC Isilon 强化的 Hadoop 架构（NAS）

Isilon 是如何实现高度可扩展性的呢？这里要引入一个概念：横向扩展的 NAS。横向扩展 NAS 集群使用独立的内部和外部网络分别进行前端和后端连接。内部网络提供用于群集内通信的连接，而外部网络连接使客户端能够访问和共享文件数据。群集中的每个节点均连接到内部网络。内部网络可提供高吞吐量和低延迟，且使用高速网络技术，例如 InfiniBand 或千兆乃至万兆以太网。若要使客户端能够访问某节点，则该节点必须连接到外部以太网网络。可以使用冗余的内部或外部网络以获得高可用性。

InfiniBand 可提供主机与外围设备之间低延迟、高带宽的通信链路。它可提供串行连接，且常用于高性能计算环境中服务器间的通信。InfiniBand 支持远程直接内存访问（RDMA），使设备（主机或外围设备）能够直接从远程设备的内存中访问数据。InfiniBand 还支持单一物理链路使用多路复用技术同时传输多个通道的数据。

由以上描述可知，NAS 存储系统的可扩展性以及高可用性在很大程度上是依赖于网络设备的，特别是高带宽路由器解决方案来确保分布式的存储系统中的各节点间的高速数据吞吐。以 Hadoop over Isilon 为例，OneFS 的并发数据吞吐率可高达100GB/s[7]。

图 4-12 中列出了多个 Isilon 节点间如何通过 InfiniBand 交换机实现高速、高可用的内部通信，以及如何通过外部交换机与 NAS 用户接口。

（3）SAN 系统的扩展性。

SAN 存储系统与 NAS 存储系统的主要区别并不是在底层存储阵列上，而是在与服务器的网络连接方式与默认通信协议支持上。SAN 系统一般支持

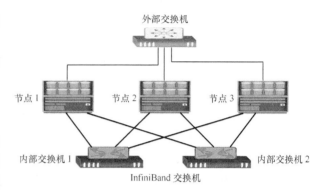

图 4-12　NAS 系统的横向扩展

iSCSI、Fibre-Channel、Fiber-Channel-over-Ethernet 等主流通信协议。NAS 系统则主要支持 NFS、CIFS 等协议。

以图 4-13 为例，Unified NAS（统一的 NAS 存储阵列）中的每个 NAS 机头具有连接到 IP 网络的前端以太网端口。前端端口提供客户端连接并服务于文件 I/O 请求。每个 NAS 机头都有后端端口，可提供存储控制器连接。存储控制器上的 iSCSI 和 FC 端口使主机能够在数据块级直接或通过存储网络访问存储。

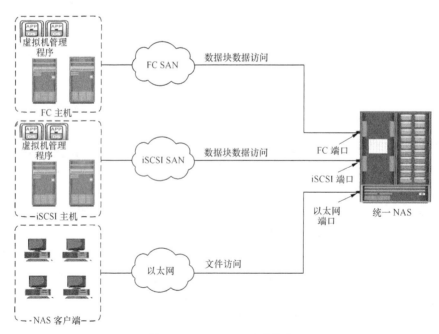

图 4-13　Unified NAS 存储阵列

另一类基于 SAN 的存储阵列的可扩展性方案引入了 NAS Gateway（NAS 网关）设备（见

图 4-14)。在网关解决方案中，NAS 网关和存储系统之间的通信通过传统的 FC SAN 来实现。但是系统的扩展性主要体现在 NAS Gateway 提供给每个客户端的接口是一个 single-folder interface（单文件夹接口）。而树状的文件系统接口的最大特点是几乎无限的存储阵列可扩展性（当然，文件系统过于庞大则会造成系统性能的下降，这样的系统的性能与文件系统规模的分布关系应该是正交分布）。因此，要部署 NAS 网关解决方案，必须考虑多个数据路径、冗余结构和负载分布等因素。

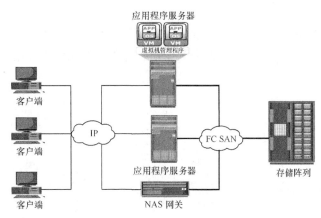

图 4-14　NAS Gateway 存储阵列

　　基于 SAN 的存储阵列的可扩展实现是通过一种叫作核心-边缘网络连接拓扑结构实现的（见图 4-15）。核心-边缘连接结构拓扑具有两种类型的交换机层。边缘层通常包括交换机，它提供了一种向拓扑结构中添加更多主机的廉价方案。边缘层的每个 FC 交换机都通过 ISL（Inter-Switch-Link，网络交换机间链接）连接到核心层的 FC 控制器（高速交换机）。核心层通常包括用于确保连接结构高可用性的控制器。通常情况下，所有通信都必须遍历这一层或在这一层终止。在此配置中，所有存储设备都连接到核心层，使主机到存储通信能够仅遍历一个 ISL。需要高性能的主机可直接连接到核心层，从而避免 ISL 延迟。

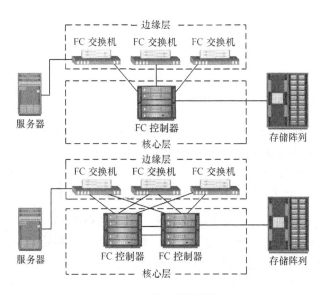

图 4-15　核心-边缘结构

在核心-边缘拓扑中,边缘层交换机彼此不相连。核心-边缘连接结构拓扑提高了 SAN 内的连接性,同时保证了总体的端口利用率。如果需要扩展连接结构,则可以再向核心连接额外的边缘交换机。还可通过在核心层添加多个交换机或控制器来扩展连接结构的核心。根据核心层交换机的数目,此拓扑具有不同的形式,如单核拓扑和双核拓扑。为了将单核拓扑转换为双核拓扑,创建了新的 ISL 以便将每个边缘交换机连接到结构中的新核心交换机。

(4)统一存储系统的扩展性。

统一存储系统(Unified Storage System)指的是一个存储控制器之上可以应对不同类型的存储需求。在统一存储系统中,存储的数据块、文件和对象请求通过不同的 I/O 路径传输(见图 4-16)。

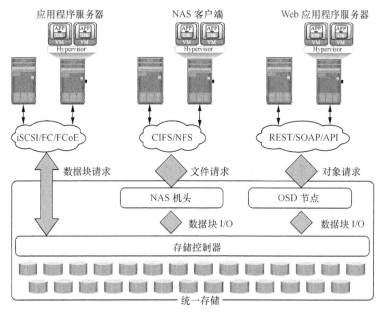

图 4-16 统一存储系统

- 数据块 I/O 请求:应用程序服务器在存储控制器上连接到 FC、iSCSI 或 FCoE 端口。服务器通过 FC、iSCSI 或 FCoE 连接发送数据块请求。存储控制器可处理 I/O 并响应应用程序服务器。

- 文件 I/O 请求:NAS 客户端(装载或映射 NAS 共享的位置)使用 NFS 或 CIFS 协议向 NAS 机头发送文件请求。NAS 机头会接收请求,将其转换为数据块请求,并将其转发到存储控制器。从存储控制器中接收数据块数据时,NAS 机头会再次将数据块请求转换为文件请求并将其发送到客户端。

- 对象 I/O 请求:Web 应用程序服务器通常使用 REST 或 SOAP 协议将对象请求发送到 OSD 节点。OSD 节点会接收请求,将其转换为数据块请求,并将其通过存储控制器发送到磁盘。而控制器会处理数据块请求并响应 OSD 节点,从而将请求的对象提供给 Web 应用程序服务器。

统一存储系统奠定了存储云平台的基础，它屏蔽了底层异构存储的复杂性，将现有的异构物理存储（不同类型的存储设备、不同厂家的产品）转变为简单的、可扩展的开放式云存储平台。同时该平台还可以为数据中心中的其他层云平台（如 IaaS、PaaS、SaaS 等）提供简单、高效、开放、可扩展的 API，为实现全数据中心云化打下坚实的基础。

为了保证存储云平台的扩展性和开放性，存储云平台通过基于行业标准的 SMI-S[8] 接口或接入软件存储平台（例如开源的 Ceph[9]）实现底层物理存储设备的接入。存储平台通常需要对外提供开放式 API 的接口，以方便进行扩展和二次开发。采用集群部署架构，根据存储资源的数量进行横向扩展，以保证整个存储云平台具有良好的可扩展性。SMI-S 是 Storage Management Initiative-Specification 的首字母缩写，它是存储网络行业联盟（Storage Networking Industry Association，SNIA）制定的符合 ISO 标准的异构存储间的互联互通协议，目前有超过 800 款硬件、75 款软件存储产品支持 SMI-S 标准。Ceph 是开源的免费软件存储平台，它虽然是基于对象存储，但是在结构层提供文件、数据块及对象存储 API。SMI-S 专注于异构存储间的互联互通，而 Ceph 则专注于基于商品现货硬件平台搭建廉价的可扩展的存储平台。

4.2 开源模式探讨

我们知道云计算与大数据的发展离不开开源 IT 技术的蓬勃发展。从 20 世纪 90 年代的 Linux 操作系统，到后来形成体系的基于 LAMP 的 IT 体系架构，到今天形形色色的云计算平台与大数据处理框架，开源的身影随处可见。

开源不仅仅颠覆了很多大企业的业务与运营模式，也改变了很多初创的高科技公司进入市场的方式与节奏。对于程序员或用户而言，开源的时代既是最好的时代，也是最坏的时代。而开源的盈利模式、开发风险等在业界属于尚无定论的议题。在本节，让我们来一起探究这些问题的答案。

4.2.1 开源业务模式

总结起来，开源的业务模式，特别是按照产品形态、运营与盈利模式来划分有如下几大类（见表 4-2）。

表 4-2 开源商业模式[10]

开源模式	典型案例（产品、公司）
免费开源版本+付费企业版本	CentOS、RedHat Linux
开源免费+服务付费	MySQL、MySQL 的专业服务
基于开源产品的发行商	Mirantis Fuel
开源广告（PR）+赞助	OpenStack 等几乎所有的开源项目
开源结盟	CloudFoundry、Kubernetes
开源+闭源组合	IBM BlueMix、Huawei FusionSphere

下面我们对这六类开源商业模式逐一展开论述。

（1）免费开源版本+付费企业版本模式。

这是一种比较常见的开源商业模式。依托开源版本与开源社区来开发最新的功能，并让市场和用户可以尝鲜。并行地，通过企业研发资源来维护和打造稳定的、有客户支持的付费企业版本。

最典型的例子有 RedHat 公司推出的三款 Linux 操作系统：Fedora、RedHat 和 CentOS。它们的主要区别在于 Fedora 是通过开源社区的力量开发的快速迭代（每 6 个月更新一次主要版本），具有新功能和特性的免费 Linux 版本；RedHat 则是强调稳定性与企业客户需求的付费企业版，可以认为 RedHat Linux 上面的功能是经过 Fedora 社区验证过才审慎地引入 RedHat 中来；CentOS 则是在 RedHat 基础上完全由社区维护的 Linux 版本（也就是说，没有客户支持，完全依赖开发者或社区的支持）。

（2）开源免费+服务付费模式。

开源免费+服务付费模式，或开源+咨询、培训模式，或开源+有偿技术支持模式恐怕是最常见的开源商业模式。这一模式的主要特点是用户可以完全免费使用开源项目的所有功能，但是由于很多用户自身缺乏对开源架构、功能的深刻理解，通常需要雇用第三方的商业团队来进行技术支持，包括系统搭建、性能优化等。

最典型的例子是 MySQL 数据库，MySQL 几乎被超过一半的有数据库服务需求的公司所使用，而对数据库的管理、优化是经常困扰这些公司的难题。类似的开源数据库咨询、培训、有偿支持公司应运而生。例如 Percona、MariaDB 等都是提供相关服务的厂家。

（3）基于开源产品的发行商模式。

随着开源项目的复杂度逐年提高，另一种在最近几年来逐渐流行的开源商业模式是基于开源产品的发行模式。这一模式的通用特点是通过对开源项目进行二次开发、定制、重新封装来提供具有特色（Differentiation）的功能与服务（例如性能、便捷性的提高等），并以新的开源或闭源的产品方式在市场上发行。

以 OpenStack[11] 为例，OpenStack 的定位是一款星球级云操作系统（Planet-scale Cloud Operating System）。OpenStack 的核心组件（Core Services）有 Nova（计算组件）、Neutron（网络组件）、Swift（对象存储组件）、Cinder（块存储组件）、Keystone（验证组件）以及 Glance（Image 服务组件）六大块，而可选服务有十三项之多，例如 Manila（共享文件系统）、Murano（应用目录服务）、Sahara（可伸缩 MapReduce）、Heat（编排）、Horizon（控制面板）等。以上每一个组件在开源社区都是一个独立的开发项目。面对这样一个庞然大物，它的开发与维护的难度可想而知。也正是基于此，业界涌现了一大批定制化 OpenStack 发行商：

- Ubuntu OpenStack（2015 年的一个统计显示全球 65% 的 OpenStack 是基于 Ubuntu 操作系统的[12]）；
- Mirantis（Mirantis Fuel 是其旗舰 OpenStack 增强版，例如图形化安装支持等）；
- CloudScaling（2014 年被 EMC 公司收购用于推出 ECS 对象存储产品）；
- Piston Cloud（2015 年被 Cisco 收购，相信是为了补充其 Metapod 产品功能）；

- Cisco Metapod（其前身是 Cisco OpenStack 私有云项目）；
- IBM Cloud Manager（对 OpenStack 的资源调度、自服务门户做了大规模优化）。

以上只是不完全的列表，还有更多的厂家基于 OpenStack 技术来推出自己的私有云、公有云或混合云解决方案。在开源商务模式中经常会出现多重模式混合的现象，这通常可理解为企业在试图通过不同的渠道来实现盈利。

（4）开源广告（PR）+赞助模式。

绝大多数开源项目的存活依赖于企业和个人的经济资助，而开源项目和绝大多数互联网营销（病毒传播）非常类似，靠口碑累积人气。开源软件可以免费下载使用，但作为回馈，需要为该软件免费做广告。这也是为什么几乎所有开源项目的主页的显著位置都会列出它的用户包含了哪些业界知名的公司。

这种免费的背书（PR/endorsement）对于开源项目至关重要。著名开源运动活动家 RMS 曾经总结了开源项目背后的开发者最主要的诉求是成就感（Sense of Fulfillment）。而让全世界知道有那么多知名企业、产品构建在他们创造的开源项目之上是一种凌驾于物质（金钱）刺激之上的更高层次的心理满足。

另一方面，开源项目也通过各种使用许可（License Agreement）来规范、约束和引导它的使用者们如何正确使用以及如何传播或回馈开源社区。

（5）开源结盟模式。

开源项目中的参与者形成联盟（Alliance 或 Association）也是业界常见的运营模式。套用中国人的两句俗语：抱团取暖和众人拾柴火焰高。通常这种结盟模式都是业界的一些巨头主导的工业联盟。

最典型的例子如 PaaS 平台上的两大联盟。2014 年成立的 CFF（Cloud Foundry Foundation）基金会与 2015 年成立的 CNCF（Cloud Native Computing Foundation）基金会。前者是以 EMC+VMware+Pivotal（简称 EMC 联邦的三大公司分别侧重于 IT 基础设施、软件定义数据中心与大数据）为主体联合业界其他友商来推广 Pivotal 公司开源的 PaaS 平台解决方案 Cloud Foundry；后者则是依托于 Google 公司从 GCP（Google Cloud Platform）平台上剥离出来的集群与容器管理组件 Kubernetes 而成立的 CaaS（容器即服务）平台。两大平台都在争夺 PaaS/CaaS 乃至 ITaaS（把整个 IT 作为整体来服务化）市场。有趣的是这两大联盟里有很多公司都是采用了左右手互搏的策略，例如 VMware、Huawei、Intel、IBM 等。换句话说，任何一个联盟的成功或失败都不至于让这些参与者一败涂地。因此，对于业界巨头而言这种脚踩两条船的对冲（hedging）策略应该也是一种自我保护。

（6）开源+闭源组合模式。

最后，我们来介绍一下开源+闭源组合模式。越来越多公司的产品研发策略已经调整为采用开源项目来构建通用组件，而通过内部闭源开发来实现那些独具特色的功能。这样做的一个最大的优点在于，通过利用开源社区的创造力与开发力量，确切地说是一种众包，可以极大节省企业的资金与资源消耗。而作为回馈这些公司通常会以赞助商、免费广告等方式来资助相关开源项目与社区。

这一模式最典型的案例有 IBM 的 Bluemix 与 Huawei 的 FusionSphere。前者是基于 OpenStack 与 Cloud Foundry 搭建的混合云管理平台，而 IBM 在其上集成了超过 100 种移动、互联网与大数据领域的服务。后者同样也是利用了 OpenStack 与 Cloud Foundry 来作为其 IaaS 与 PaaS 层的通用组件，但是在底层与上层分别接入了 Huawei 自己及第三方的硬件与软件产品并进行了高度优化。类似的行业案例还有很多，这种开源+闭源的混搭模式对于企业而言能够带来更高的 ROI 与资源池配比优化，这也是为什么该模式能够在时下大行其道。

以上数种模式有时也会融为一体以追求最佳的市场切入（Optimal Market Penetration）。例如，大数据软件公司 DataStax 的产品 DataStax Enterprise（DSE）是基于开源 NoSQL 数据库 Apache Cassandra 搭建的。DataStax 对 Cassandra 进行了诸多企业级需求强化（安全、图形化管理、结合了 Apache Spark 的内存计算、搜索等功能、DevOps 支持等），并同时支持开源社区版 Cassandra 与其企业级强化版本，并且还提供 Cassandra 社区推广与支持服务 PlanetCassandra。如此看来以上 6 种模式，DataStax 几乎占全了。

4.2.2 大数据开源案例

在云计算与大数据处理领域，我们不可能抛下一家公司不谈，那就是谷歌。如果说第一代互联网公司是 Netscape 与 Yahoo!，前者推出了开源浏览器 Netscape Browser，也是开源软件之鼻祖，后者则是 LAMP 阵营技术应用之集大成者；第二代互联网公司是谷歌与亚马逊；第三代的典型代表有 Facebook、Twitter 与中国的 BAT。第二代的承前启后不言而喻，亚马逊可算是云计算之执牛耳者，而谷歌在大数据领域的作用与亚马逊可谓旗鼓相当。笔者在图 4-17 中总结了过去十几年来谷歌公司推出的大数据相关产品与开源技术以及它们如何深入而广泛地影响了整个 IT 行业。

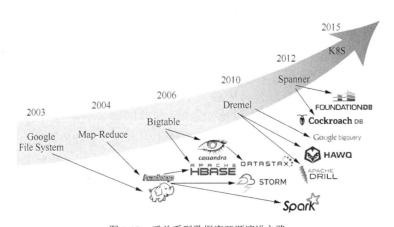

图 4-17 后关系型数据库开源演进之路

图 4-17 中的大数据产品主线与衍生品可分作两大阵营：NoSQL 与 NewSQL，统称为后关系型数据库（Post-RDBMS）。需要反复澄清的一点是，后关系型数据库并非意味着 RDBMS 已经过时可以被弃之不用，而是指新型的数据库在关系型数据建模之上还需要支持更多、更丰富的数据建模（如 NoSQL），也可以理解为在大规模分布式架构中依然要实现事件（交易）的强一致性与数据可用性（如 NewSQL）。

主线起始于谷歌 2003 年公布的 GFS（谷歌文件系统）以及 2004 年推出的分布式计算框架 MapReduce。两者直接催生了开源的 Apache Hadoop 系统，Hadoop 的两大核心组件 HDFS 与 Hadoop MapReduce 分别是 GFS 与 Google MapReduce 的开源实现。而 Hadoop 的分布式、分层设计理念则影响了后来的流数据实时处理系统，例如，Apache Storm 与 Apache Spark 等。

2006 年谷歌公布了基于 GFS 的高性能数据存储系统实现 BigTable。BigTable 一经问世立刻启蒙与激励了开源社区的一大批工程师，最典型的当属 Facebook 贡献出来的宽表型 NoSQL 数据库 Cassandra，以及借鉴与结合了 BigTable 与 Hadoop 的 Apache HBase 数据库（准确地说 HBase 是基于 HDFS 之上的 BigTable 的开源实现）。

在大数据发展过程中出现的形形色色的解决方案中，无论是 NoSQL 还是 Hadoop 阵营，都意识到向 SQL 兼容的重要性，毕竟 SQL 查询人性化（便捷）与极大地可加以利用社区规模与开发力量。于是，两大阵营不约而同地在 2010 年前后开始推出分布式大数据交互查询 SQL 引擎，谷歌依然是"敢为天下先"，率先推出了 Dremel。Dremel 项目在谷歌内部的实现是 GCP 上面的 Google Bigquery，而受其启发而开源的实现有 Apache Drill。

Google Spanner 则是谷歌于 2012 年公诸于世的另一项震惊 IT 行业的技术，跨大洋的多数据中心之上实现的能满足事件强一致性（ACID）的超大规模分式 NewSQL 型数据库。Spanner 的出现直接"颠覆"了 CAP"理论"所定义的 C-A-P 三者在任何一个分布式系统中不能同时满足的论断，也开启了 NewSQL 系统时代，也就是说在具有 NoSQL 系统的扩展性的同时又能实现 RDBMS 的 ACID 特性，堪称完美。当然，NewSQL 系统的实现相当复杂。不过开源社区并未因此而退缩，很快由前谷歌工程师开发的开源 Spanner–CockroachDB 出现在 GitHub 上。

类似的还有初创公司 FoundationDB，还没有正式发布其宣称的新一代 NewSQL 产品，苹果公司就将其纳入旗下。而在此之前苹果为了能更好支撑其规模与数据量不断膨胀的各项业务，已经在使用多种类型的 NoSQL 数据库，诸如 MongoDB（服务于 iTunes 等在线业务）、Cassandra（Siri、广告、iCloud、地图等）、HBase（Siri、广告、地图、Hadoop 部署等业务）、CouchBase 等（iTunes 社交服务等）。

值得一提的是，作为 Cassandra 的原作者，Facebook 最早利用 Cassandra 来实现用户在其社交平台上的信息搜索功能，不过在 2010 年之后 Facebook 抛弃了 Cassandra 而改为使用 HBase，类似的还有 Twitter 等知名互联网社交平台。据悉，主要的原因有两点：（1）Cassandra 的最终一致性模式不能满足 Facebook 的实时信息检索（结果一致性）的需求；（2）开源的 Cassandra 的软件成熟度和架构设计中依然存在很多欠缺，系统维护成本对于很多初创公司是很大的挑战。如果我们因此而判定 Cassandra 不如 HBase，那么结论实在过于偏颇。Cassandra 在 Apache Software Foundation 开源社区接手之后发展势头迅猛，在非关系型类数据库中 Cassandra 仅次于 MongoDB，在宽列数据库排名中则位于第一名并且较第二名的 HBase 得分高出 150%（见图 4-18）。

我们来总结一下常见的四大类数据处理系统（RDBMS、NoSQL、Hadoop 与 NewSQL）之间的优劣。由于业界还有一种趋势是在现有的流行 RDBMS 上通过 sharding 技术来进行扩展性强化，例如 Vitess 项目 [13]，我们把 RDBMS 分表技术单列为一类。另外，由于 NoSQL

与 Hadoop 在优缺点上的高度一致性，我们把二者合并归类比较（见表 4-3）。

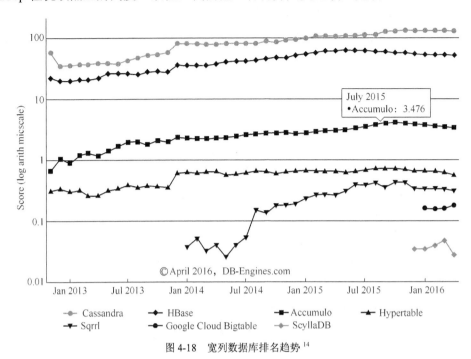

图 4-18　宽列数据库排名趋势 [14]

表 4-3　　　　　　RDBMS vs. RDBMS-Sharding vs. NoSQL/Hadoop vs. NewSQL

	RDBMS	RDBMS 分表	NoSQL/Hadoop	NewSQL
优点	交易处理	一定可扩展性	可扩展性高	可扩展性高
	索引	有限交易处理能力	非结构化数据	交易处理
	表连接	有限索引	可调节一致性	索引
	强一致性	表连接		可用性+强一致性
		可调节一致性		可调节的一致性
缺点	扩展性差	Schema 固定	不支持交易处理	半结构化 Schema
	Schema 固定	应用级分表	无索引	高写操作延迟
	数据中心故障时的弱一致性	数据中心故障时的弱一致性	无表连接	
			DC 故障时不可用或弱一致性	

笔者在这里对于如何拥抱开源做了几点总结。

- **结合业务需求来试错**：脱离自身业务需求与规划的任何开源项目都没有太大意义，在引入开源项目的时候不能完全放任研发团队的单方面技术评估，而一定要结合产品、运营及业务部门的需求来综合评估。确切地说 CTO/CIO 的工作就是确保公司可以选择正确的开源项目来构建相应的基础架构及应用实现。

- **充分考虑社区活跃度、支持度、架构、文档完善程度**：综合考量这些指标是评估一个开源项目可持续性的重要因素。类似的指标还有社区多元化、更新迭代速度、社区文档质量等。

- **内部人员匹配、团队能力建设**：这个因素应该是三条中最重要的，依托开源并不意味着不需要内部开发团队了，恰恰相反，几乎所有的开源项目的成功驾驭都需要更强大的开发队伍，以及与之匹配的产品与业务团队，缺一不可。

4.3 从 SOA 到 MSA

纵览云计算与大数据时代的各类技术框架与系统体系架构，它们的共同特征是注重可扩展性、敏捷性与弹性，以集群的整体业务（数据）处理能力及综合服务提供的能力来弥补单一节点的性能劣势，以及对因节点故障、上下线等因素的抗干扰能力强。

如果我们再结合各种 XaaS 平台以及 SDX（软件定义的一切）框架，它们的共性可以简单归纳为：分层抽象化架构，层与层之间通过服务来通信，底层向上提供可被调用的服务接口。

以上两段话高度概括起来其实就是 SOA（面向服务的架构=Service-Oriented Architecture）。SOA 可以看作计算机软件设计中的体系架构设计模式（Architectural Design Pattern），类似于面向对象的编程语言的设计模式（OO Design Pattern）。标准化组织 The Open Group 对 SOA 有明确的定义：SOA 是一种面向服务的架构设计风格。而面向服务是一种以服务开发、服务结果为导向的思维模式。所谓服务通常有如下特点：

- 自包含的（Self-Contained）；

- 对服务的消费者是黑盒的（Black-Box to Consumer of the Service）；

- 是有明确输入/输出的可重复商业活动的逻辑表示（Logical Presentation of Repeatable Business Activity that has Specific Outcome）；

- 可由其他服务构成（May be Composed of Other Services）。

在图 4-19 中展示了典型的 SOA 的三层架构。

- **组件架构**：作为最底层的组件架构，它向上提供可调用的编程接口。典型的如虚拟机、容器、IaaS、SDS、SDN 等都会在这一层工作，它们直接与各种物理组件实现对接。

- **服务架构**：这一层承上启下，对下层组件提供的 API 进行抽象化、虚拟化，使得上层架构不需要关心下层的实现细节，并提供通用的接口、可管理架构以及系统的逻辑视图给上层应用。

- **应用架构**：应用层调用与集成底层提供的服务接口并专注于实现业务逻辑。

需要指出的是，SOA 的概念是在第二平台的时代所提出的，但其理念在第三平台（大数据、云、移动互联、社交）中依然适用。SOA 系统通常需要兼顾第二、第三平台的需求，因此在体系架构设计上往往采用进化的方式。下面，我们来看一个直观一点的例子，如图 4-20 所示，一个典型的基于云架构的可扩展 Web 类应用的 SOA 三层架构。自上而下分别是：最上层提供了移动或 Web 端的用户界面与接口实现；中间层提供了应用所需要的各种服务，如缓存服务、NoSQL 数据库服务、消息队列或企业服务总线、聚集服务等；最底层的则是实现各种特定领域业务功能与逻辑的具有领域特定性（Domain-Specific）服务器，例如 CRM 系统、采购系统、预约系统等，我们称之为 SoR（System-of-Record）。

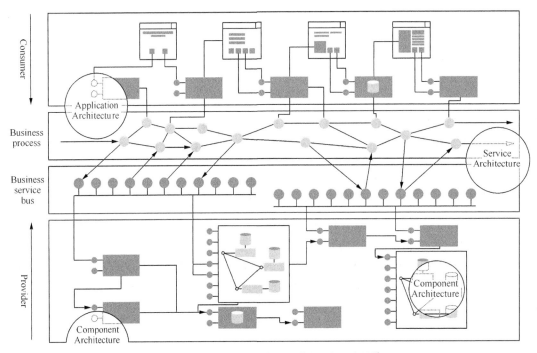

图 4-19 SOA 的三层架构：组件、服务及应用 [15]

很显然最底层的 Systems of Record 通常会包含第二平台的系统（Monolithic Enterprise Servers），而 SOA 所要解决的问题就是让这些第二平台系统可以与第三平台的应用与服务对接。如图 4-20 所示，主要有两大组件来帮助实现这种对接。

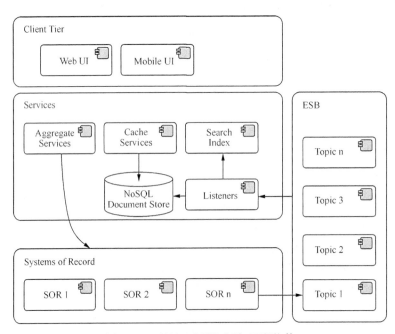

图 4-20 可扩展云应用的典型三层架构 [16]

- Aggregate Services（聚集服务）：对 SoR 的任何改动（写或更新、删除等相对昂贵的操作）通过聚集服务来完成。而只读类服务则通过实现缓存、索引、信息推送或轮询等服务来实现（这样做的一个最大优点是让底层的传统 SoR 类系统可以免受直接的 Web 负载冲击）。

- Event-Driven Architecture（事件驱动的架构）：通常有两种 EDA 的实现方法，ESB（企业服务总线）或 AtomPub。ESB 是基于服务者消息推送（Message Push）的设计理念，而 AtomPub 则是基于消费者消息轮询（Message Poll）的设计理念。两者适用的应用场景不同，ESB 更适用于低延迟应用而 AtomPub 则对延迟有更高的容忍度。

图 4-20 展示的是如何通过 SOA 架构设计来对第二平台的紧耦合企业级业务进行扩展与改造以服务于高度可弹性扩展的第三平台应用。这种改造过程（SOA 化）中通常通过 SOAP 或 REST 来实现应用的逻辑分层，并且由于 REST 协议具有比 SOAP 协议更好的可扩展性，云化的应用通常选用 RESTful 协议来实现服务间通信。这也是多数 Web 应用实现云化、高可扩展性的主要方法。

SOA 的实现通常可分为四个层次，如图 4-21 所示。

图 4-21　SOA 频谱（Spectrum）[17]

（1）JBOWS（Just-Bunch-of-Web-Services）

这是 SOA 实现的最初级阶段，通常是在 IT 部门而非业务部门主导下以一种近乎随机、非计划的模式生产出一堆以功能为导向的服务，而服务之间的协作、稳定性、可用性等通常难以保证。

（2）面向服务的集成（Service-Oriented Integration）

SOI 是 JBOWS 的进阶模式，这种模式的特点是服务合同（Service Contract）以被集成的应用为中心，因此当应用发生变化时，服务合同也要被迫随之发生变化（改写）。（例如，当被集成的 CRM 应用从 Sugar CRM 更换为 MS CRM 时，由于两种 CRM 间不具有兼容性，构建在其上的所有服务合同都不可避免地要重新实现。）

（3）分层服务（Layered Service Model）

分层服务模式在图 4-20 中已经被很好地诠释了，这种实现方法中业务流程、任务与数据仓库都可以以一种原子化（Atomic）的方式被实现。但是与 SOI 模式同样遇到的挑战是当业务需求逻辑发生变化后，各层服务通常需要随之变化，特别是底层的、被多个上层服务所引用的那些服务的变化会对系统的整体稳定性带来很大的挑战。

分层服务的另一个特点是，通常它的架构实现体现了组织机构的构成方式。如图 4-22 所示，左侧筒仓式的分层组织架构必然会导致系统设计架构也同样是筒仓式分层的。Melvin Conway 在 1968 年的结构化编程大会（National Symposium on Modular Programming）上发表的一篇论文中把这种现象概括为：

"organizations which design systems ... are constrained to produce designs which are copies of the communication structures of these organizations" ——M. Conway

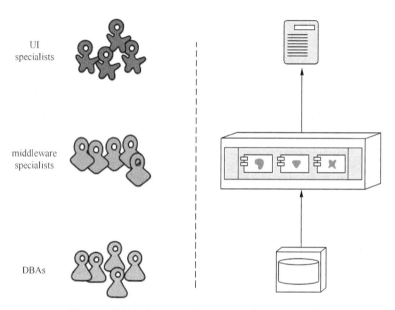

图 4-22　从筒仓式（silo）功能分组到筒仓式架构设计 [18]

（4）微服务架构（MSA）

MSA 是 SOA 的高级阶段，具有如下特征。

● **组件化**：所谓组件化指的是可被独立替换与升级的软件单元，即服务。服务的通信机制通常变现为 Web 服务或 RPC（Remote Procedure Call）调用。

● **围绕业务能力的组织架构**：MSA 实现的关键远远超出单纯的技术范畴，它对组织机构（团队组建方式、成员技能与能力）改变也提出了要求。单就技术团队而言不再是按技能分层（如 DBA 层、中间件层、UI 层）来组队，而是形成了跨功能团队（Cross-Functional Team），每个团队的目标是实现与维护完成某种业务需求的服务（见图 4-23）。服务之间通过可跨平台，不依赖于某种语言的 API 来通信，并能相对独立地演化（升级、迭代）。

● **去中心化的管理（Decentralized Management）**：系统高可扩展性的最大障碍就是中心化管理，因此 MSA 的实现过程中去中心化显得异常重要。图 4-24 展示的就是分布式的数据库满足多个微服务的应用需求。在可扩展数据库一节中我们提到过的数据库分区、分表其实都是去中心化的具体体现。

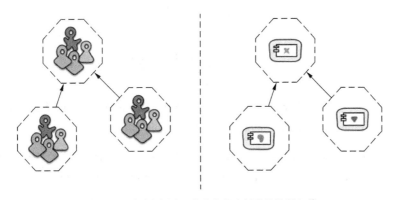

图 4-23 跨功能团队→按业务能力划分的微服务[18]

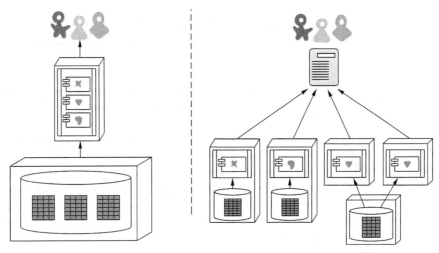

图 4-24 跨功能团队→按业务能力划分的微服务[18]

- **基础架构自动化（Infrastructure Automation）**：我们说云计算的发展，特别是 XaaS 发展过程中，自动化的趋势与需求越来越明显，特别是自动化的开发（准确地说是 CAD 模式，计算机辅助的开发）、测试、集成、部署与监控的五步一条龙 DevOps 模式越来越被企业所青睐。

- **面向失败的设计（Design for Failure）**：面向失败的设计说法最早由 Netflix 公司提出。Netflix 在 AWS 云上测试自己的各种 MSA 服务时，使用了各种自动化工具在生产环境中随机地破坏各种组件（硬件或软件），以测试系统自我监控与修复的能力。这种设计理念要求系统对自身每个微服务、组件都有精细化的监控与管理，并有适度的冗余以确保当部分服务被中断时，系统依然可以完成相应的工作。

最后，MSA 通常也被称作精细化 SOA（Fine-grained SOA），但是有如下几个基本原则来确保这种精细化不会被极致成为 nano-service（也就是说过度精细化服务分工造成了服务间通信与服务维护的代价大于它们所带来的价值）：

- 每个服务必须是提供显著的、有意义的功用的，如果拆分为过细的功能，就需要考虑把它们适度合并；

● 可以把功能以库的方式实现（而不是以一种服务来存在）。

第 4 章参考文献

1．An Analysis of the Skype Peer-to-Peer Telephony Protocol by Salman A. Baset and Henning G. Schulzrinne from Department of CS., Columbia University

2．Architecting Scalable Applications in the Cloud by Brian Adler,http://www.rightscale.com/blog/enterprise-cloud-strategies/architecting-scalable-applications-cloud

3．Dealing with Memcached Challenges，http://info.couchbase.com/memcached_tier_aw.html

4．Consistent Hasing with Memcached or Redis,and a patch to libketama by Ben Clark, http://engineering.wayfair.com/2014/02/consistent-hashing-with-memcached-or-redis-and-a-patch-to-libketama/

5．MySQL Cluster Replication: Multi-Master and Circular Replication,https://dev.mysql.com/doc/refman/5.6/en/mysql-cluster-replication-multi-master.html

6．Master Replicatoin Concepts and Architecture,http://docs.oracle.com/cd/B28359_01/server.111/b28326/repmaster.htm

7．White Paper - Hadoop on EMC Isilon Scale-Out NAS – Dec. 2012 by EMC

8．Storage Management Initiative – Specification,https://en.wikipedia.org/wiki/Storage_Management_Initiative_%E2%80%93_Specification

9．Ceph – A Free Software Storage Platform,https://en.wikipedia.org/wiki/Ceph_(software)

10．How Opensoruce Make Money? By Accela Zhao,Oct-2015,http://accelazh.github.io/opensource/How-Opensource-Make-Money

11．OpenStack Projects,http://www.openstack.org/software/project-navigator/

12．Ubuntu Openstack,http://www.ubuntu.com/cloud/openstack

13．Vitess – scaling of MySQL databases for large scale web services,https://github.com/youtube/vitess

14．DB-Engines Ranking of Wide Column Stores,http://db-engines.com/en/ranking_trend/wide+column+store

15．Understanding Service-Oriented Architecture by David Sprott and Lawrence Wilkes (Jan 2004),https://msdn.microsoft.com/en-us/library/aa480021.aspx

16．AppDynamics White Paper – Architecting for the cloud designing for scalability in cloud-based applications (2014)

17．Building a Service Oriented Architecture from JBOWS to Microservices by Allan Rees,May-2015,http://hubpages.com/technology/Building-Service-Orientated-Architecture

18．Microservices: a definition of this new architectural term by James Lewis and Martin Fowler (2014),http://martinfowler.com/articles/microservices.html

▶▶▶ 第 5 章

大 数 据 应 用 与 云 平 台 实 战

在本章中我们为大家介绍 6 个业界大数据、云计算实践案例。

- 大数据：基于开源、机器学习的实时股票预测。

- 大数据：IMDG 实时内存分析应用场景。

- 大数据：数据湖泊之海量视频分析。

- 云计算：第二平台到第三平台的应用迁移。

- 云计算：混合云云存储管理平台 CoprHD。

- 云计算：软件定义存储 Ceph vs. ScaleIO。

5.1 大数据应用实践

5.1.1 基于开源架构的股票行情分析与预测

股票市场行情分析与预测一直是数据分析领域里面的重头戏，确切地说 IT 行业的每一次重大发展的幕后推动者以及新产品（特别是高端产品）的最先尝试者都包含金融行业，特别是证券交易市场，它符合大数据的四大特征：交易量大、频率高、数据种类多、价值高。在本小节，我们为大家介绍一种完全基于开源软件构建的大数据驱动的股票行情分析与预测系统的实现。

通常我们认为在一个充分共享信息的股票市场内，股票价格的短期走向是不可预测的，因此无论是技术分析（Technical　Analysis）还是基本面分析（Fundamental Analysis）都不可能让一只股票在短周期（小时、天、1 周或 10 天）内获得好于市场表现的成绩——以上分析是基于著名经济学家 Eugene Fama 在 1970 年提出的 EMH（Efficient Market Hypothesis，有效市场假说）。以美国证券市场为例，它属于半强型有效市场（Semi-Strong Efficient Market），也就是说美国证券市场价格能够充分地反映投资者可以获得的信息，无论投资人选择何种证券，都只能获得与投资风险相当的正常收益率（除非是基于保密信息的内部交易，而在美国市场，内部交易是被法律严格禁止的）。

有鉴于 EMH 假说，目前市场绝大多数的交易分析与预测软件都集中精力在以下两个领域寻求突破：

- 高频交易（HFT，High Frequency Trading）或实时行情预测；

- 长期趋势预测（>10 天）。

因此，我们在本节中设计的股票行情预测系统主要关注实时预测与长期预测。在这样的系统内，至少有如下三个功能是必须实现的。

● **采集**：实时股票交易数据导入与存储。

● **训练**：基于历史数据集的训练、建模。

● **预测**：结合实时数据与历史数据的决策生成。

图 5-1 展示了这样的系统的基本数据流程逻辑图。在设计系统时，我们需要充分考虑系统的并发性与可扩展性。以单只股票为例，可供分析的数据特征有几十种之多（例如 PE ratio、EBITDA、EPS 等），而分析的频率与周期可以以天为单位，也可能到秒级甚至毫秒级，如果要对多只股票并发分析，则对系统的吞吐率要求更高。

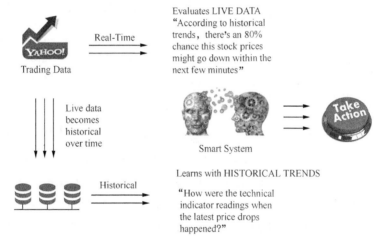

图 5-1　基于机器学习的股票分析（预测）[1]

有鉴于此，我们采用了如下开源组件来构建这套系统。

● 实时数据采集：Spring XD[2]。

● 实时数据分析（IMDG）：Apache Geode[3]。

● 历史数据存储+分析（NoSQL）：Apache HAWQ[4] + Apache Hadoop。

● 机器学习、建模、优化：MADLib[5] + R[6] + Spark。

如图 5-2 所示，整体架构的数据流程及工具链如下。

（1）实时数据导入 MPP 或 IMDG 集群：Spring XD。

（2）基于机器学习模型的实时数据+历史数据比对分析：Spark MLlib+R（Spark 作为基于内存的分布式计算引擎来处理通过 R 语言机器学习建模的数据）。

（3）分析结果实时推送至股票交易处理应用端。

（4）实时数据存入历史数据库并进行线下分析（非实时）： Apache Hadoop 和 Apache HAWQ（用于交互式、PB 规模高效 SQL 查询）。

（5）线下分析结果用于更新、调整机器学习模型。

细心的读者还会发现，图 5-2 中由上至下，数据的热度是逐渐降低的，对应于基础架构的方案（硬件+软件）也呈现出由高成本到低成本的转变，体现在硬件层面：内存→闪存或硬盘；软件层面：基于内存的网格计算→HDFS。

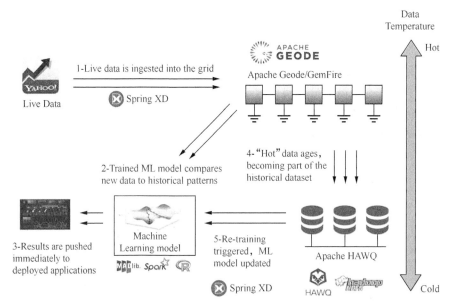

图 5-2　基于开源软件构建的股票分析（预测）系统流程

关于机器学习部分，无论是 Spark MLlib、Apache MADlib 还是 R 语言，尽管它们支持的底层分布式基础架构大不相同（MLlib 跑在 Spark 之上；MADlib 可以支持主流的数据库系统，如 PostgreSQL、Pivotal Greenplum 以及 HAWQ；R 语言则是提供了专注于统计计算与制图的工具包），它们都支持基本的学习算法与工具链，例如分类（Classification）、回归（Regression）、聚类（Clustering）、降维（Dimensionality Reduction）、协同过滤（Collaborative Filtering）等。

在机器学习分类层面，通常我们有三种方式：

● 监督学习（Supervised Learning）；

● 非监督学习（Unsupervised Learning）；

● 增强学习（Reinforcement Learning）。

三者当中，通常监督学习最适合用于股票行情预测。监督学习算法有很多，简单地列举几个：

● 逻辑回归（LR，Logistic Regression）；

● 高斯判别分析（GDA，Gaussian Discriminant Analysis）；

● 二次判别分析（QDA，Quadratic Discriminant Analysis）；

● 支持向量机（SVM，Supporting Vector Machine）。

鉴于篇幅所限，在这里我们无法对每一种算法深究，但是关于机器学习，特别是监督学习，有两个基本的知识点最为重要。

- 针对数据训练集进行运算，进而推导出预测模型来对未知数据集进行预测。而选取训练集的大小对预测准确性与性能影响非常大，训练集过小则准确性低，过大则性能低。因此一般选择大小适中的训练数据集来进行处理。

- 运算最重要做两件事情：分类+回归，前者就是把集中的数据分门别类加以区分，后者则是发现它们之间的关联性，两者对立统一。

我们发现在长期（>10 天）股票趋势预测中 SVM 的稳定性最高，QDA 其次，而 GDA 与 LR 则低于 50%（也就是说甚至低于抛硬币猜中正反面的 50%的几率）；而在短周期（1～10 天）分析中，四种算法并没有显示出太大的区别，预测准确率基本上处于 50%上下（这样的结果符合 EMH 假说中对美国这类半强型证券市场的推断）。

另外，在对每一只股票的分析过程中，使用的特征数据越多，则准确率越高。不过，效率与特征的关系不会持续保持线性可增长，当待分析特征多到一定程度后，系统处理性能（或性价比）一定会降低，进而影响到实时性，因此还需要考虑系统效率与实践成本问题。

为了能让大数据工作者更好地进行相关实验与实践，笔者的 Pivotal 同事们还把本股票实时预测分析系统移植到了笔记本电脑之上，如图 5-3 所示。与图 5-2 的唯一区别在于把 Apache Hadoop 与 HAWQ 组件去掉，也就是说数据处理完全实时化（实时导入、近实时机器学习模型训练、实时数据比对、实时操作建议推送）。

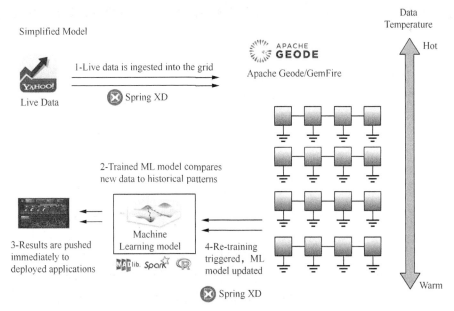

图 5-3　单机版开源股票分析系统

对本案例有兴趣的读者可以在 Github 上面下载相关源代码及文档[7]。

5.1.2　IMDG 应用场景

内存数据网格（In-Memory Data Grid）技术的出现是为了应对日益增长的数据实时处理

性的需求[8]。其中最具代表性的 IMDG 解决方案当属 Pivotal Gemfire（其开源版本为 Apache Geode）。在了解 Gemfire/Geode 的主要适用场景前，我们先了解一下 Gemfire/Geode 的系统拓扑架构设计。Gemfire 支持以下三种拓扑结构：

（1）点对点（Peer-to-Peer）；

（2）客户端/服务器（Client/Server）；

（3）多站点（Multi-Site）。

其中，点对点拓扑结构是所有其他拓扑结构的基础组件，它的最大特点是作为缓存实例（Cache Instance）的 Gemfire 成员与本地应用进程共享同一个堆（Heap），并且在分布式系统中各成员直接维系通信。这也是我们认为的最简洁的拓扑结构，如图 5-4 所示。

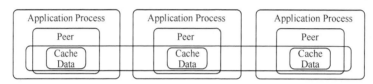

图 5-4　Gemfire 的 P2P 拓扑结构

C/S 拓扑结构主要用来做垂直扩展（Vertical Scaling），如图 5-5 所示。在这样的拓扑设计中，位于应用进程中的 Gemfire 客户端只保存一小部分数据，而把剩余的数据留给 Gemfire 服务器端保存，而多个服务器之间依旧以 P2P 的方式组网。这样的设计有两大优点：一个是提供了更好的数据隔离性，另一个是当数据分布造成网络负载沉重的时候，C/S 架构通常会提供优于 P2P 架构的性能。

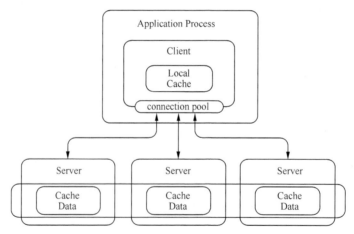

图 5-5　Gemfire 的 C/S 拓扑结构

多站点拓扑方案则是一种水平扩展（Horizontal Scaling）方案，也是三种拓扑结构中最为复杂的。Gemfire 的设计理念采用的是跨广域网（WAN）的松散耦合（Loosely Coupled）组网方式。这样组网的主要优点是，相比那种紧耦合组网方式，各站点相对更为独立，任一站点网络连接不畅或者掉线对于其他站点影响微乎其微。在多站点拓扑结构中，每个站点内部依然采用的是 P2P 的拓扑结构，如图 5-6 所示。

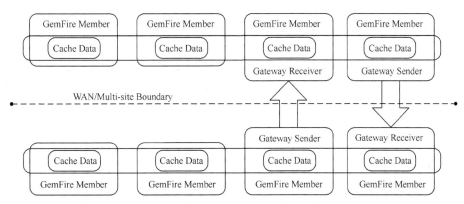

图 5-6 Gemfire 的 Multi-Site 拓扑结构

Gemfire/Geode 的应用场景很广泛，总结起来有如下几大类：

（1）高可用、分布式缓存（Distributed Caching）；

（2）网格计算（Data Grid）；

（3）交易处理（Transaction Processing）；

（4）流数据处理、事件触发、通知（Streaming/Event Processing & Notification）。

在分布式缓存场景中，Gemfire 可以被用作缓存层来提供基于内存的常用数据快速返回（即便在后端服务器掉线的情况下，Gemfire 依然可以提供数据服务）。Gemfire 通常被看作是比 Redis 更强大、豪华的缓存解决方案（反之，Redis 也可以被看作是"穷人"的 Gemfire……）。一类典型的案例就是当保险公司客户在线填写表格的时候，相关信息可以通过 Gemfire 在服务器端缓存，这样做的结果是极大地提高了端到端系统反应速度，用户不会再因为网页刷新等待服务器完成计算返回表格数据时间过长而导致中途退出或终止填写表格（客户流失）。

在交易处理场景中最值得一提的案例是铁道部官网 12306.cn（火车票网上订票服务）。

12306 在 2013 年春节之前的数个月内做的大规模的系统调整是把整个票务查询部分的功能从原有的关系型数据库调整为使用基于 Gemfire 的 IMDG 解决方案，其取得的系统性能提升是惊人的，如表 5-1 所示，查询效率提高了 100～1000 倍，并发可以达到每秒钟 26,000 次（等同于每小时可以完成超过 9 亿次查询，一天可以完成超过 200 亿次查询），而且系统的造价远远低于原有的以小型机为主的高运维成本架构。这也充分体现了 NoSQL 类系统设计与实践在商业领域的巨大潜力！

表 **5-1**　　　　　　　　　　　**12306 系统改造前后对比**

性能	12306 网站改造前	12306 网站改造后
查询耗时	单次～15 秒	最短 1～2 毫秒，最长 150～200 毫秒
查询并发	并发性差，无法支持高并发	万次/秒，高峰 2.6 万/秒
可扩展性	无法动态增加主机	弹性、按需增减主机，数据同步秒级
系统架构	UNIX 小型机	Linux X86 服务器集群
系统规模	72 台 UNIX 系统+一个 RDBMS	10 台主 X86 服务器 + 10 台从 X86 服务器 +1 个月（2TB）历史票务数据

5.1.3　VADL（视频分析数据湖泊）系统

VADL（Video Analytics Data Lake，视频分析数据湖泊）可以看作物联网（IoT）领域中数据量最大、网络与服务器负载最高的一种形式的传感器数据分析与处理系统。VADL 的应用领域相当广泛，例如：

（1）智能停车场（Smart Parking）；

（2）智慧交通（Smart Transportation）；

（3）智能零售（Smart Retailing）；

（4）平安城市（Smart City & Smart Safety）；

（5）智能电网、智能勘探、电信等。

以智能零售为例，星巴克通过视频监控与分析系统可以判断在信用卡交易中是否存在雇员欺诈（Employee Fraud）行为。其背后的逻辑如下：结合收银台与监控视频，当任何一笔信用卡交易中无顾客出现在视频中，则可推断为疑似雇员欺诈。

更为复杂的海量视频分析应用场景还包括视频搜索引擎（人脸识别、车牌检索）、视频舆情分析（用户生成视频监控、检索，社会舆论导向、趋势分析等）。

在 VADL 案例中，我们着重解决如图 5-7 所示的几大问题：

（1）如何快速提取数据（Data Ingestion）；

（2）如何实现多级时延数据分析（Multi-latency Analytics）；

（3）如何实现可扩展的数据存储（Scalable Storage）；

（4）如何搭建在云平台之上（Cloud Readiness）；

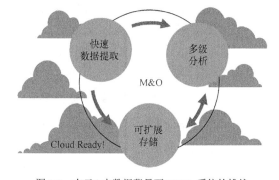

（5）如何实现管理、编排与监控的自动化（M&O Automation）。

图 5-7　在云&大数据背景下 VADL 系统的挑战

图 5-8 中展示的是 VADL 系统的整体架构技术栈视图。其中最主要的分层（自上而下）逻辑功能模块如下。

（1）展示层：数据可视化。

（2）应用层：数据分析、集群管理监控。

（3）数据处理层：视频导入、流数据处理。

（4）数据存储层：视频数据存储。

（5）基础架构层：云基础架构。

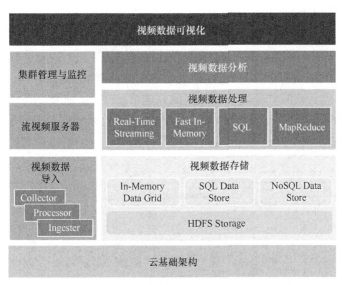

图 5-8　VADL 整体架构及逻辑模块的技术栈 [9]

以上的五层逻辑功能模块基本上逐一对应地解答了在图 5-7 中所提出的五大问题。但是它们之间的通过数据处理流程而连接的关系还没有清楚地表达出来。因此，在图 5-8 的技术栈视图基础之上我们又把数据按照它们在 VADL 系统中"流过"的生命周期分为如下五大阶段（如图 5-9 所示）。

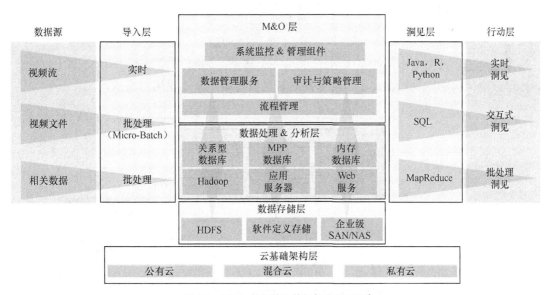

图 5-9　VADL 的组件及数据与业务流程 [9]

（1）数据源（Data Sourcing）。

（2）数据导入（Data Ingestion）。

（3）工作使能：M&O + 数据处理分析 + 数据存储 + 云基础架构。

（4）洞见（Insights）。

（5）行动（Action）。

其中，海量数据的高性能并发导入是 VADL 一大特色，如图 5-10 所示。该组件主要由三个模块构成：采集模块（Collector）、处理模块（Processor）、导入模块（Ingester），它们之间通过导入管理器（Ingestion Manager）与消息代理中间件（Message Broker）来负责完成系统拓扑管理、任务启动、负载均衡以及模块间的高速信息交互。在数据导入阶段，视频源数据被最终存储在 HDFS 之上用于批处理分析，而被处理的视频数据则被分解为静态图像（帧）后发给多级时延系统用来做实时或低延时处理与分析。

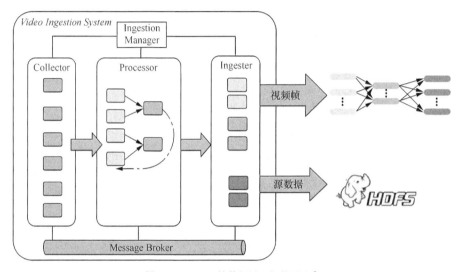

图 5-10　VADL 的数据导入组件设计 [9]

多级时延的数据分析系统是 VADL 的另一大特色，如图 5-11 所示。在 VADL 的海量视频处理分析架构中，我们设计了三种不同时延的处理模块来满足用户需求。

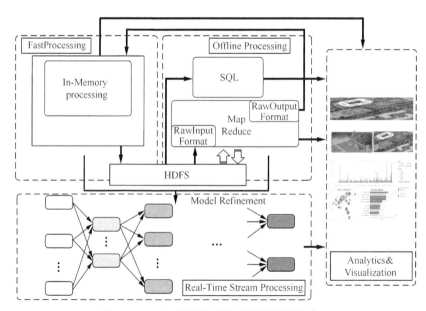

图 5-11　VADL 的多级时延数据分析模块设计 [9]

（1）实时：基于内存的实时处理模块。

（2）低延时：基于 SQL 的交互式处理模块。

（3）高延时：基于 MR+HDFS 的批处理模块。

很显然，这样的设计虽然在一定程度上增加了系统的复杂度，但是从系统的 TCO（Total Cost of Ownership，最终、全部拥有成本）及 ROI（Return-on-Investment，投入产出比）角度来分析，这样的设计两项指标最优。

VADL 是一个完全可扩展的系统，因此它可适用的场景可以很多。从最基础的人脸识别、经过目标（人、车或动物）计数，到更为复杂的视频检索（搜索）引擎、舆情分析等场景。图 5-12 是 VADL 原型系统对某条街道在一段时间内通过的车流信息统计结果在管理 GUI 界面上的展示截图，可以看到主要是对通过汽车的数量与颜色进行了简单的统计与分类。

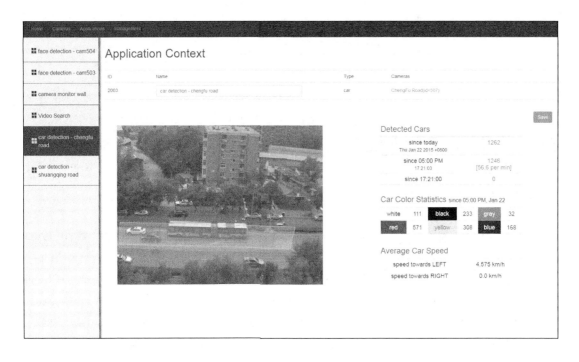

图 5-12 VADL 原型系统：车辆色彩识别与数量统计 [9]

VADL 系统的另一大特点是它的线性可扩展性。对于视频大数据处理系统而言，所谓线性可扩展指的是随着视频数据源的线性增加（如摄像头增加），系统的综合处理性能，如数据导入与分析的吞吐率随之线性增加，而延迟并不会出现明显增加。如图 5-13 所示，随着摄像头数量的线性增加，系统处理视频（图像）帧的数量随之线性增加，而处理延时并无明显改变。当然，海量视频处理是一个非常复杂的挑战，我们在这里只是展示了一种颇有潜力的结合了云与大数据领域多重最新技术的实验性解决方案，相信有兴趣深究的读者可以创造性地探索出更多精彩的应用场景与高效信息处理架构。

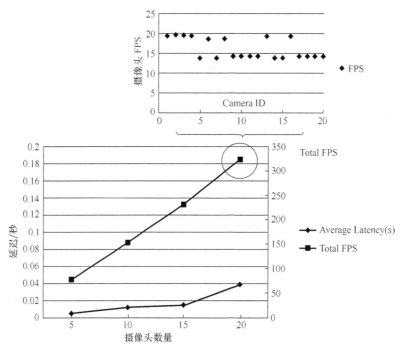

图 5-13　VADL 原型系统：可线性提高的数据吞吐性能 [9]

5.2　云平台&应用实践

5.2.1　如何改造传统应用为云应用？

随着云计算的深入发展，越来越多的应用是以一种云原生的方式被开发的。例如，在新的 PaaS 平台上开发的应用，我们通常也称之为第三平台应用或云原生应用（CAN，Cloud Native Application）。而业界普遍遇到的一个棘手的问题是还有相当大数量的传统的应用（即第二平台应用或 Monolithic Application）如何去维护？例如新的 CNA 在云数据中心中，而传统应用通常跑在原有的数据中心中，它们对开发、测试与维护的要求不尽相同，自然也会带来不同的挑战。如何把传统应用改造为新型云生应用是我们在本节中着重关注的。

有一种流行的提法叫作 Lift-n-Shift（提起后平移），指的是把传统数据中心中的企业级应用原封不动打包（例如封装在 VM 或容器中）后向云数据中心（如公有云 AWS）迁移，并直接运行于其上。这听起来不像是很复杂的一件事情，但事实上能这样简单且成功操作的应用并不多见。多数的第二平台的企业级应用都要比想象中复杂。在对其进行云化改造的过程中，需要考量的因素很多，因各种定制化而造成的限制也很多，例如：硬件、操作系统、中间件、存储、网络等。

在本案例中，我们会按照一个三步走的方案来改造第二平台的传统应用为第三平台云生应用：

（1）把第二平台应用封装后运行在 PaaS 之上；

（2）整理、选定应用组件并改造为微服务；

（3）通过工具链接这些微服务后整体运行于 PaaS 平台之上。

从方法学角度看，如何能实现以上的每一步呢？笔者在 Pivotal 的同事们给出了以下的敏捷实现方法 [10]：

（1）每一次变动都是小的、渐进的（Small and Incremental Changes）；

（2）确保每次变动之后的测试是充分的，被更改后的产品是能正常工作的。

我们选择一款在 GitHub 上面叫作 SpringTrader[11] 的基于 Java 语言环境编写的开源股票交易软件来为大家演示如何将其从传统的 B/S（浏览器/服务器，如图 5-14 所示）架构迁移并成功运行在 PaaS 平台 Cloud Foundry 之上，然后把 SpringTrader 中的主要组件以微服务的方式重构。

把 SpringTrader 这样的典型 Java（企业级）应用向 PaaS（如 Cloud Foundry）迁移通常会先后遇到如下一些问题。

（1）编译环境问题，例如 JDK 升级。

（2）部署脚本更新。

（3）是否需要对库栈（Library Stack）做大幅度调整：依照之前我们提过的小步幅调整原则，应当尽量避免对库的依赖性做大规模调整。

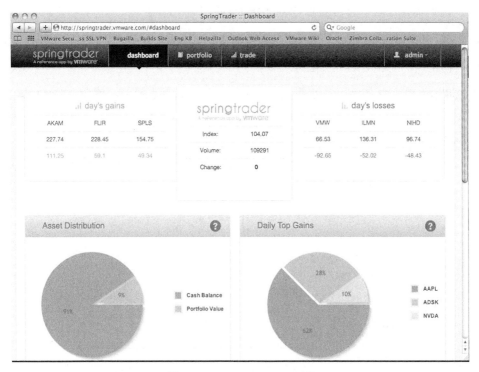

图 5-14　SpringTrader Web GUI [11]

能成功运行在 PaaS 之后，我们的下一步就是如何把架构调整为 MSA。如图 5-15 所示，SpringTrader 采用的是典型分层逻辑架构，它通过数据库层提供的模拟的股票信息服务，因此我们在改造过程中第一步就是看如何可以把真实的股票市场信息以 MSA 的方式接入到 SpringTrader 架构中。

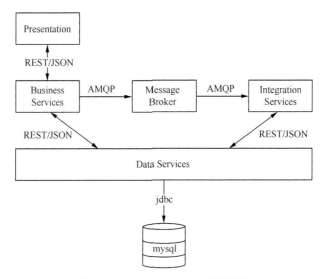

图 5-15　SpringTrader 的初始逻辑架构

为 SpringTrader 提供基于 MSA 架构的股票信息服务，我们需要四个步骤来完成。

（1）在源码中找到现有 Quote 部分的实现 [12]。

（2）找到现有代码中的实现的 QuoteService 接口。

（3）通过代理模式（Proxy Pattern）来实现 QuoteService 接口 [13]。

（4）调用新的 QuoteService 服务。

在这里，股票信息源来自于 Yahoo! Finance，QuoteService 通过标准的 RESTful JSON API 来调用 Yahoo! Finance API，并通过 SpringTrader 的 BusinessService 模块向展示模块提供数据。改动之后的 SpringTrader 架构如图 5-16 所示。

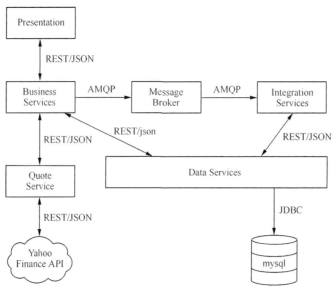

图 5-16　连接了 Yahoo! Finance 之后的 SpringTrader 逻辑架构

在把更多的服务改造为 MSA 或添加额外的微服务之前，我们还需要考虑至少三个问题。

（1）当远程服务连接失败时如何处理？

（2）如何自动地定位与管理（松散连接的）服务？

（3）调用外部服务时，如何处理返回的异构的 JSON 格式信息？

解决以上三个问题的关键如下。

（1）服务发现（Service Discovery）：通过 Netflix 开源的 Eureka[14] 服务来实现服务的注册与自动发现。在 SpringTrader 中，我们提供了多个股票市场信息源，它们的注册管理与自动发现都可以通过 Eureka 的帮助来实现。

（2）回退机制（Fallbacks）：回退机制在企业级应用中的作用就是确保服务始终在线，当首要股票信息服务掉线时，可以自动切换到备用服务。在 SpringTrader 中我们采用了 Netflix 开源的 Hystrix[15]，一个基于 circuit-breaker（断路器）模式设计理念开发的延迟和容错库（Latency and Fault-Tolerance Library）。

（3）JSON 调和：好在开源社区已经有类似的解决方案，以 Netflix 开源的 Java-to-HTTP 客户端绑定 Feign[16] 提供了 GsonDecoder 解码器，可以把 JSON 信息翻译为域对象（Domain Objects）。这样，在解码器当中可以处理各种异构的 JSON 信息，而不至于需要去改变 SpringTrader 的 API。

实现了以上改变之后，SpringTrader 的架构如图 5-17 所示。

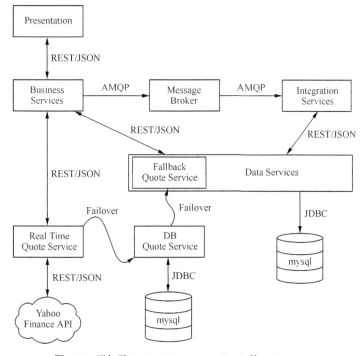

图 5-17　添加了 Service Discovery/Fallback 的 SpringTrader

　　像 SpringTrader 这种典型的交易服务软件中除了 Quotes（股票信息）服务可以被改造为微服务架构，其他的还有：

（1）账户服务（Accounts）；

（2）订单管理服务（Orders）。

在图 5-18 中展示了最终的 SpringTrader 的架构。

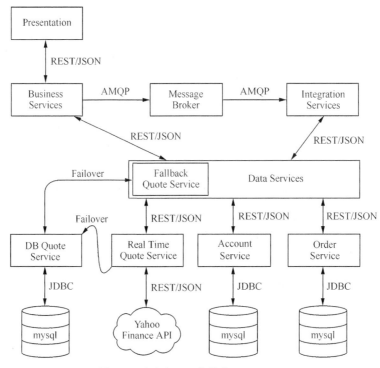

图 5-18　改造为 MSA 架构的 SpringTrader

　　在整个 SpringTrader 从 Monolith 到 MSA 的改造过程中，有如下一些数据供我们思考：最初的 Java 代码大约 7,000 行全部为 Monolith 设计，而最终新增的 MSA 代码少于 2,000 行，剩余的 Monolith 代码大约 6,000 行，这其中有相当的代码是为了实现弥合（Remedial）与测试（Test-related）功能。在改造 SpringTrader 的过程中，因为 Java 与 Spring 开发环境的规模庞大，依赖关系复杂，我们使用了构建自动化（build automation）软件 Gradle[17]，把整个 SpringTrader 的模块间的依赖关系整理与管理起来，总计有 173 个依赖关系（data module dependencies）！

5.2.2　探究业界云存储平台

　　在本小节当中我们为大家介绍与分析三款软件定义存储解决方案：CoprHD、Ceph 与 ScaleIO，并对后两者进行性能比较分析。

5.2.2.1　开源的软件定义存储——CoprHD

　　了解开源的 CoprHD[18]，需要先了解 EMC ViPR。ViPR 是一款商用的、纯软件的软件定义存储解决方案，可将已有的存储环境转换为一个提供全自动存储服务的，简单易扩展的开放性平台，用来帮助用户实现全方位的软件定义数据中心。ViPR 将物理存储阵列（不论是基于文件、块，还是对象的）抽象成一个虚拟的存储资源池，以提供跨阵列的弹性存储或基于此的应用及服务。由于抽象了对底层硬件阵列的管理，所以它可将多种不同的存储设施统一集中起来管理。

存储设施一般对外提供控制路径（Control Path）及数据路径（Data Path）。简单来说，控制路径是用来管理存储设备相关的策略，数据路径则完成用户实际的读写操作。与以往只将控制路径和数据路径解耦的存储虚拟化解决方案不同，ViPR 还将存储的控制路径抽象化，形成一个虚拟管理层，使得对具体存储设备的管理变成对虚拟层的操作。基于此用户可将他们的物理存储资源转化成各种形式的虚拟存储阵列，从而可以将对物理存储资源的管理变成基于策略的统一管理。控制路径和数据路径的解耦使得 ViPR 可以把数据管理相关的任务集中起来统一处理，而不影响原有的对文件或块的读写操作。CoprHD 则是 ViPR 的存储路径的开源版本。在 Github 主页上 CoprHD 这样定义自己：开源软件定义存储控制器及 API 平台，支持基于策略的异构（块、文件与对象）存储管理、自动化。

ViPR/CoprHD 提供基于块和文件的虚拟控制服务。构建在物理存储阵列上的块和文件的控制服务，包含对块卷的、NFS 文件系统、CIFS 共享的管理，以及一些高级数据保护服务，比如镜像、快照、克隆、复制。不同于那些公有云中虚拟计算资源，为了降低成本和简化操作，直接使用商用磁盘，从而丢失了一些上述的高级阵列特性（镜像、快照、克隆、复制）。ViPR/CoprHD 提供的块和文件的控制服务包含上述所有的在物理阵列上所见的管理功能。

（1）CoprHD 架构概要。

CoprHD 是构建存储云的软件平台，它的主要设计目标是来解决两大问题。

- 使一个配备了各种存储设备（块阵列、文件服务器、SAN 和 NAS 交换机）的企业或服务提供商的数据中心看起来像是一个虚拟存储阵列，同时隐藏其内部结构和复杂性。

- 让用户拥有对虚拟存储阵列完全控制的能力，包括从简单的操作（例如卷的创建）到相当复杂的操作（如创建在不同的数据中心灾难恢复保护的卷）。这种能力的一个关键原则是通过多用户、多租户的方式来提供租户隔离、访问控制、审计、监控等功能。

CoprHD 以一种厂商无关的、可扩展的方式实现这些目标，支持不同供应商的多种存储设备。CoprHD 架构示意图如图 5-19 所示。

CoprHD 持有在数据中心中的所有存储设备的清单，了解它们的连接性，并允许存储管理员将这些资源转化为如下虚拟设备。

- 虚拟池（Virtual Pools）：可以针对虚拟池设置具体的性能和数据保护特性等。

- 虚拟阵列（Virtual Arrays）：把数据中心的基础措施按照容错能力、网络隔离、租客隔离等策略来分门别类。

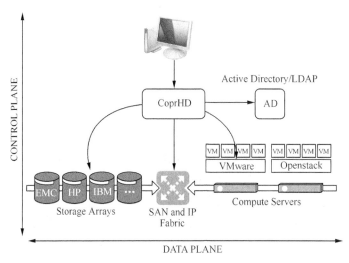

图 5-19   CoprHD 架构示意图

存储管理员可以完全控制哪些用户或租户可以访问这些虚拟池和虚拟阵列。最终用户使用一个统一的和直观的 API 来以一个完全自动化的方式通过虚拟池或虚拟阵列提供块卷或文件共享。CoprHD 会自动完成所有隐藏的基建任务,如为卷寻找最佳位置或必要的 SAN 架构配置。ViPR 不仅仅提供卷的创建,它还有能力执行复杂的业务流程,包含端到端的编排流程的能力、卷的创建、SAN 配置、为主机绑定新创建的卷等。

从构架的角度来看,CoprHD 是一个存储云的操作系统,具有如下特点。

● 它提供了一整套结构良好的、直观的"系统调用",以 REST API 的形式进行存储配置。

● 它是一个多用户、多租户系统。正因为如此,它强制访问控制(认证、授权和分离)。

● "系统调用"具有事务性语义:从用户角度出发它们是原子的。当一个操作中的任何一个步骤出错,它们要么重试失败的操作或者回滚部分完成的工作。

● 它是高并发的,允许多个"系统调用"并行执行,但是在内部执行细粒度同步以确保内部一致性。

● 它实现了自己的分布式、冗余和容错数据仓库(Data Store)来存储和管理所有配置数据。

● 它允许通用业务逻辑通过使用一组"驱动程序"来与存储设备交互并保持设备中立(Device Agnostic)。

(2)CoprHD 集群。

为了提供高可用性,CoprHD 采用了双活(Active-Active)的集群架构设计方案,由 3~5 个同构、同配置的节点形成一个集群。CoprHD 集群节点间不共享任何资源,在典型的部署中,通常每个节点都是台虚拟机。如图 5-20 所示,每个节点上运行同样的一整套服务:身份验证、API、控制器异步操作、自动化、系统管理、WebUI、集群协作及列数据库服务等。

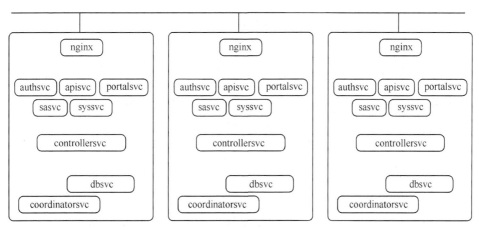

图 5-20　CoprHD 集群（3 节点）示意图

CoprHD 基础架构层是建立在 Cassandra 和 Zookeeper 之上的无中心分布式系统，因而具有容错性、高可用性和高可扩展性等特点。CoprHD 采用了 Cassandra 和 Zookeeper 的如下的特性。

- Quorum 读与写：分布式系统中，为保证分布式时间或交易操作的一致性而采用的投票通过机制被称为 Quorum。如果集群中大于半数的节点在线（例如：5 个节点的 cluster 中有 3 个节点在线），则整个 Cassandra 和 Zookeeper 就可以正常提供读写服务（意味着整个 CoprHD 系统可以允许少数节点宕机）。

- Cassandra 和 Zookeeper 的数据副本保存在所有的节点上，每个节点都包含最终一致的 CoprHD 数据。

- 定期的数据修复来确保整个集群的可靠性。

CoprHD 还在 Cassandra 和 Zookeeper 服务之上抽象并封装了 *DbClient* 和 *CoordinatorClient* API，因而上层无需了解底层的如数据容错性、一致性和可用性等细节。

每个节点都在一个共同的子网中分配一个 IP 地址。此外 CoprHD 群集使用一个虚拟 IP 地址（VIP），外部客户通过它可以访问 CoprHD REST API 和 CoprHD GUI。我们使用 *keepalived* 守护进程［这反过来又利用 VRRP（Virtual Router Redundancy Protocol）协议］，以保证在任何时间点恰好一个 CoprHD 节点处理网络流量给 VIP。该 keepalived 守护进程还监视每个节点上的 nginx 服务器的"实时性"。nginx 的作用是双重的。

- 作为一个反向代理。nginx 的服务器听到 HTTPS 端口 443 的请求，并根据请求的 URL 中的路径，将请求转发到相应的 CoprHD Web 服务。

- 也作为嵌入负载平衡器。nginx 的服务器将请求转发到本地节点或者其他节点上（目标节点的选择是通过散列请求的源 IP 地址）。因此，即使只有一个的 nginx 服务器处理，所有节点也都会参与请求处理。

同样，nginx 的服务器侦听端口 443，并把 GUI 会话分发给所有节点上可用的 *portalsvc* 实例（见图 5-21）。

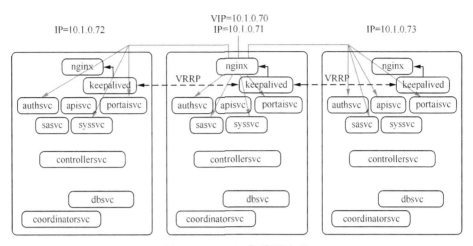

图 5-21 CoprHD 集群网络拓扑

（3）后端持久层。

大多数的 CoprHD 服务是无状态的，它们不保存任何状态数据。除了系统和服务日志，所有 CoprHD 数据都是被存储在 *coordinatorsvc* 或 *dbsvc* 的（见图 5-22）。这两种服务保证数据在每个节点上都有完整副本。

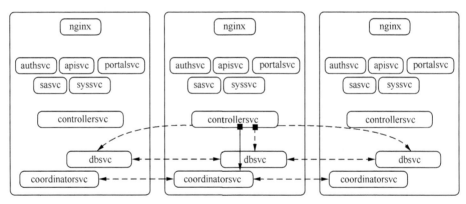

图 5-22 CoprHD 集群如何实现数据持久性

在 CoprHD 集群里，*coordinatorsvc* 应被看作是一种强一致性的，为集群服务之间的协调操作而保存少量数据的存储器。例如，服务定位器、分布式锁、分布式队列等服务。*coordinatorsvc* 在内部使用 Apache Zookeeper。其他 CoprHD 服务使用 *coordinator* 客户端库来访问 *coordinatorsvc* 的数据。该 *coordinatorclient* 是 Netflix Curator（一个流行的 Zookeeper 客户端）的封装，*coordinatorclient* 库抽象出 Zookeeper 的所有的配置细节和分布式特性。

dbsvc 是基于列的数据库。它提供了良好的可扩展性，高插入率和索引，但只能提供最终一致性（即无法保证分布式数据的实时一致性）。在内部，*dbsvc* 是围绕 Apache 的 Cassandra 的封装。但是，为了防止临时不一致的地方，我们需要基于一个多数节点共识机制（Quorum）来保证无论是读取还是写入 *dbsvc* 的数据一致性。因此，$2N+1$ 个节点的群集只能承受多至 N 个节点故障（低于 N 个在线节点，则 Quorum 投票机制不能正常工作）。其他服务使用 *dbclient*

库访问 *dbsvc*。*dbclient* 是一个 Netflix 的 Astynax 的封装，一个 Cassandra 客户端。类似于 *coordinatorclient*，它抽离出 Cassandra 的复杂的分布式特性。此外，*dbsvc* 还依赖于 *coordinatorsvc*。

（4）CoprHD 端到端如何工作。

为了更好地了解 CoprHD 的工作原理，我们在这里通过三个简单的 REST 调用来帮助理解。REST 调用既可以是同步的也可以是异步的，前者是实时返回，后者则通常是产生一个外部调用（返回一个指向外部任务的 URN，而调用者必须 poll 该外部任务以获得运行结果）。

图 5-23 展示的是同步调用"GET/login"的流程。CoprHD 是个多用户、多租户系统，因此大多数 REST 调用需要身份与权限认证 token 或 cookie，而获得这些 token 或 cookie 依赖于外部的 LDAP 服务器或 AD（Active Directory）。"Get/login"调用分为以下 5 步。

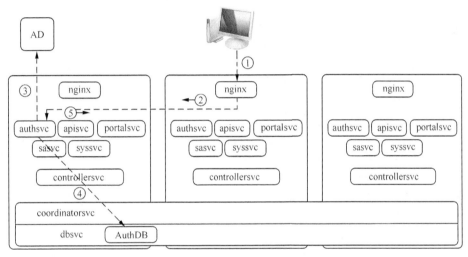

图 5-23 CoprHD 同步 REST 调用"GET/login" [19]

（1）发送 GET 请求到 https://<vip>:443/login，该请求由节点 2 上的 *nginx* 来处理。

（2）该/login 请求会被 *authsvc* 服务处理，假设客户的 IP 地址的哈希运算（用于负载均衡）对应节点 1，则节点 2 的 *nginx* 会把该请求转发给节点 1。

（3）*authsvc* 会把用户信息发给外部的 AD 服务器。如果认证通过，则 AD 返回信息会包含用户的租户信息。

（4）*authsvc* 会生成认证 token，并通过 dbsvc 服务来存储该 token 及用户租户信息。

（5）最后，节点 1 上的 *authsvc* 会向节点 2 的 nginx 返回认证 token，nginx 会最终返回给用户。

在第二个例子中，我们通过异步 REST 调用来完成"POST /block/volumes"写操作。总共有 7 步操作（见图 5-24）。

（1）发送 POST 请求给 https://<vip>:443/block/volumes，该请求被节点 2 上的 nginx 接收（我们假设节点 2 对应请求中的 vip）。

（2）该 nginx 服务器把请求转发给节点 1 上的 *apisvc*。

（3）*apisvc* 会先从该请求的 header 中提取认证 token，并从 *dbsvc* 中获得用户信息，该信息被用来决定卷的最终放置（volume placement）。

（4）*apisvc* 会分析请求中的信息来决定需要创建的物理卷的数量以及最优的创建策略。*apisvc* 还会为每个卷在 dbsvc（Cassandra）中创建 descriptor。

（5）因为物理卷的创建是个非实时的工作，因此通常该操作通过 *controllersvc* 来异步完成。为了完成该操作 *apisvc* 会在 *coordinatorsvc*（Zookeeper）中创建一个异步任务对象，并在存储控制队列中（*coordinatorsvc*）注册该操作。

（6）*apisvc* 向外部客户端返回 task identifier。而客户端可以通过该 identifier 来查询运行结果。

（7）在本例中，节点 3 的 *controllersvc* 收到了队列中的请求并负责编排卷的创建，以及在 *dbsvc* 中更新卷的 descriptors。

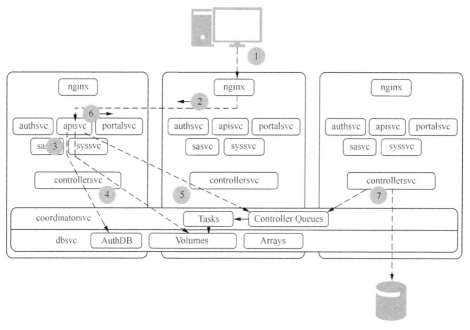

图 5-24　CoprHD 异步 REST 调用"POST /block/volumes"[19]

最后，我们来看看如何通过 CoprHD 的 Web 界面监控上面例子中的卷创建过程与结果。总共分为 6 小步（见图 5-25）。

（1）浏览器指向 https://<vip>/。

（2）假设节点 2 上的 nginx 服务会把该请求转发给节点 1 上的 *portalsvc* 服务。

（3）*portalsvc* 会调用：https://<vip>:4443/block/volumes/<task ID>。

（4）节点 2 上的 nginx 把该调用转发给 apisvc 服务。

（5）*apisvc* 通过认证 cookie 来获得用户与租户信息。

（6）最后，*apisvc* 将获得任务状态并发送给 *portalsvc*，而 *portalsvc* 会生成一个网页并最终发送给用户浏览器。

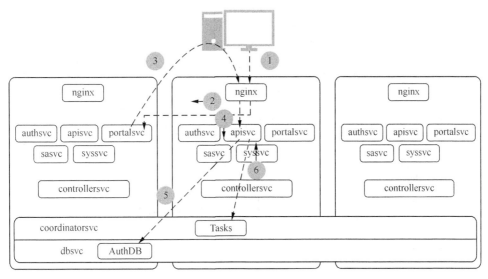

图 5-25 CoprHD 访问 UI 来查看卷创建状态 [19]

5.2.2.2 Ceph vs. ScaleIO

在数据中心中，存储系统是管理员与 IT 部门最头痛的环节。因为历史的原因，五花八门的存储系统形成了一个又一个的信息孤岛（Silo），它们各自形成独立的 HA 与弹性设计，互不通用的监控系统与界面。有鉴于此，业界近些年的趋势开始推出统一存储（Unified Storage）产品来试图解决存储过度多样化而造成的管理与使用效率低下的问题（上一小节的 SDS 解决方案 ViPR/CoprHD 也可以看作一种纯软件的统一存储的解决方案）。

Ceph 就是这样一款 SDS 软件解决方案。它主要解决四大存储问题：

（1）可扩展的分布式块存储（Scalable and Distributed Block Storage）；

（2）可扩展的分布式文件存储（Scalable and Distributed File Storage）；

（3）可扩展的分布式对象存储（Scalable and Distributed Object Storage）；

（4）可扩展的、用于管理以上异构存储的控制面板（Scalable Control Panel）。

Ceph 的架构如图 5-26 所示，RADOSGW、RBD 与 CEPH FS 模块分别对应客户端提供对象存储、块存储与文件存储设备接口。而以上三者的底层则是 RADOS 对象存储系统。

而 RADOS 本身还依赖于 LinuxFS 而构建，因此完整的 Ceph 架构如图 5-27 所示。

基于 Ceph 的客户端（如 VM）为了完成一次磁盘块写（Block-Write）操作，需要五步，如图 5-28 所示。

如果比较商业化分布式软件块存储 ScaleIO 解决方案，从 VM 到磁盘则只需要三步，如图 5-29 所示。那么，节省掉的两步是否意味着性能上的大幅度提升呢？笔者的 EMC 同事们做了相应的性能测试（Benchmarking）来定量分析。

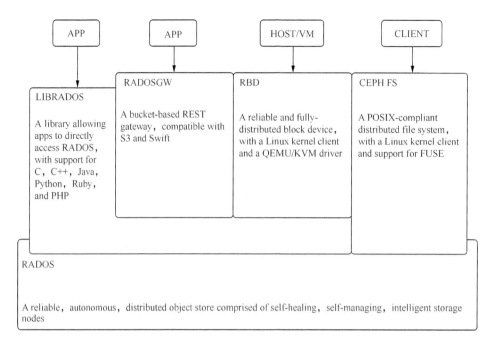

图 5-26 Ceph 架构（逻辑）示意图 [20]

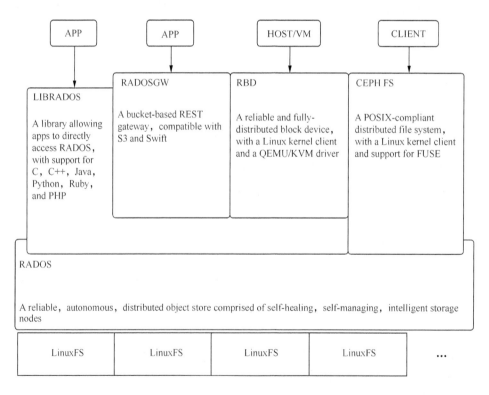

图 5-27 Ceph 的完整架构（含 LinuxFS）示意图 [21]

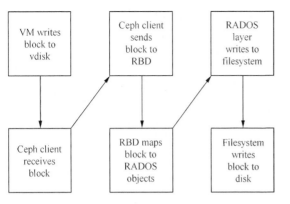

图 5-28　Ceph 的块存储操作流[21]

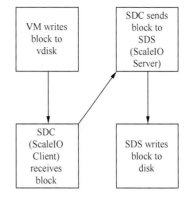

图 5-29　ScaleIO 的块存储操作流[21]

首先，为了确保测试的公平性，Ceph 与 ScaleIO 使用相同的硬件环境（服务器、磁盘组合、网络等）以及逻辑配置（70%读与30%写；2×800GB SSD + 12×1TB HDD）。块存储测试的结果主要从两个维度考察：IOPS（I/O Per Second）与延迟（Latency），分别如图 5-30 与图 5-31 所示。

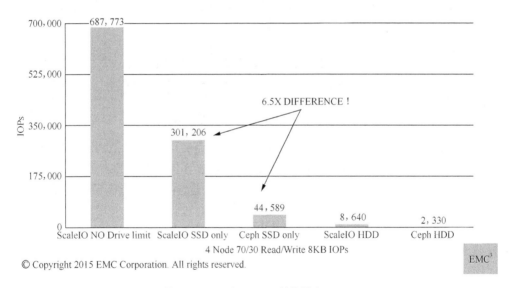

图 5-30　Ceph 与 ScaleIO 性能测试：IOPS

从图 5-30 中的 IOPS 性能测试结果可以清晰看出在同样 SSD（固态硬盘）配置条件下 ScaleIO 的 IOPS 吞吐率超过了 30 万，而 Ceph 只有 4 万多。同样，在系统延迟测试中，ScaleIO 的延迟只有 Ceph 的 1/20（见图 5-31）。导致如此大的差异的结果大抵是 Ceph 的所谓的通用、统一架构设计中不得不多出来的额外的模块造成的整体性能下降！

最后，我们再来看一下 Ceph 与 ScaleIO 的系统资源占用与性能的整体比较，如表 5-2 所示。假设两个系统的设计目标都是 100TB 实际可用的存储空间，为了实现这一目标，Ceph 比 ScaleIO 需要多用 43%的存储服务器与应用服务器；多 29%的原始存储；平均每 TB 存储的造价高出 34%；IOPS 则只能达到后者的 1/6 弱。

表 5-2   **Ceph 与 ScaleIO 系统资源占用与性能比较**

	Ceph	ScaleIO	Difference
Storage Servers+App Servers	23（12+11）	13（8+5）	（43%）
IOPS	134,367	880,000	555%
Total Raw Storage	300TB	213TB	（29%）
$$/Usable TB	$5,982.80	$3,952.70	（34%）

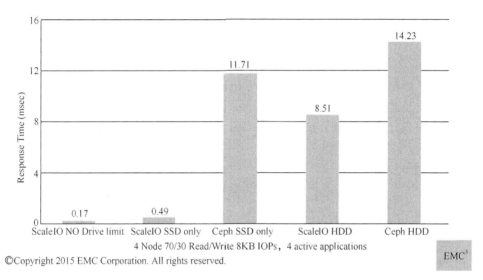

4 Node 70/30 Read/Write 8KB IOPs，4 active applications

图 5-31   Ceph 与 ScaleIO 性能测试：延迟

    关于 Ceph 与 ScaleIO 的比较，我们并不是要表达商业化的 ScaleIO 产品比开源的 Ceph 更快更好，而是要阐明一个问题：通用化的，如同瑞士军刀一样的系统必然到处都存在着 trade-off 或妥协，好比中国的谚语故事以彼之矛攻彼之盾，在现实世界不可能实现一个样样最优的系统，这也是为什么专用的、为实现单一目标而设计的系统依然比比皆是，而且在完成某一特定任务时，专用系统或工具往往更能胜任（换言之，更高的性价比，如图 5-32 所示）。

图 5-32   通用工具或系统 vs.专用工具或系统

第 5 章参考文献

1．An Open Source Reference Architecture for Real-Time Stock Prediction by William Markito，Dec-2015,https://blog.pivotal.io/big-data-pivotal/case-studies/an-open-source-reference-architecture-for-real-time-stock-prediction

2．Spring XD,http://projects.spring.io/spring-xd/

3．Apache Geode (Gemfire),http://geode.incubator.apache.org/

4．Spark Mllib,http://spark.apache.org/mllib/

5．Apache MADlib,http://madlib.incubator.apache.org/

6．R,https://www.r-project.org/about.html

7．Stock Inference by Pivotal,http://pivotal-open-source-hub.github.io/StockInference-Spark/

8．Four Real World Use Cases for An In-Memory Data Grid by Danielle Burrow,Feb-2016, https://blog.pivotal.io/big-data-pivotal/case-studies/four-real-world-use-cases-for-an-in-memory-data-grid

9．Video Analytics Data Lake by EMC Labs China（EMC 中国研究院 – 大数据实验室）- Dr. Yu Cao，Simon Tao and Xiaoyan Guo

10．Case Study:Refactoring A Monolith into A Cloud Native App by Jared Gordon,https://blog.pivotal.io/pivotal-cloud-foundry/case-studies/case-study-refactoring-a-monolith-into-a-cloud-native-app-part-1

11．SpringTrader on Cloud Foundry,https://github.com/cf-platform-eng/springtrader-cf

12．SpringTrader Quote {} class,https://github.com/cf-platform-eng/springtrader-cf/blob/part1/spring-nanotrader-data/src/main/java/org/springframework/nanotrader/data/domain/Quote.java

13．SpringTrader QuoteServiceImpl,https://github.com/cf-platform-eng/springtrader-cf/blob/part2/spring-nanotrader-data/src/main/java/org/springframework/nanotrader/data/service/QuoteServiceImpl.java

14．Netflix OSS – Eureka,https://github.com/Netflix/eureka

15．Netflix OSS – Hystrix,https://github.com/Netflix/hystrix

16．Netflix OSS – Feign & GsonDecoders,https://github.com/Netflix/feign

17．Gradle,http://gradle.org/

18．CoprHD,https://coprhd.github.io/

19．A Short Guide to the CoprHD Architecture,https://coprhd.atlassian.net/wiki/display/COP/A+Short+Guide+to+the+CoprHD+Architecture

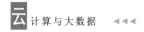

20．Ceph Architecture,http://docs.ceph.com/docs/master/architecture/

21．Killing the Storage Unicorn: Purpose-built ScaleIO Spanks Multi-purpose Ceph on Performance by Randy Bias，Aug-2015，http://www.cloudscaling.com/blog/cloud-computing/killing-the-storage-unicorn-purpose-built-scaleio-spanks-multi-purpose-ceph-on-performance/?utm_source=feedburner&utm_medium=feed&utm_campaign=Feed%3A+neoTactics+%28Cloudscaling%29